国家自然科学基金项目（项目号：52078320，51708387）
教育部人文社科基金项目（项目号：17YJCZH013） 共同资助

城市风环境设计

——低碳规划理论与 CFD 模拟分析

Urban Wind Environment Design：Low-carbon Planning Theory and CFD Simulation Analysis

曾穗平 田 健 曾 坚 著

中国建筑工业出版社

图书在版编目（CIP）数据

城市风环境设计 ：低碳规划理论与 CFD 模拟分析 = Urban Wind Environment Design：Low-carbon Planning Theory and CFD Simulation Analysis / 曾穗平，田健，曾坚著. —北京 ：中国建筑工业出版社，2023.4
ISBN 978-7-112-28299-9

Ⅰ.①城… Ⅱ.①曾…②田…③曾… Ⅲ.①城市环境-环境设计 Ⅳ.①TU-856

中国版本图书馆 CIP 数据核字（2022）第 249318 号

责任编辑：张　明
责任校对：张　颖

城市风环境设计——低碳规划理论与 CFD 模拟分析
Urban Wind Environment Design：Low-carbon Planning Theory and CFD Simulation Analysis
曾穗平　田　健　曾　坚　著
*
中国建筑工业出版社出版、发行（北京海淀三里河路 9 号）
各地新华书店、建筑书店经销
北京科地亚盟排版公司制版
北京盛通印刷股份有限公司印刷
*
开本：880 毫米×1230 毫米　1/16　印张：13¼　字数：329 千字
2023 年 9 月第一版　　2023 年 9 月第一次印刷
定价：**70.00** 元
ISBN 978-7-112-28299-9
（40631）

作者简介

曾穗平，博士，1987年7月出生，天津城建大学建筑学院副院长，副教授，国家注册规划师；中国城市科学研究会韧性城市专业委员会委员；同济大学博士后。围绕健康人居环境方向，主持国家级课题3项、省部级课题3项。发表论文50余篇，出版论著3部、国家级规划教材1部，获批发明专利1项。天津市一流本科建设课程负责人、天津市创新创业示范课负责人、天津市高等院校劳动教育课程负责人，获全国高校教师教学创新大赛天津赛区一等奖。研究成果获全国优秀城市规划设计奖2项、天津市优秀规划设计奖4项、福建省科技进步奖1项、厦门市科技进步奖1项、天津市优秀决策咨询研究成果一等奖1项。获天津市青年科技优秀人才称号。

田健，博士，1986年11月出生，天津大学建筑学院副研究员，国家注册规划师；中国城市科学研究会韧性城市专业委员会委员，天津市城市规划学会海岸带与陆海统筹专业委员会副主任委员；同济大学博士后。主持国家自然科学基金面上项目、中国博士后科学基金等国家及省部级课题4项，参与国家社科基金重点项目、国家重点研发计划等国家级课题6项。发表论文50余篇，其中SCI、SSCI、CSSCI及中文核心期刊论文42篇；出版专著2部，获批专利2项。主持包括地级市国土空间总体规划在内的规划设计项目26项；设计成果获得全国城乡规划设计奖/优质工程奖5项、省部级城乡规划设计奖9项、厦门市科技进步奖1项；主编及参编相关技术标准和指南4项。

曾坚，博士，1957年5月出生，天津大学二级教授，博士生导师，享受国务院特殊津贴专家，第五届、第六届国务院学位委员会学科评议组成员，中国城市规划学会第四届常务理事、资深会员，天津市规划设计大师，国家注册规划师。中国城市科学研究会韧性城市专业委员会主任、天津市普通高校人文社科重点基地——“滨海城市安全与智慧防灾”中心主任、天津市城市规划学会生态与韧性规划专业委员会主任。曾任天津大学建筑学院院长、天津大学建筑学院学术委员会主席、天津大学管理及建筑学科学位委员会副主席等职务；《建筑学报》《建筑师》《世界建筑》《新建筑》《城市学报》等12家建筑及规划学术刊物编委。主持国家重点研发课题、全国哲学社会科学重点课题、教育部哲学社会科学重大课题攻关项目、国家自然科学基金重点课题在内的基金项目20余项，出版论著12部，发表论文260余篇，获批专利4项。获中国建筑教育奖，成果获得教育部推荐国家自然科学奖一等奖、天津市科技进步奖二等奖、福建省科技进步三等奖各1项、全国建筑及优秀规划设计一等奖在内的设计奖项10余项。

前　言

本书是国家自然科学基金面上项目（项目号：52078320）、国家自然科学基金青年项目（项目号：51708387），以及教育部人文社科基金项目（项目号：17YJCZH013）联合资助下完成的科研成果。

我国目前正处于城镇化水平稳步提高、结构优化调整的关键阶段。在以低碳、生态和节能为导向的规划设计中，如何通过城市结构的优化和空间形态的调整改善城市局部气候，是当今国土空间规划研究和设计领域的重要前沿问题。

本书从科学研究和规划实践出发，针对城市微气候和风环境中出现的问题，基于系统科学思维和低碳理念，对城市风环境与城市形态的耦合规律进行研究，探索不同气候条件下风环境规划的对策，从而构建适应国情的低碳城市风环境规划理论与设计方法。

研究融合多学科理论成果，从系统的规划视角出发，建构城市风环境低碳规划理论框架，并运用计算流体力学（Computational Fluid Dynamics，CFD）软件模拟、遥感图像反演以及地理信息系统（Geographic Information System，GIS）分析手段，在掌握大量第一手数据的基础上，以城市风环境和城市形态耦合规律的研究结果为指导，开展天津市中心城区风环境规划实证研究。

本书第一至三章通过借鉴环境生态学中的“源—流—汇”理念，建构了低碳—低污城市风环境系统的生态规划理论框架，提出城市风环境多层级的构成要素与分类标准，总结了不同空间层级的风道类型与功能构成特点，归纳了风环境系统生态协调原则；并根据不同结构、不同功能区、不同密度与空间形态条件下的城市通风需求，探讨了适应地域气候的低碳规划原则。同时，基于“富氧源——扩散流——补偿汇”相互衔接的规划思路，通过 ENVI 与 PHOENICS 等计算机模拟与分析软件，建立舒适度与污染防控并重的低碳—低污评价标准。为本书的深入研究提供了层次化、系统化的分析框架。

本书第四至六章分别从“源”的适应——风气候区划与低碳应对策略、“流”的布局——多尺度低碳—低污风道系统的构建、“汇”的优化——城市空间与风场的低碳耦合策略三个层面，探讨了风环境与城市空间结构之间耦合关系、互动机理与协调对策。在“源”的适应层面，根据风源的风向、风速条件，总结了多尺度风源区域的特征，并提出多层级污染源控制及富氧型风源的保护规划方法；同时，针对不同的建筑气候区划，提出“避风防寒主导型”“导风与避风兼顾型”“导风驱热防沙型”以及“导风除热与驱湿型”等风环境规划策略。在“流”的调控层面，沿着“流的传输通道——流的系统层级——流的体系构建——流的规划管控”的思路，总结了不同空间层级的风道类型与功能构成特点，阐述了风道规划设计的方法与步骤，并提出了城市设计导则。在“汇”的优化层面，归纳了城市级、街区级以及建筑群级别的多层级风环境布局优化与设计要点。

本书第七至八章以天津市和平区、河东区、河西区、南开区、河北区和红桥区等中心城区为例，从“源—流—汇”的视角，研究了高密度城市低碳—低污风环境系统构成方法，即从城市风道系统与城市功能结构的整合关系、城市风道与城市典型区域的协调发展、典型居住模块的风环境特点分析与优化三个层面，进行了实证研究。通过确定模拟的基础条件及参数设置，采用 ENVI 温度反演与 CFD 软件风模拟的技术，以风速、风压、风速比、不良风速面积比等物理参量作为评价标准，指出了风环境系统与天津市高密度区域功能和结构协调中所面临的问题，进而提出风源与风道、风道与风汇区、风道系统相协调的规划设计技术方法，并针对天津市中心城区风道的规划设计，提出具有实践参考价值的设计策略。

书稿在编写过程中，天津大学建筑学院博士研究生王森、宋苑震，天津城建大学建筑学院的硕士研究生张晶、窦娜等同学做了部分文字编撰和图纸绘制工作，在此表示诚挚的谢意。由于结集和出版较为仓促，书中必定存在不足和错误之处，还请广大的同行和读者批评、指正。

曾穗平

2022 年 2 月

目　　录

第一章 导 论

1.1 研究背景与意义

1.1.1 研究背景

随着科学技术的发展，人类对自然干预能力越来越强，在科技进步带来福祉的同时，由于技术应用不当等原因，也出现了生态环境退化、大气污染加剧、能源面临枯竭等环境问题。

目前，我国正处于城镇化水平稳步提高、结构优化调整的关键阶段，人口众多、土地稀缺、人均资源相对匮乏的现状，使城市不得不采用高强度开发的模式。随着城市的巨型化发展和高密度布局态势的出现，导致了交通拥堵、城市热岛效应以及能源消耗加剧等“城市病”。如何解决这些城市问题，已成为国内外城市规划界迫在眉睫的重大课题。国家“十二五”科技支撑计划、“十三五”及“十四五”重大科技研发专项，都包含这一方面的研究内容。中外学者纷纷从不同的学科角度，探索解决这些城市病和环境灾害问题的方法与途径。

城市微气候设计学是综合气象学、国土空间规划和环境设计学等多学科交叉的一门新学科，城市微气候设计学对于应对全球气候变化下的环境问题，改善生态与城市环境，防治大气污染，缓减城市热岛效应，实现低碳、生态、绿色和可持续发展的国策，具有重大的理论与现实意义。城市风环境优化设计是城市微气候设计学的一个重要内容，它是防治城市大气污染、缓解城市热岛效应等环境灾害问题有效的技术手段之一。

在上述背景下，笔者结合近年来多项基金课题，应用数字模拟手段，开展城市低碳—低污的风环境规划设计方法的研究。

1.1.2 研究目的

为应对气候变化，缓减城市大气污染的环境问题，实现低碳、生态和可持续发展的目的，本书研究试应用计算机模拟与分析技术手段，从理论研究、规划探索以及实践应用三个层面，研究城市风环境与城市形态关联耦合规律，完善低碳生态的微气候规划设计体系，剖析风环境建设的实际问题，提出优化策略，构建风环境设计模式语言，为城市低碳、生态规划和微气候优化设计奠定理论基础；并以华北沿海大城市、北方经济中心——天津市中心城区作为实证研究对象，在实际案例中进一步剖析和研究城市风环境设计中出现的问题，并提出相应的改进策略，达到优化城市风环境、缓减热岛效应、实现低碳节能和提升人居环境品质的目的。

1.1.2.1 发现城市微气候及风环境的调控机理

在理论层面上，针对城市热岛效应加剧、环境污染严重、气候适应性不足等城市气候问题，深入分析城市风环境与城市形态、城市结构、高度分区以及街区布局等的关联耦合机理和影响机制，运用CFD模拟软件，通过宏观、中观和微观三个层面的研究，确定风环境的定量描述指标及风环境优化的评价标准，总结风环境优化的规划设计要素与内容，厘清城市空间形态与风环境的耦合关系，建构风环境优化与空间形态的分析框架，为建构方便国土空间规划师掌握的风环境规划设计模式语言奠定理论基础。

1.1.2.2 掌握低碳—低污风环境优化的技术方法

在规划设计层面上，通过总结国内外在城市风环境优化方面的实际案例，提炼出可供借鉴的技术规程及规划设计方法，建立风环境优化的规划编制技术框架；并通过分析我国典型城市环境气候和城市形态，提出具有普适性的低碳生态风环境规划策略。

同时，研究与风环境密切相关的城市形态、城市结构及相关要素，提出可行性的优化设计方法。从宏观层面，建立城市风道系统的规划框架，提出基于不同城市形态、不同尺度功能区的风环境优化策略，探索有效提升环境舒适度的微气候设计方法；在中观层面，通过分析典型街区的风环境，提出风环境规划的控制指标；在微观层面，通过提取典型居住区模块进行风环境模拟，总结出风速比、强风面积比、静风面积比、漩涡数等科学化数据，提出评估各种室外风环境质量的科学方法，研究有效提升居住区环境舒适度的设计技术手段，并提炼适合不同气候区的规划模式语言。

1.1.2.3 解决城市风环境设计的实际问题

研究结合天津市实际情况，尝试运用遥感、遥测图像对天津市中心城区地表温度进行反演，进而探索城市结构和空间布局与热环境耦合规律，为风环境优化设计提供技术手段与设计方法的研究范例。本书运用CFD分析软件，模拟天津市风环境状况，探究天津市城市风环境建设中存在的实际问题，尝试解决风环境评价与设计中面临的标准缺乏、内容与深度不一的问题，并结合天津市生态环境和城市建设现状，为构建低碳、生态的通风廊道系统提供理论依据，解决规划设计中的问题。

本书应用数值模拟手段，结合天津市城市布局特点和高密度中心区建设实际，提出契合当前建设时序的规划应对策略；并通过研究典型居住模块，构建合理的数字化技术的评价体系，探索住区风环境设计模式语言，实现有效引导宜居城市建设、解决生态住区建设中的实际问题的目的。

1.1.3 研究意义

1.1.3.1 提升城市物理环境质量的重要理论前提

在我国的现阶段，一些城市大气污染、生态危机与能源枯竭等问题凸显，城市物理环境质量相对低下。具体表现在：

① 空气污染：根据中国环境监测总站发布的《2022年1月全国城市空气质量报告》，2022

年1月，全国339个地级及以上城市平均空气质量优良天数比例为73.4%，轻度污染天数比例为17.2%，中度污染天数比例为6.3%，重度及以上污染天数比例3.1%。然而，空气质量恶化的原因，不仅包括城市排放大气污染颗粒物，还有城市的静风及涡流等问题，导致难于扩散污染物，促使形成高浓度的污染空气，破坏了城市局部地区的大气质量，并影响到人们的生活与身心健康[1]。

② 城市热岛效应日益严重：科技部2015年发布的《第三次气候变化国家评估报告》表明：我国气候变暖速率1909年以来高于全球平均值，每百年升温0.9～1.5℃。

③ 能源问题：2010年，中国已经成为全球最大的能源消费国[2]。其中，建筑能耗占社会总能耗的30%。在保证发展的前提下，如何降低建筑能耗成为解决能源问题的重中之重，同时利用风环境资源的被动式节能方法正逐渐被人们所重视。研究表明，自然通风是解决建筑能耗问题的重要手段之一[3]，采用自然通风的办公楼可降低约50%的建筑能耗，因此研究城市通风问题是解决节能的关键性技术手段之一。

通过控制城市气流，提高城市通风效率，优化微气候环境，已成为解决城市环境问题的重要手段之一。同时，国家提出以"节约集约、生态宜居、和谐发展"为基本特征的城镇化建设道路，为满足新型城镇化背景下的新要求，需要对城市风环境优化进行研究，针对不同类型的城市形态，通过有效的国土空间规划与建筑设计手段，实现保障城市生态安全、提高城市环境品质、降低城市能耗的目标，已成为刻不容缓的任务。因此，关于城市风环境的优化和设计是解决城市环境问题的重要前提，本研究具有重要的社会意义。

1.1.3.2 改善城市微气候环境的必然途径

根据《国家人口发展战略研究报告》，到2033年我国城镇化水平将达到65%。目前我国城镇化进程正处于加速发展阶段，在取得巨大成就的同时，大量人口不断涌入城市，导致城市呈现高强度的开发与高密度的发展趋势，在城市能源消耗迅速增加的同时，城市生态环境的承载力也不断增大。它改变了城市建成区内部环境，甚至对城市建成区边界之外的气候环境也产生重大影响。

尽管高层、高密度、高强度的城市开发模式，容易导致城市环境问题，但受限于我国人口基数大、人均土地资源不足的基本国情，紧凑型城市发展模式仍是我国城镇化发展的必然趋势。

城市风环境优化，可以通过通风廊道引导城市内外空气交换、促进气体流动、分割城市热场、排解城市空气污染物等途径实现。因此，城市风环境优化是缓解城市热岛效应的重要技术手段，在改善城市微气候过程中，将起到重要的作用。同时，城市公共空间风环境会影响人们的舒适性，适宜的风速和风压能够降低夏季的体感温度；而风速和风压过大会造成人的不适，并可能引起危险，降低公共空间的环境品质[1]。因此，风环境是与城市热环境紧密相关的重要因素。城市风道的合理设置，是缓解热岛效应、防治城市大气污染和提升环境品质的一种重要手段，它亟待我们通过科学的国土空间规划和城市建设管理，提高城市风环境的品质，达到改善城市微气候的目的[4]。

1.1.3.3 弥补规划理论研究短板的重要环节

城市风环境研究作为城市气候学的一个重要的新兴学科分支，主要涉及建筑学、城乡规划、气象学与环境科学等多学科交叉融合的内容（表1-1）。从发展历程来看，我国的城市风环境研究起源于古代的“风水”学，它强调“相土尝水，象天法地”。然而，在近代规划设计中，对于气候的考虑逐渐被削弱，取而代之的是以城市风玫瑰以及污染风玫瑰来规划城市，这导致当地气候条件在城市规划和城市发展中的应用有限[5]。

城市风环境研究相关学科的研究内容比较 **表 1-1**

学科分类	研究对象	研究尺度	研究方法
建筑学	建筑及建筑群自然通风、绿色建筑及建筑布局	建筑群及建筑单体尺度	绿色建筑评价体系、ECOTECT软件模拟
城乡规划学	城市形态及城市功能布局	城市尺度	气象数据、城市风玫瑰、污染系数玫瑰
气象学、大气科学	通过气象观测预测，计算大气边界层内的主导风向及风速动态	大气尺度、区域尺度	气象数据、大气边界层风洞、WRF 模式
环境科学与工程	城市污染物扩散、流场分布、城市空气质量等环境问题	建筑尺度、街区尺度	CFD 数值模拟、热线风速仪

资料来源：笔者整理

从学科发展层面来看，我国城市微气候学和风环境设计理论的研究明显滞后于实际需求。例如，在生态城市与绿色建筑方面的国家标准和地方标准中，有关风环境的指标和规范相对空泛，难以具体、深入和有效地指导低碳规划和绿色城市设计。具体表现在：缺乏对城市空间形态与风环境的耦合机理的综合研究以及系统性的风环境规划技术探讨，也缺乏从规划视角解决城市环境生态问题的系统思维。因此，我们需要在现状条件的制约下，基于国土空间规划视角，进行城市风环境问题的研究，建立科学、系统的风环境控制体系，加强国土空间规划、管理、建设多方面的实践。

城市风环境研究的目的，就是吸收气象学、环境科学、建筑学和国土空间规划的理论成果，将它应用在国土空间规划的实践中，将定量化的气候指标转化为图式的规划设计模式语言；并从改善城市风环境的视角，对室外空间形态构成提出规范性要求。它作为城市微气候规划体系的重要组成部分，是亟待完善的相关理论内容。

因此，开展风环境优化理论研究，是提升城市环境舒适度的需要，是城市生态安全保障的必要前提，也是弥补低碳城市规划研究短板的重要环节。

1.1.3.4 提升数字技术应用水平的必要探索

在技术发展层面，随着智慧信息技术的不断发展与成熟，特别是大数据时代的来临以及智慧城市建设目标的提出，必将引领地理信息系统技术以及风环境检测技术在国土空间规划中的广泛运用。城市风环境的测量与模拟技术也随科技革命经历了多次技术的演替发展，实现了实地测量法——物理模拟法——计算机数值模拟法的变迁，这为研究风环境的评价与优化方法提供了可能性。

实地测量方法极易受到长期观测数据获取的限制，在更大规模的城市风环境研究中，很难应用实测的风速资料。因此，当前城市风环境研究往往把实测的风速资料作为实际研究中一项重要参数，与其他数字化模拟的结果进行比对与校正。而现在的研究中，广泛采用的是 CFD 数值模拟方法，它通过对城市形态的风环境模拟，为研究城市风环境提出具体数值，通过挖掘形态特征的参数和风环境指标数值的关联性，为深入研究城市形态与风环境的耦合关系提供可视化、图像化的过程，进而为系统、科学地认识和深入了解城市风环境规律提供了有力的支撑[6]。

1.2 研究概念及研究范围

1.2.1 相关概念界定

1.2.1.1 城市微气候

城市微气候是指城市建成环境中的局部气候，它有别于邻近的农村地区的气候。城市微气候包括气温、湿度、风速和热辐射条件四个指标参量，能直接、敏感地反映城市空间形态对气候的影响。一般来说，城市微气候的影响范围在水平范围 1 km、高度范围 100 m 以下，它与城市建成环境有密不可分的关系。可以说，城市微气候学是研究一个有限区域内的气候状况的科学。

1.2.1.2 城市风环境

在城市环境中，由于风压差及热压差形成的自然通风状况在城市空间中的分布状态称为城市风环境。城市风环境的研究区域，水平范围包括城市建成区与近郊；在垂直方向上，包括处于城市大气的对流层在内的风场。垂直方向的风场可细分为高空风场、城市冠层风场和城市近地层风场三个不同层次。本书研究的风环境区域为城市冠层风场及城市近地层风场两个层次。

1.2.1.3 城市通风廊道

城市通风廊道即城市中气流流通的廊道，也可以称之为“风道”，往往是指城市中气流阻力相对较小、连续的线状开敞空间区域[7]。城市风道是改善城市微气候，形成有利于城市局部地区的空气环流，保证城郊新鲜气流有效地流向城市内部的通道[4]。城市通风廊道由线状的自然和人工走廊区域构成，通常依托河流、公园、带状绿化、较宽阔道路、铁路等构成，宽度一般大于 100 m（图 1-1）。

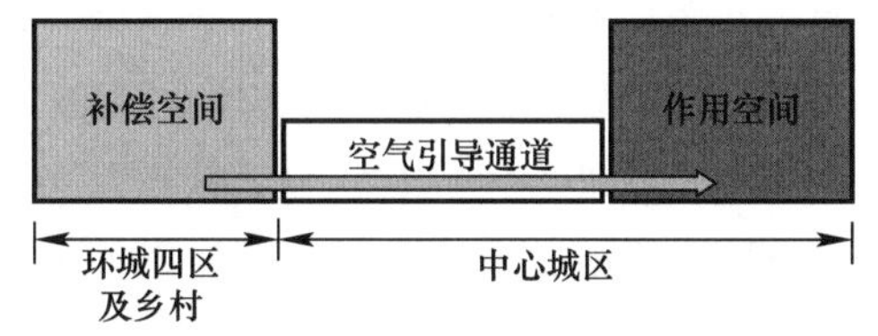

图 1-1 城市通风廊道与风环境系统构成示意

（资料来源：笔者自绘）

1.2.1.4 城市风道规划

城市风道规划是近年来兴起的专项规划，规划目的是提升城市环境的自净效能、调节城市微气候、缓解城市热岛效应、提升城市空气质量及改善生态环境。规划内容包括风道建设的基础条件及现状分析、风道的总体规划布局、风道建设的指引和管控要求，以及风道的实施保障机制和动态维护策略等。在本书中，“城市通风廊道”的研究内容，不仅包括承接风源与风汇区的风道系统本身，而且涉及探索规划设计中如何控制和影响风道系统的风速、风量大小等方面的相关内容。

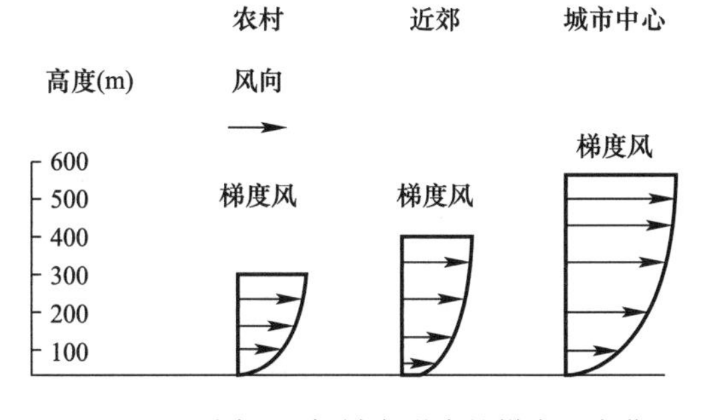

图 1-2 不同地面粗糙度形成的梯度风变化

（资料来源：参考文献[8]）

1.2.1.5 城市梯度风

城市梯度风是指由于地表摩擦的作用，接近地表的风速随着离地距离的增大而升高的现象。通常离地高度达到 300～500 m 时，风才能够在气压梯度的作用下自由流动。城市覆盖层内的风速一般比上层风场的风速小，下垫面材质、植被或建筑的密度、高度的不同，导致城市覆盖层竖向范围内的风速变化的曲线不同（图 1-2）。

1.2.1.6 城市下垫面

城市下垫面是指地形、地貌和地表覆盖层，如土地、植被、水体等要素。城市下垫面的类型分为人工下垫面和自然下垫面。人工下垫面具有地表反射率小、蒸发率小、粗糙度高和蓄热效应强（即导热率高和热容量大）的特点，对城市热岛效应起到增温作用[9]；自然下垫面则与人工下垫面相反，它有利于水分蒸发和带走热量，能起到降温的效果[10]。在快速城镇化背景下，由于土地利用性质的改变、植被覆盖率降低等因素，人工下垫面比重逐年递增，进而影响城市微气候的形成[11]。

此外，城市大量的建筑物及构筑物使城市下垫面粗糙度增大，机械湍流和热力湍流加强，风向的摆动幅度增大，导致城市中随高度变化的风廓线梯度变化[12]。从下垫面构成性质来看，城市中心为人工下垫面，城乡接合区为人工与自然混合下垫面，郊区农村为自然下垫面。

1.2.2 研究范围与维度

1.2.2.1 研究的时空范围

在基础理论研究层面，本书主要研究的空间范围为我国大陆地区城市风环境规划所涉及的空间及影响区域，仅对大气环流的论述涉及全球范围。

在实践应用层面，以天津市的市域范围为空间界限，并主要分析天津市和平区、河东区、河西区、南开区、河北区和红桥区等中心城区出现的风环境问题。

在时间范围上，主要基于当代规划的时空视角，研究既有城市空间的风环境规划与优化问题，并提出面向未来的低碳、生态微气候规划设计原则与可持续发展策略。

1.2.2.2 城市风环境研究的专业维度

本书的理论研究领域属于城市气象学、城市物理学与国土空间规划学的跨学科领域。为了突出研究重点，本书将重点研究范围限定在城市风环境与城市形态、城市结构的耦合机理及优化设计等内容上；同时，将城市物理学关注的环境温度、湿度、日照等相关技术要求，作为城市风环境规划的相关环境要素处理。通过突出研究重点，集中力量解决关键问题，使复杂的问题能够在相对单一的研究范畴内得到解决。此外，研究侧重于城市规划与设计的研究视角，力求总结出城市风环境设计的模式语言，尽量避免过多地使用规划设计技术人员难以理解和把握的物理学与气象学术语。

1.3 研究方法与章节构成

1.3.1 研究方法与技术路线

1.3.1.1 基于网络技术的文献研究方法

本书在大量分析国内外关于“城市空间形态”“城市风环境”“城市通风廊道”“风环境模拟”等相关理论和已有研究成果的基础上，归纳了国内外相关技术文献的研究内容。应用网络分析技术，从海量文献中，以“风环境”“通风廊道”“城市下垫面”“城市粗糙度”“迎风面面积”等为关键词，对城市微气候、城市热岛问题、城市与建筑风环境以及“计算机数值模拟”

等相关文献进行了归纳、总结及比较研究。在把握国内外前沿研究动态的基础上，应用基于数字技术的研究方法，发现研究的重点，以期丰富城市风环境理论研究方法，拓展研究视野。

1.3.1.2 理论演绎研究方法

本书基于系统思维理论，将景观生态学、气候学及计算流体力学等多学科理论，移植到城乡规划学领域，将数字技术科学的基础理论，运用到城市风环境研究中，并通过概念、逻辑推理、模糊数理分析的原则及方法，进行科学的理论演绎，总结并提出城市风环境优化的基本规划理论与技术方法。

1.3.1.3 多学科交叉的系统分析法

本书研究领域涉及国土空间规划、城市设计、建筑学、景观生态学、环境学及气象学等诸多学科，运用多学科交叉的系统分析法，通过风环境优化的理论与设计方法的多尺度耦合，将各学科的知识进行有机整合，同时将气候学中的研究成果转化为对国土空间规划工作者更为直观、可操作、可应用、能推广的可视化模式语言，并以定性与定量相结合的设计导则，为国土空间规划与设计提供参考与借鉴。

1.3.1.4 结合定量与定性分析

本书采用了定性和定量相结合的方法，一方面通过文献综述对原有的风环境研究标准、优化对策等，采取文字、图片、表格等定性描述；另一方面，运用 PHOENICS 软件进行模拟分析，对城市空间形态与风环境之间的耦合关系进行评估，对风环境的影响状况进行总结归纳，将规划常用的地块控制指标容积率、建筑密度、建筑高度、围合度等，以及城市街道空间的走向、宽度、街道断面的高宽比等，与风速等级、风场分布相关联，确定风环境良好的城市空间形态参数及模式，得出对城市规划工作者有参考价值的可操作、可应用、能推广的可视化模式语言及定量化的经验结论，以指导国土空间规划与设计。

如基于 ENVI 5.0 软件平台，利用 Landsat ETM＋天津市遥感卫星影像中的热波段值，根据数据的特点，按照地表温度反演的相关技术要求，采用的技术程序为：首先，对 Landsat ETM＋的遥感影像的数据进行一些预处理，包括数据读取、辐射定标、几何校正和区域剪裁等步骤；然后，通过辐射传输方程，对所研究的影像热红外波段的数据进行反演操作，得到所研究地表的真实温度（图 1-3）。

通过城市热环境的模拟分析，明确城市热岛、冷岛与城市通风廊道的关系；在对城市热岛、风道、公园冷岛、工业热源进行科学评估的基础上，分析热环境与风环境的空间耦合机理。在遥感图像反演分析的基础上，运用 GIS 分析方法，整合研究数据，分析天津市城市热岛和各功能区热负荷状况，并提出风环境改善对策。

1.3.1.5 基于 CFD 软件的数值模拟与分析

本书应用 PHOENICS 软件，对天津市中心城区的宏、中、微三个尺度，进行夏季、冬季盛行风向条件下的风环境模拟，获得人行高度处风速、风压、空气龄等云图，并通过 Tecplot 分析软件，对模拟结果进行分析，得出城市不同尺度的风环境特点。在宏观层面，主要模拟与分析天津市城市通风廊道的现状，并提出优化策略；在中观层面，主要分析天津市高密度中心区与重要街区的风环境现状模拟与风环境特点；在微观层面，通过对不同居住模块布局方式的室外风环境差异的比较，结合相应的城市空间规划与设计理论，提出改善策略，建构居住区风环境优化规划体系。

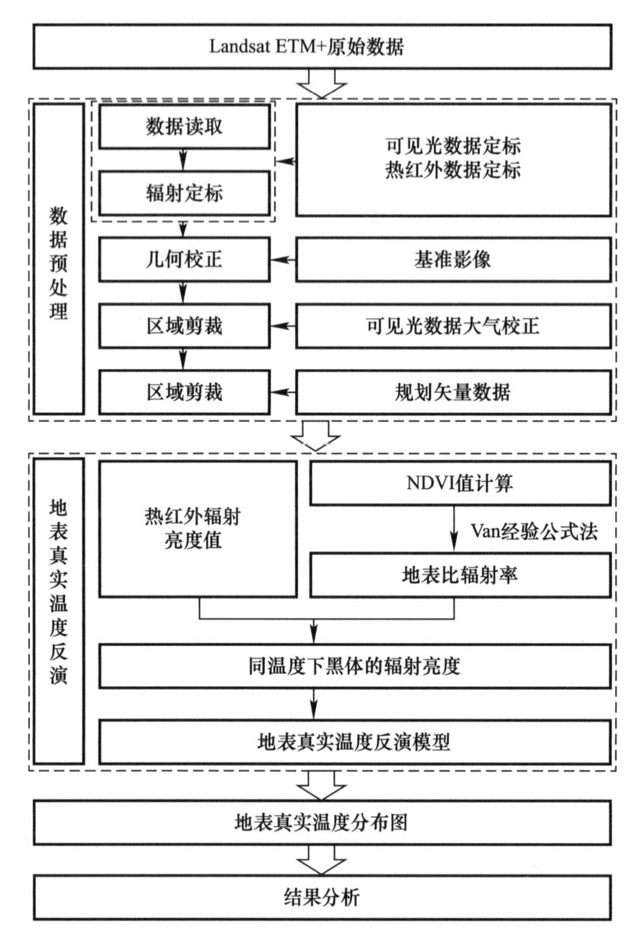

图 1-3　地表温度反演技术流程图

（资料来源：笔者根据参考文献［13］改绘）

在模拟中，技术路线主要结合使用 PHOENICS 软件进行。该软件模拟流程一般分为前处理、计算和后处理三大步骤。其中，模拟前处理包括：模型建立、合理确定建模区域与计算域、划分计算区块、确定模拟参数、划分计算网格。计算过程中通过检测值波动的大小，当残差降到 2～3 个数量级时，确认是否获得较好的收敛。后处理的过程通过导出风速分布图、风压图及等值线图等形式，将风环境进行可视化处理。

1.3.2　章节构成

本书以“提出问题、分析问题、解决问题、实践反馈”的思路，试图在城市空间形态与城市风环境两大重要领域之间，建立起整体的“源—汇—流”风环境系统研究框架，遵循低碳和低污的规划建设目标，基于跨学科的视角，寻找不同尺度下的风环境与城市形态关联耦合关系，探讨在不同城市布局形态下风环境的影响机制，并总结低碳—低污目标下的风环境优化策略和手段，同时提出相应的国土空间规划布局方法。全书共 9 章：

第 1 章为“认识问题”部分，内容包括研究背景与意义、研究概念及研究范围、研究内容与研究方法、理论框架。

第 2 章为“理论综述”部分。通过梳理前人的研究基础及研究思路，总结研究趋势及研究热点，发现研究中存在的问题，为本书研究提供理论切入点。

第 3 章为“理论建构”部分。首先，在解析“源”“流”“汇”含义的基础上，借鉴相关学科理论研究成果，以低碳国土空间规划为目标导向，提出了城市风环境系统的“源－流－汇”理论框架，为城市风环境规划理论的研究与创新提供了新的研究视角；其次，从现有的相关研究中，提炼出基于“低碳节能”“空气质量优化”“安全与防灾”“人体舒适度”多层面城市风环境评估标准，为评判风环境优劣提供技术支撑；最后，介绍了本书进行城市风环境研究所采用的 CFD 模拟的参数设置原则、方法与相关数据。

第 4 章详细分析城市风环境中“源”的系统构成要素，从气象学的角度，分析季风环流和局部环流等不同尺度的风源特点，探索了基于不同风向、风速条件下，城市功能布局原则。同时，提出了适应不同的热工气候区的风环境低碳规划对策，其中包括“避风防寒主导型”“导风与避风兼顾型”“导风驱热防沙型”以及“导风除热与驱湿型”等风环境优化策略。

第 5 章探索了城市风环境中“流”的系统——低污风道系统的层级、构建和管控问题，分析了概念、研究意义、研究现状及存在的问题，探索了多尺度的城市风道系统构建原则，归纳出规划设计的方法与步骤，并提出了城市风道城市设计控制的内容和相应的指标体系。

第 6 章介绍了城市风环境的多层级“汇”子系统的特点与低碳优化布局策略。从城市结构、城市形态和功能区层面，分析了在城市层级“汇”风环境特点与优化策略，并从街区形态、街区布局与建筑群形态设计角度，归纳了街区和建筑群层级的“汇”的特点与优化策略。

第 7 章为天津市实践研究部分。该章以天津市中心城区为例，在低碳—低污的视角下，基于“源—流—汇”理论，分析了天津市域自然与气候特点，探索了海河水系以及道路系统为骨架的中心城区风道布局特色与存在问题。同时，针对中心城区的现状及风环境特征，运用多学科理论分析手段，基于遥感图像反演，进行了天津市中心城区热负荷分析，在此基础上，应用 CFD 数值模拟方法，剖析天津市中心城区的典型空间结构对风环境影响，最后，在天津市居住区肌理特征总体分析的基础上，选取了典型居住模块，进行了 CFD 数值模拟与分析，并提出了基于典型居住模块的设计语言，进一步验证了城市形态对风环境的影响机制。

第 8 章为本书提出的天津市城区风环境系统的优化策略。在低碳—低污理论框架体系下，论述了天津市中心城区风源与风道协调布局、风道与风汇区协调布局，以及风道系统自身的协调与网络架构问题，并针对天津市区街坊与建筑群空间特点，探索了低碳—低污优化设计方法。

第 9 章为结论与展望，归纳了本书的主要研究成果，提出了基本结论；并在此基础上，分析本书研究中存在的不足，对后续研究作了展望。

1.3.3 研究理论框架

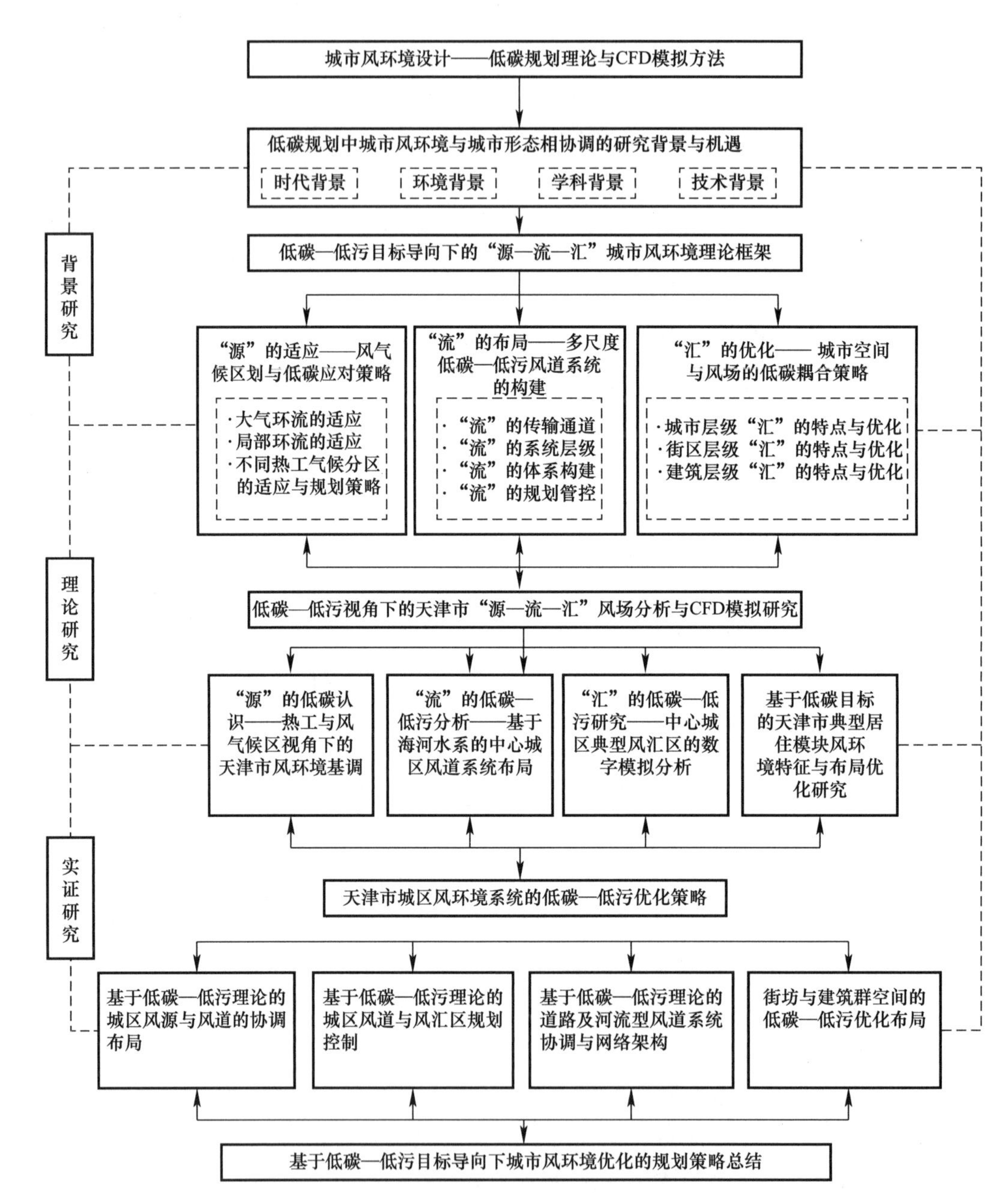

图 1-4　本书的研究理论框架

（资料来源：笔者自绘）

第二章

城市风环境研究动态与模拟方法

2.1　基础理论与研究动态综述

在当前全球气候变化的背景下，如何通过低碳生态规划，缓解城市生态环境恶化的问题已成为国内外关注的一个重要课题，而探索城市风环境与城市形态的关联耦合机理，提出城市风环境规划设计技术规范，已成为国内外一个理论研究热点。

本章中，笔者将应用相关网络技术手段，对城市风环境相关的研究动态进行综述，为本书的后续研究奠定理论基础。同时，基于国土空间规划的视角，以多尺度、系统化、定量化的研究方法和技术手段，整合风环境评价、风环境优化及规划设计等方面研究内容，明确发展前沿动态；最后，从研究视角、规划实践、CFD 模拟技术方法、研究框架等方面，剖析风环境研究趋势，并指出其存在的不足。

2.1.1　国内外理论研究现状的统计分析

笔者以“风环境”作为关键词进行搜索，在中国知网（CNKI）四大主要数据库中检索到相关期刊论文共计 2594 篇，硕博士论文 1534 篇。根据百度开题助手的数据显示，国内的风环境研究从 1973 年开始出现相关文章，2018 年达到近十年的高值点（图 2-1）。

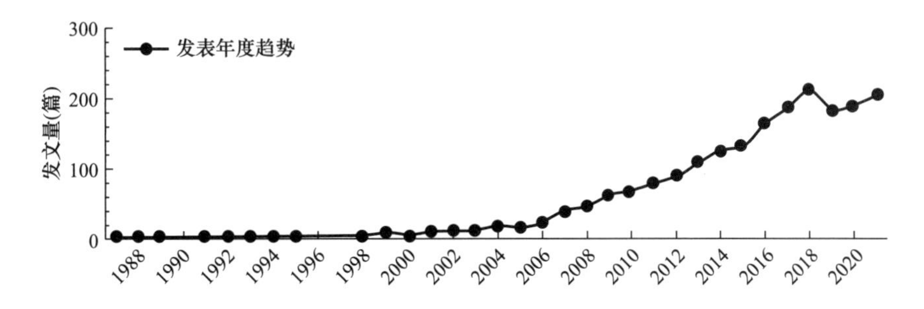

图 2-1　风环境研究走势图

（资料来源：笔者利用百度开题助手绘制，检索时间 2021 年 8 月）

相对于其他研究，与风环境相关的论文数量并不多，它反映出目前对风环境的研究仍处于起步阶段。但是由于近年来人们对城市风环境问题日益关注，近年论文数量呈现增长趋势，这标志着城市风环境研究已成为城乡规划领域研究的新热点。

在风环境的相关研究方面，笔者通过对1985—2020年间的文献进行统计，发现随着研究的不断深入，出现了越来越多与风环境研究相关的研究方向，形成了庞大的研究网络，形成了“数值模拟”“自然通风”“风洞试验”“高层建筑”等高相关度的研究热点及研究走势（图2-2）[14-19]。

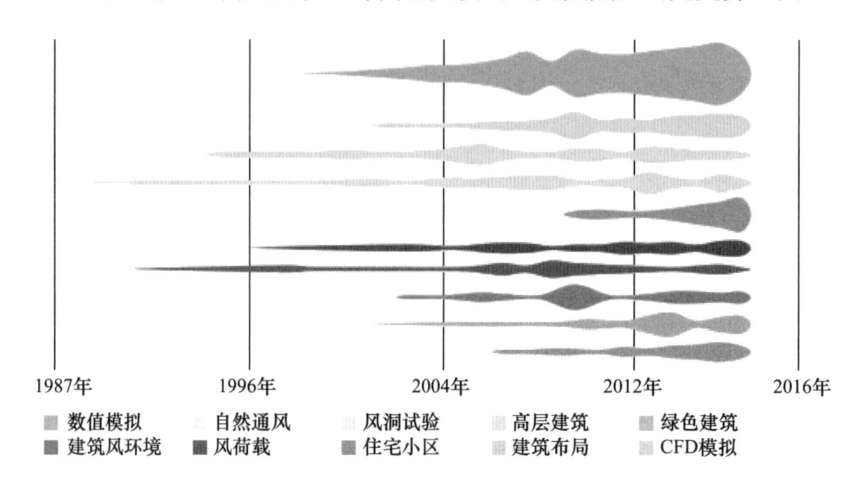

图2-2 风环境研究相关的研究方向内容分析图

（资料来源：百度开题助手）

学科渗透方面，“风环境”的跨学科研究也发展迅猛，已深入建筑学、环境科学与工程、大气科学等多个学科，并衍生出多个交叉学科主题。表2-1是多个渗透学科及对应的研究主题。

交叉学科主题 **表2-1**

相关学科	交叉学科主题
建筑学	自然通风、高层建筑、住宅小区、建筑风环境、建筑布局、绿色建筑
环境科学与工程	流场分布、空气质量、环境问题、污染物扩散、环境风
大气科学	风速测量、风观测、大气边界层、风向角、主导风向、风速分布
土木工程	风洞试验、风荷载、数值风洞、风压系数、高速列车、风压分布
动力工程及工程热物理	数值模拟、CFD数值模拟、冷却塔、CFD解析、冷却数
力学	就计算流体力学、湍流模型、数值模拟方法、风洞模拟实验、雷诺平均

资料来源：百度开题助手

在现有的风环境研究文献中，建筑物理和建筑技术背景的研究居多，占研究文献数量的40%左右，土木工程、环境工程和大气科学类的研究数量紧随其后。城乡规划及城市设计专业背景的研究者，所发表论文数量不足整体的10%。这从一定程度上表明，从城乡规划视角研究风环境的关注度不足。

“风环境”研究至今，已涌现出一大批权威学者，推动并引领着学科发展（表2-2）。众多研究机构在该领域亦成果斐然（图2-3）。

风环境领域著名学者的统计表　　表 2-2

学者	论文成果（篇）	被引量	H 指数
江亿	871	11594	49
李晓锋	90	493	12
谭洪卫	112	435	11
李峥嵘	129	529	13
朱颖心	295	2390	25
汤广发	228	1908	24
项海帆	411	7119	44
付祥钊	349	2364	23
李念平	214	1141	18
陈岱林	113	517	12
赵彬	148	2633	30
赵立华	148	511	13
马剑	175	844	15
李先庭	349	3906	33

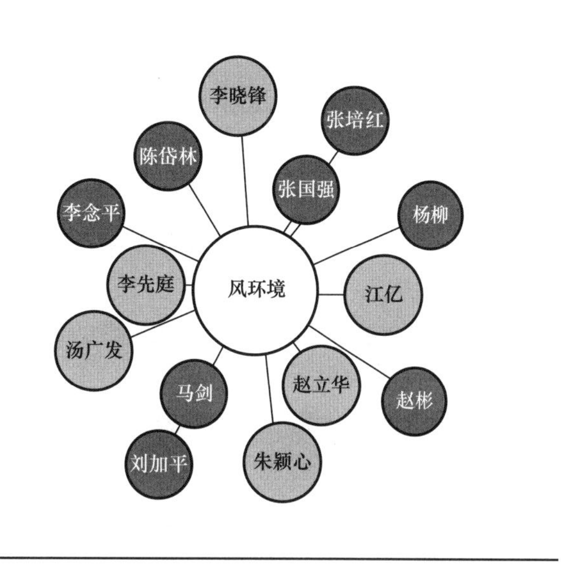

资料来源：笔者利用百度开题助手绘制

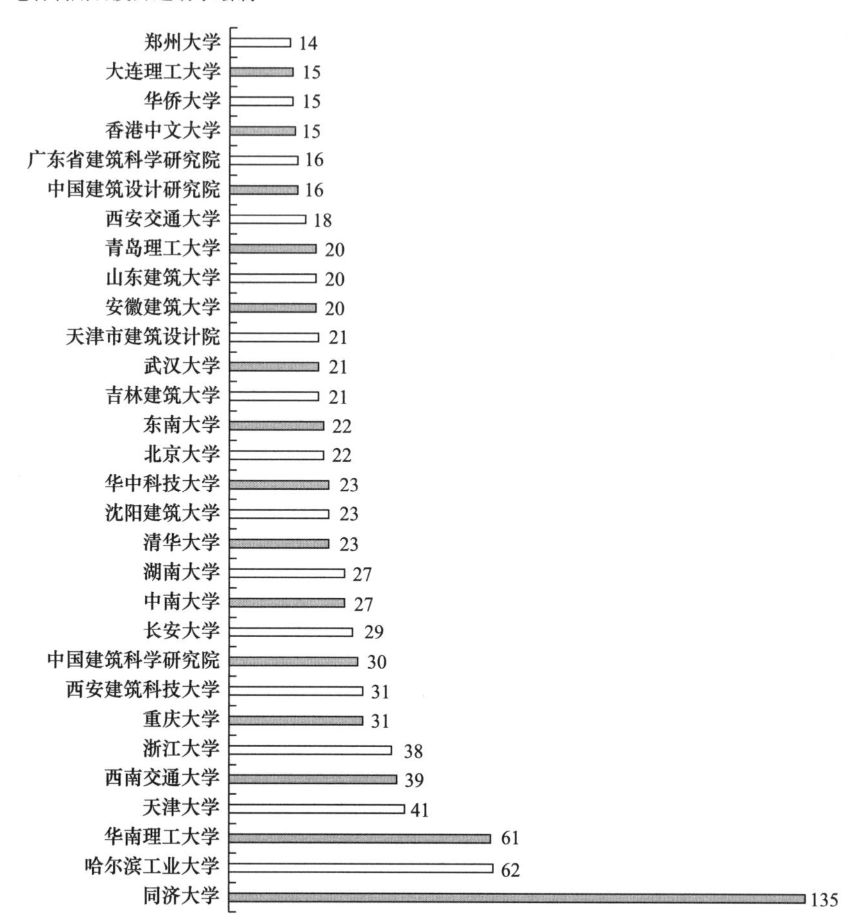

图 2-3　有关风环境研究的重点机构

（资料来源：笔者利用 CNKI 检索工具绘制）

国外对于风环境的相关研究成果较为丰富。笔者以“Urban Ventilation Channel”与“Urban Ventilation Path”为关键词进行检索，从中筛选出风环境与城市形态相关的研究内容。这些论文中有大量的模拟与实验数据，表现出物理实验类论文的典型特征。

总的来说，由于国内外对风环境研究均起步晚，比起城乡规划的其他研究方向，从事风环境相关研究的学者和理论实践成果还是相对较少，研究的广度与深度有待拓展，属于一个年轻而亟待发展的学科。特别是在研究内容方面，大量论文[20]往往从建筑物理学角度进行研究，抽象出一些典型模型，研究成果往往集中于建筑或城市物理学范畴，并集中在基本规律和相关机理等方面。例如，研究风在单体或群体建筑的作用特点，风压、风速与气流流场变化的特征等[21,22]，或从粗糙度、迎风面面积系数等城市物理学的视角进行研究，这些研究对认识建筑风环境的科学概念与发生机理方面有利，但由于偏向于物理学方面的内容，视角相对狭窄；或关注建筑单体、群体、组合形式、容积率等建设控制指标与风速的关系，难以在宏观及中观层面指导城市规划设计[23]。需要将这些有关风环境的城市物理学方面的内容转化，使其能够指导规划设计。

近年来，尽管研究的内容有所拓展，出现一些城市风道方面研究文章，但部分研究出现了就风道论风道，未能从“风源—风道—风作用区”进行系统探索，学科研究的视角相对狭窄，缺乏深入系统的研究等问题。因此，在城市风环境研究中有不少理论缺环，存在大量的学科增长点及提升空间，迫切需要结合国土空间规划的学科特点，在系统科学理论指导下，基于低碳、生态和可持续发展的目的，迅速开展城市风环境规划设计方法的理论研究。

2.1.2 国内外学者关注的相关研究内容

城市风环境研究作为低碳生态规划的重要研究方向，气象学以及地理学对此做了比较深入的探讨，在区域大尺度气候和风环境的模拟与实测技术方面，取得了比较丰富的成果。如通过实地测量和风洞试验，分析风环境的相关影响因素，探索风环境数值模拟方法及其研究的准确性等。建筑与规划领域更加关注城市边界层、城市冠层和街道层峡等空间层面的城市风环境研究，在风环境调控和城市形态优化研究的交叉研究方面成果相对较少[24,25]。在规划设计中，风环境调控和优化研究是近年来新兴的研究方向。其中，在城市风环境与城市形态关联耦合研究方面取得了一定的成果，主要集中在“城市风环境与城市形态的关联性、城市风环境的数值模拟模型、城市风环境优化的设计方法”等方面[26-29]。

2.1.2.1 城市形态与风环境关联性的研究

总的来说，城市形态是城乡规划学的基本研究对象，对它的研究涵盖了形成机制、城市形态影响要素和驱动力研究等内容。城市空间形态的研究趋势，也从原有的“定性化分析总结”，转向“运用数字模拟技术的定量化研究”。

同时，笔者通过总结发现，以城市三维空间形态为基础，对城市整体风环境进行分析的现有研究成果相对较少。相关文献所提到的定量化研究，多集中在城市功能片区尺度和建筑群微观尺度，而城市尺度的风环境空间领域的研究成果较少。

根据对国内外关于城市形态的研究现状分析：有关城市形态的研究深度和广度均呈现不断提高的趋势。城市形态研究对城市人居环境可持续发展的重要性被越来越多的学者认可，在研究中通过借鉴国内外学者的研究成果及相关学科的研究方法和经验，拓展了城市形态研究的思路，也促进了国土空间规划学科的发展，如陈宏等[30]运用城市形态学与CFD相结合的方法，探讨了街区的外部空间形态与风环境的关系，并提出皱褶率、孔隙率等城市空间形态的定量化评价指标。闫利等[31]采用CFD方法，研究选取同一地块的六个城市设计方案，提取6个不同方案的城市空间设计要素，取得各空间要素与静风率之间的关联排序关系。但是，基于城市形态理论的风环境研究方法及其实践应用仍十分有限。

2.1.2.2 城市风环境优化的设计方法研究

城市风环境优化的设计方法层面，现有的研究成果主要集中于对不同气候区的规划设计策略优化讨论。如王振等[32]针对夏热冬冷地区的街区层峡空间层面微气候问题，提出了系统化的适应性设计策略。陈睿智等[33]以成都为例，对城市屋顶绿化系统的生态作用、污染扩散的高浓度区域以规划防控的原则进行了探讨。冷红等[34]总结了寒冷地区的城市微气候环境控制及城市设计策略，通过吸取国外先进经验，运用定量技术模拟城市居住区、中心区及绿地公园等微气候条件给出优化建议。Yuan C. 等[35]通过数字模拟，基于生理导出等效温度（Physiological Equivalent Temperature，PET）风速分类，评估风速对室外热舒适性的效果。

笔者以风环境为关键词，对我国2010—2020年国家自然科学基金资助项目进行搜索，从检索结果可知，有关城市尺度的风环境优化和城市污染防控策略研究是当前学者的研究热点，也是国家给予重点鼓励的发展方向。其中，应用参数化技术方法，针对典型的城市气候区（如湿热地区、夏热冬冷地区），以城市居住区、高密度城市街区、大型或重要公共建筑为对象的风环境评估与优化，是目前研究关注的热点[15,36,37]。

2.1.2.3 城市微气候设计的相关研究

城市微气候设计的研究成果较多[38]。最早的规划理论无一不包含着对城市气候环境层面的研究与探索。在城市的发展和建设过程中，根据自然环境气候，合理对城市进行选址、布局，是千百年来人类在认识自然、利用自然、改变自然的过程中总结的经验。在这一方面，城市的气候问题可以说是世界各国密切关注的问题，许多国家和地区已经开展了相关内容的城市气候规划，并开展了城市气候图的研究，制定相应的气候适应性策略，并进行了一系列基于气候环境改善的规划与建设实践。

在建筑学与城乡规划领域，城市气候学也得到高度的重视，表2-3列举了国际建筑与规划界对城市气候的理论探索历程。

国际学术界对于气候影响与认知的理论发展 **表2-3**

时间	作者	研究成果	研究内容/备注
1818年	卢克·霍华德	最早从事城市气候方面的相关研究，发现伦敦的城市热岛现象	人类开始关注城市气候的相关研究
1892年	F. 拉采尔	人类地理学理论	提出环境决定论的理论基础
1914年	埃尔斯沃思·亨廷顿	《文明与气候》	探讨气候与劳动生产率的关系
1919年	威廉·施密特	对城市内部不同景观地区的微气候进行研究	开展城市的微气候相关方面的研究

续表

时间	作者	研究成果	研究内容/备注
20世纪初	赖特	微气候设计法	深入分析建筑和城市设计中的气候影响因素
20世纪初	格罗皮乌斯	气候的设计首位度	设计理念中的首要因素之一是气候
20世纪初	柯布西耶	气候因子：风和阳光对建筑和城市设计的影响	气候因子在设计次序与层次区分中的首位原则
1937年	A. 克拉克	《城市气候》	第一部全面性的气候通论著作
1962年	蕾切尔·卡森	《寂静的春天》	提出城市的气候污染问题
1963年	维克托·奥吉尔	《设计与气候：生物气候建筑地区主义的方法》	“气候—生物—技术—建筑”的地域性生物气候设计
1964年	伯纳德·鲁道夫斯基	《没有建筑师的建筑》	阐述建筑与气候深层次关系
1969年	麦克哈格	《设计结合自然》	基于自然环境条件的生态型城市规划与设计方法
1976年	Oke	城市冠层概念	将城市气候所涉及的大气层范围划分为城市边界层和冠层
1977年	威廉·罗利	城市气候研究理想构架	针对城市气候学研究中的规律性探讨和总结
1981年	H. E. 兰兹伯格	《城市气候》	城市气候学研究中的经典著作
2010年	联合国减灾委员会	气候适应型城市	呼吁将气候变化纳入城市规划与发展项目中
2016年	Cugurullo	城市的可持续发展	城市的可持续发展与城市建设、生态可以及政治管理密切相关

资料来源：笔者整理

2.1.2.4 城市气候图的相关研究

不同国家的自然环境条件及社会经济发展状况不同，其面临的环境问题也不同，因此，国内外对城市风环境研究的侧重点及规划实践应用也有所不同。本书根据风环境研究的相关资料，梳理和总结出目前有关城市气候图的发展动态（表2-4）。

国外城市风环境研究及建设实践内容　　表2-4

国家、城市	研究时间	研究项目名称	研究内容	技术核心
德国 斯图加特	1970年至今	山坡地带规划框架指引（2009）	设立通风廊道、缓解城市热导效应和空气污染等	信息采集、气候功能评估、指导方针与规划目标制定、城市环境气候图、风环境评估与规划应用
日本 东京都	2007年至今	东京都政府的环境影响评估条例、《“风之道”研究报告》	研究城市通风走廊和海风对城市热岛效应降低的效果	城市热岛效应控制措施的导则、对重要地区及项目进行人行高度处的风环境评估
瑞典 哥德堡	1970年至今	城市气候组织（UCG）城市环境气候图研究	基于GIS的城市温度分布图与风流通分布图	为总体规划和建筑设计绘制多尺度的城市环境气候图
英国 曼彻斯特	2007年至今	城市气候图研究	热环境地图、相对湿度地图以及城市通风地图	温度空间分布流动测量研究
美国 旧金山、 波士顿	1970年至今	MIT研究项目	建筑群周围风环境指标	运用3D扫描、图像处理、高程模型以及灰度分析手段，对城市与建筑形态及环境性能进行了研究

资料来源：笔者整理

1970 年，德国斯图加特为缓解城市高温和空气污染两大问题，首次提出“城市环境气候图”研究与应用构想。1990 年代，德国制定了城市气候环境评估的相关指导方针《VD13787》及技术标准。2009 年，斯图加特城市气候署颁布《山坡地带规划框架指引（2009）》。其中，根据城市地形、气流交换、污染分布等特征，将城市建成区定位为风道的作用空间，将林地、绿地及公园用地定位为风道的补偿空间。A. Middel 等[39]分析了各种城市形态和城市景观设计对升温和降温的影响，以便更好地理解环境的微气候动态，并探讨了园林样式对于亚利桑那州凤凰城小气候的影响。

J. A. Acero 等人推导了西班牙巴斯克地区城市气候图[40]。再如德国斯图加特市将风道地区划定为缓解、保护以及优化区域。通过动态空气质量和风速的监测、城市粗糙度分析、计算流体力学模型 KALM 的技术手段的应用等风环境评估方法，达到降低城市空气污染、提升城市通风效率的规划目标；并将研究成果用于《斯图加特城市发展概念策略 2006》《斯图加特山地区域框架规划 2008》以及《斯图加特土地利用规划 2010》编制工作中，以达到控制与保护风道空间与气流补偿空间的目的（图 2-4）。

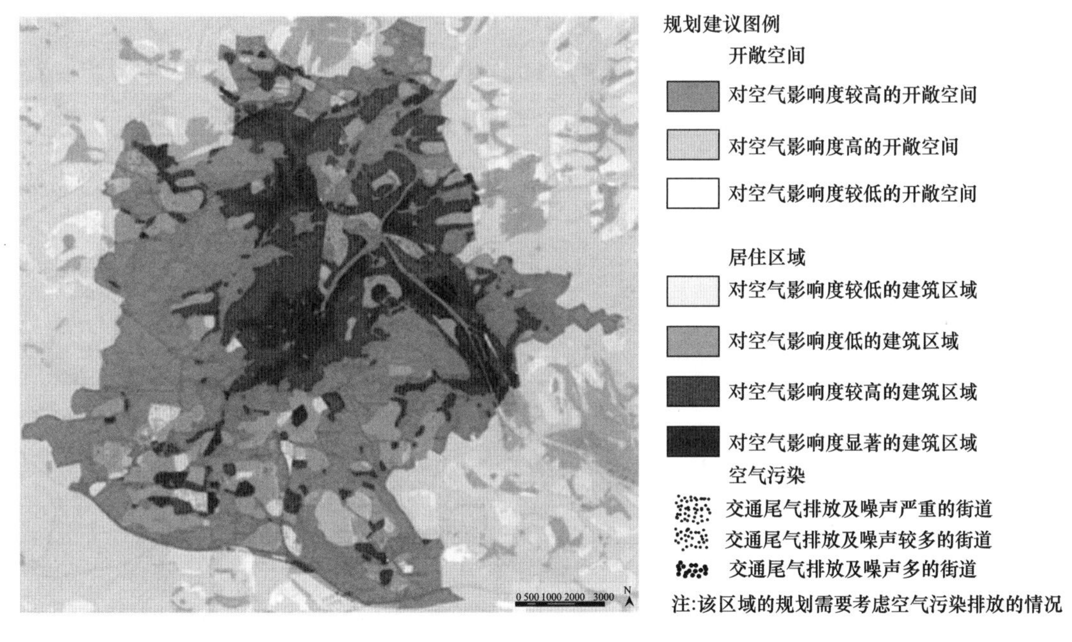

图 2-4　德国斯图加特风道规划

（资料来源：参考文献［41］）

2007 年，日本东京湾首都圈提出了《“风之道”研究报告》。报告从宏观、微观两个分析尺度入手，应用“观测＋模拟”的技术方法，评定出具有可实施性的“五级通风廊道”。其中，一类风道针对的是都与府市镇级海陆风循环状况，二类风道涉及的内容为海边连续通廊引入海陆风等问题，三类风道考虑如何利用较宽的街道引入海陆风，四类风道针对的是引入山谷风的规划策略，五类风道是利用大型绿地产生冷空气的方法。在研究成果方面，《建筑物综合性能环境评价工具——热岛效应（CASBEE-HI）》是日本建筑环境与能源保护协会在 2008 年出版的代表研究成果之一。

这些风环境研究成果为我国风环境研究及实践提供了一定借鉴意义。但是，由于我国特有的气候环境条件以及经济发展状况等的不同，不能直接照搬国外的风环境优化相关的法律政策以及规划策略。为此，我国学者针对高密度城市的问题，也开展了城市气候适应设计的相关研究[42]。如宋晓程等[43]采用多用途建筑区域热气候评价模型，以深圳国际低碳城的热环境为对象，形成区域热环境城市气候图。

2.1.3 当前国内外理论研究的主要热点问题

近年来，在建筑学与城乡规划领域，运用城市气候学的研究成果，在规划设计中，实现对风环境调控和优化，形成标准化的模式语言，指导城市通风廊道的建设及实际的建筑设计，是国内外关注的热点。在这方面，通风廊道、减缓雾霾及大气污染等方面的研究成果相对集中，研究技术也呈现从实地测量、实验室风洞模拟到开展数值模拟的趋势。

2.1.3.1 有关风道的理论研究与实践探索

近年来，我国很多学者从不同角度对城市风道进行了有益的探索，并围绕防治雾霾、减缓城市热岛效应、提升城市整体通风效率等问题，进行了大量的规划实践（表 2-5）。

我国不同城市风道建设实践内容及成果 **表 2-5**

城市	通风廊道研究项目	研究项目时间	内容及成果实施
香港	《空气流通评估》	2003—2005 年	利用风洞、软件模拟等手段，针对高密度城市的风环境问题，提出风道设计的 6 个方面的技术指南，成果纳入《香港城市规划与设计指引》
	《都市气候图集风环境评估标准——可行性研究》	2006—2012 年	
武汉	《武汉市城市风道规划管理研究》	2005 年	通过 GIS 平台和主导风向分析，提出基于风道研究的建筑密度和开发强度指导建议
北京	《基于气象条件的北京市域空间布局研究》	2009 年	取得了北京中心城城市通风廊道的研究系列成果
长沙	《长沙市城市通风规划技术指南》	2010 年	提出了商业区、居住区、工业区通风规划技术指南
杭州	《城市通风廊道规划研究》	2013 年	制定了杭州市气候空间规划图集及城市设计导则
南京	《南京大气污染防治行动计划》	2014 年	建立政府主导、企业施治、公众参与、市场驱动的大气污染防治联防联控新机制
福州	《“生态福州”总体规划》	2014 年	建立“两廊五楔、一环六点和城市公园绿地体系”

资料来源：笔者整理

国内学者还开展了关于城市风道规划、利用城市风道缓解热岛效应等方面的研究与规划实践。例如，刘姝宇等[44]介绍德国斯图加特市对城市风道的相关研究，总结了城市通风廊道规划的技术方法，并提出我国城市风道建设的规划建议。梁颢严等[45]以《广州市白云新城北部延伸区控制性详细规划》为例，探讨了城市通风廊道的规划方法，提出了具有实践意义的通风廊道宽度、走向、开敞空间、相邻界面、建筑等 5 个方面的规划控制指标。汪小琦等[46]以成都市为例，基于我国城市规划国土空间分类管控的特征，探寻一套以保护风源为根本原则的构建通风廊道体系的原理和方法；并通过跨学科多专业合作研究，创建风频率空间评估模型，为在城市规划管控中，精准划定城市通风廊道提供参考方法。张弘弛等[47]利用 GIS 空间分析技术，计算大连中山广场地区的城市热岛强度及形态参数，并分析它们之间的定量回归关系，据此提出恢复历史景观轴线兼作通风廊道、建设透水地面和立体绿化的建议，从而改善历史街区景观及缓解城市热岛。王翠云[48]以多年多时相 Landsat TM/ETM+数据为基准，从宏、中、微三个层面出发，利用 CFD 技术深入分析了土地利用/地表覆盖与城市热环境之间的互动关系。赵宏宇等[49]结合《长春市总体城市设计》风环境专题，通过识别、分析各种风环境问题，利用 CFD 模拟法和相关文献研究分析方法，构建“中心城区尺度—人行尺度”的通风廊道，在中心城区尺度将通风廊道与自然山水格局耦合以优化城市通风廊道，并在大黑山脉山区构建引风廊道，改善城市通风。

在规划实践探索方面，2005 年，武汉市在总体规划编制工作中，开展了城市风道建设的相关研究，并规划贯通城区的城市风道和生态廊道，在实施后取得较好的效果。上海浦东将世纪大道作为 250 m 宽的通风廊道设计，进行改善通风环境的规划尝试。

2.1.3.2 减缓雾霾及大气污染的相关研究

西方国家在城市发展过程中，针对大气污染问题，往往通过土地布局、空间形态设计以及结构优化等手段，应用城市通风廊道建设等规划策略，达到缓减城市大气污染和净化空气的目的。这些研究主要包括通过改变土地利用方法，实现影响和减少雾霾天气等相关内容。如 T. Sahsuvaroglu 等[50]利用城市风道理论，通过土地利用回归模型，分析了加拿大汉密尔顿和多伦多市大气中的 NO_2 含量，认为必须将城市通风廊道的研究成果纳入土地利用分析框架；L. K. Baxter 等[51]采用土地利用回归数学模型，总结了 NO_2、$PM_{2.5}$ 以及碳化物含量相关变化状况，分析了城市交通对大气环境污染的影响。J. Baker 等[52]则从城市街谷的视角，探索了城市空气污染的机制。P. A. Mirzaei 等[53]探讨了过程量化减排技术对城市通风的影响，他基于设计的灵活性进行了相关案例研究，定义了四个场景，研究被动减排技术。

针对雾霾治理与管控等问题，我国的学者主要关注如下两方面：一是城市风道对污染物扩散的缓减作用及其规划应对办法。一些学者通过追踪国外的研究动态，并基于我国国情提出相应的规划对策[54]。如一些学者认为，城市的通风廊道可以为城市创造良好的通风条件，继而加快空气循环，有效抑制雾霾天气发生[55]；如西安通过建设城市“风道景区”，让夏天更凉爽，还能减少雾霾[56]；南京通过六条生态通风廊道的布局，形成穿堂风对雾霾进行吹散；北京提出了建设五条或六条通风廊道，以有效应对雾霾[57]。

二是对大气污染与雾霾天气的成因、演变过程的时空格局、带来的危害，以及模拟及调控对策等的研究。如杨福林[58]分析了雾霾的毒理效应，熊媛[59]则总结了雾霾多方面的危害性。李朝等[60]利用数值模拟技术，分析城市与街区中大气污染的特点，并与风洞试验结果进行比对；徐建春等[61]研究了杭州的雾霾的天数，探索其变化特征。有学者以汽车尾气防控为目的，运用数字模拟技术，总结街谷内汽车尾气扩散规律，并提出相关改善微气候的空间规划设计策略。Yim S. H. L. 等[62]研究了香港高密度城市空间中自然通风和空气污染物扩散耦合关系，提出了适应复杂地形条件的评估指标。上述研究成果为城市大气污染防控奠定了一定的理论基础。

2.1.4 城市风环境模拟技术的发展概况

风环境研究技术主要分为实地测量法、物理模拟试验和计算机数值模拟三种方法。实地测量法是通过各地气象站站点对城市风环境进行实际观测和测量；物理模拟试验是根据相似性原理，根据实际气象资料设定模拟的边界条件，将模拟地区建立实体模型，通过风洞试验等方法、人为制造气流等外界条件对其风环境进行模拟；计算机数值模拟方法是利用计算机模拟软件，如CFD流体力学软件等，在进行计算机建模后，模拟其风环境数值计算并以图像进行表达。表2-6综合比较三种风环境研究技术的优劣势，并介绍三种方法的适用研究尺度。

风环境研究技术优劣势比较表 **表2-6**

研究方法	研究阶段	优势	劣势	研究尺度
实地测量法	1930年至今	测量简单、准确收集一手资料	测试环境难控制、长期数据观测难、费用高、周期长	街区尺度
物理模拟法（风洞试验）	1960年至今	相对准确，重复性高，可设置边界条件，成本低、周期短、可控	实验设备要求高、费用高、耗时长	街区尺度、建筑群尺度
计算机数值模拟法	1990年至今	成本低、周期短，设置边界条件，允许参数研究进行评估替代设计配置	理想模式准确度不足，需要验证，大尺度模拟复杂	区域尺度、城市尺度、街区尺度

资料来源：参考文献［1］

（1）实地测量法。该方法测量简单，能准确收集一手资料，但由于所获取的数据极其有限，仅仅适用于建成后的检验，而无法作为规划设计优化的技术手段应用。同时，该方法对测量环境、观测时间限制较大，适用于街区尺度的风环境研究。

（2）物理模拟法。该方法是对实地测量法的技术辅助，由于城市规划大都是对未来建设的设计，往往无法进行实地测量。在这种情况下，实体模型预测被广泛应用于城市风环境的研究中。风洞试验作为物理模拟实验的常用方法，以常规气象资料为依据，设定风环境边界条件，并按比例对城市空间建模，进而在实验室的条件下，模拟和研究城市风环境形成机理。在风洞研究中，数据测量分点数据的测量和面数据的测量两类。点数据的测量是通过逐点测量的方法研究风场特性，面数据的测量是对风场特征进行整体性和连续性观察研究风环境的特点。这为街区与建筑群的风环境模拟提供了一种新的技术研究方法，它适用于街区尺度及建筑群尺度的风环境研究。

（3）计算机数值模拟法。计算机数值模拟法是以电子计算机为手段，通过数值计算和图像显示的方法，研究各类工程问题和物理问题。在城市风环境与城市通风廊道规划的研究方面，计算机数字模拟方法主要应用于四类研究：①以CFD计算风环境特点；②城市下垫面粗糙度分析；③最小成本路径分析；④断裂点密度分析。

其中，运用CFD及GIS空间分析方法进行城市通风廊道及城市下垫面粗糙度模拟和分析，是通过建立城市与建筑的三维数字模型，并利用GIS技术，计算城市尺度网格内多角度风向的建筑迎风面，达到分析城市在不同风向条件下下垫面粗糙程度的目的，进而分析城市建筑和构筑物、景观等对风场的影响。最小成本路径分析主要用于确定目标点与源点之间的成本最低路径，结合建筑容积率、建筑密度、下垫面粗糙度等指标，实现通风廊道模拟计算。断裂点密度分析主要分析城市建筑三维模型在不同断裂点的建筑密度、容积率等立体量化指标，可以根据需求分析这些指标与风场、地表温度、大气污染程度等相关因素之间的关系。

计算机模拟在城市风环境的应用方面，CFD作为风环境的计算机数值模拟中的代表，根据其应用范围、数字模型及计算能力的差异，出现诸如 Fluent、Airpak、PHOENICS 等多种模拟软件。数字化技术和流体动力学 CFD 技术的发展，使人们应用“虚拟现实”的方法研究城市风环境成为可能；同时，由于数字模拟突出的计算、模拟和数据处理能力，以及比物理模拟更为灵活、高效和节约成本的特点，在理想模式模拟、图像化不同参数评估代替设置方面，具有显著的优越性（表 2-7）。根据常用的风环境模拟软件的特性，笔者归纳了 CFD 风环境模拟软件对比表（表 2-8）。

计算机数值模拟的城市风环境研究 **表 2-7**

研究方向	学者	时间	主要研究方法及内容
单体或群体建筑周边风环境	Stathopoulos 等	1996 年	对加拿大渥太华的 7 幢矩形截面、平行排列的群体建筑周边的风环境进行模拟研究
	武文斐、符永正、李义科	1997 年	对不同体型、尺寸的建筑，在不同风速、风向角的情况下，其建筑表面风压和风压系数变化规律进行模拟研究
		1998 年	采用 k-ε 双方程湍流模型模拟研究高层建筑的空气绕流运动
	周莉等	2001 年	利用 Fluent 软件，对平面布置的 3 幢高层建筑的室外风环境进行了数值模拟
	杨伟、顾明	2003 年	基于 Fluent 软件，分别采用标准 k-ε 模型和 Realizable k-ε 模型，对单栋高层建筑的风环境进行了模拟
	李磊、胡飞等	2004 年	应用 Fluent 软件，采用 Realizable k-ε 模型，对 7 个高层建筑引起的行人高度处风环境的安全问题进行了数值模拟研究
	Wang B. M. 、Liu H. Z. 、Chen K.	2004 年	采用基于可压缩流方程的数学模型，对拟建的某高层建筑周边人行高度处的风场进行评估
	M. Gloria Gomes 等	2005 年	针对 8 个不同来流风向情况，对立方体、U 形体和 L 形体三种建筑形式的建筑进行建筑表面的风压模拟
	史彦丽	2008 年	通过 Fluent 软件分析单体及不同布局下风环境的变化规律
	袁伟斌、李泽彬、叶呈敏	2016 年	通过运用计算流体动力学软件 Fluent 对有局部开洞的高层建筑风荷载特性进行了风洞实验和数值模拟研究
群体建筑布局风环境	Zhang A. S. 等	2005 年	在不同风向角和不同布局情况下，对由 18 栋建筑组成的建筑群进行多布局方案的风环境模拟分析
	Cheng Huhu 等	2005 年	运用 CFD 研究住区的街道风，研究中对建筑群中央建筑物与周边建筑的不同的高度比的情况分别进行数值模拟
	王辉等	2006 年	采用数值模拟的方法，对典型布置的几个建筑群的风环境进行了研究，确定了几种较为合理的布局方式
	王珍吾等	2007 年	采用风速区域面积比率及最大速度两个指标，对 6 栋建筑形成的并列式、斜列式、错列式和周边式四种布局进行了数值模拟
	马剑、陈永福	2007 年	平面布局对高层建筑群风环境影响的数值模拟研究
	朱静雯、李光耀	2018 年	运用了 Fluent 软件对某一区域建筑群周围风环境进行了数值模拟
	袁烽、林钰琼	2019 年	开发一套针对高密度城市高层建筑群体的机械生形装置，打通建筑几何生成与城市风环境数据参数的关联；提出一种将神经网络算法应用于高层建筑群的建筑几何生成设计优化算法
住区风环境	李云平	2007 年	利用数值模拟研究寒冷地区高层住区风环境，并提出设计策略
	王旭、徐刚等	2009 年	基于 CFD 对住宅小区行列式排列风环境进行数值模拟研究
	陈飞	2009 年	利用 Airpak 软件对夏热冬冷地区的住区建筑空间关系与风环境进行了研究
	王巧雯、汪磊磊	2018 年	基于住宅小区空间布局及风环境特性，模拟寒冷地区围合式住宅小区简化模型的 CFD 风环境

续表

研究方向	学者	时间	主要研究方法及内容
城市开敞空间风环境	Hunter、Johnson等	1992年	对街道的空间流动进行研究，发现不同街道高宽比值影响下会形成不同的气流
	Peter J.、Richard等	1999年	采用k-ε湍流模型，对澳大利亚的伊丽莎白二世广场的室外风环境进行数值模拟
	Chang C. H.、Meroney R. N.	2003年	利用Fluent软件，采用4种不同的k-ε模型，对街道峡谷内涡流情况进行了模拟分析
城市片区风环境	乐地等	2012年	利用CFD软件对长沙市中心区典型区域的风环境进行了三维数值模拟研究
	史源等	2012年	利用城市微气候模型ENVI-met来对北京西单商业街冬夏两季室外开放空间行人层风环境与特殊适度进行了综合研究评价
	彭翀、邹祖钰、洪亮平、潘起胜	2016年	采用CFD数值模拟技术，建立流体与热传导数学模型，对不同的局部拆除方案下旧城片区近地面处的通风效应和热舒适度进行比较分析，总结了导致旧城区风热环境恶化的城市布局因素

资料来源：参考文献［1］，笔者增加部分内容

CFD风环境模拟软件对比表 **表2-8**

对比项目	Fluent	Airpak	PHOENICS	Star-CD/CCM+	Windperfect DX
应用范围	比较流行的商用CFD软件包，凡是和流体、热传递及化学反应等有关的问题均可使用	面向暖通空调、建筑等领域的人工环境系统分析软件，可以精确地模拟所研究对象的空气流动、传热和污染等物理现象	比较流行的流体与计算传热学商用软件，只要有流动和传热问题都可以来模拟计算	第一个采用完全非结构化网格生成技术的流体分析商用软件包，能够对绝大部分典型物理现象进行建模分析	面对建筑、规划等领域多种性能的三维热流体解析程序，擅长室内外通风联合解析、城市热岛模拟计算
数学模型	各种CFD行业常见数学模型，选择性大，用户专业知识要求高	零方程模型，标准k-ε、RNG k-ε两方程模型	零方程模型，标准k-ε、Realizable k-ε，RNG k-ε两方程模型等	各种CFD行业常见数学模型，选择性大，用户专业知识要求高	零方程模型，标准k-ε两方程模型，LES模型，DNS模型
网格能力	需专门的网格生成软件配合，支持多种网格（含结构化、四面体、多面体网格等）	自带网格生成模块，大多采用可调的结构化网格	自带网格生成模块，大多采用可调的结构化网格	自带强大的网格生成模块，支持多种网格（含结构化、四面体、多面体网格等）	自带网格生成模块，采用可调的结构化网格
构建网格难易	较为复杂，需要操作者具有较高的专业知识和丰富的经验	半自动生成，可微调网格	半自动生成，可微调网格	较为复杂，需要操作者具有较高的专业知识和丰富的经验	自动生成，可拖拽微调，也可通过输入精确微调
局部网格加密	需精确计算和调节，较费时	针对对象和“虚体”调整网格属性	针对对象和“虚体”调整网格属性	需精确计算和调节，较费时	自动根据风环境特征，生成适合的网格
计算能力	各种计算，支持并行计算	提供常见热流体计算	各种计算	各种热流体计算，支持并行计算	提供常见热流体，支持并行计算

资料来源：参考文献［63］

综上所述，实测研究只能通过现存的城市空间进行风环境评价与研究，无法对未来作出规划预测，同时实地测量方法受到长期观测数据获取的限制，很难将实测的风速资料应用于更大尺度的城市风环境研究中；而物理试验受模拟条件和模拟技术的限制，难以对大尺度的城市空间进行有效的模拟。因此，现在广泛采用的计算机数值模拟法，把实地测得的风速资料作为实际研究中风环境参考性的数据，对其他模拟结果进行比对和校正。

2.2　城市风环境研究分析

（1）经过对文献的梳理，可以看出，风环境研究取得了比较丰富的成果。然而，既有研究大都基于环境工程、大气科学等学科视角，对城市风环境的关注点主要集中在空气质量、环境舒适度、建筑通风、建筑节能和建筑安全等方面，较少从城市结构、城市空间布局以及土地利用等更为宏观的空间层面进行“多尺度、系统性、定量化”的研究。[64、65]在实际研究中，来自物理环境和规划学科两个背景的学者的研究，尚没有实现充分的交叉和融合。

城市风环境是受多因素影响的复杂系统，如果不能将城市结构与城市风环境结合在一起进行全盘考虑，无法实现风环境的优化和改善，更无法保障城市生态环境的高效运行。因此，需要综合考虑城市结构、城市功能、空间布局与城市风环境的多维要求，进而对城市形态与城市风环境关联耦合关系进行深入研究，以促进两者多层次、多元化的相互衔接与协调。

以往的研究取得了不少成果，但理论研究与城市建设结合不够紧密，部分研究有“重技术探索而轻规划实施”以及“重个体因素而轻系统环境”的倾向。

（2）从理论成果应用来看，由于国情不同，国外的研究成果和相关的规划法律政策不能直接照搬应用。国内目前城市风环境的研究成果，主要关注风环境与城市空间形态相互关系的理论层面研究，缺乏结合城市建设实际，提出能够指导城市规划的有效技术方法，导致风环境的基础研究与城市规划设计的脱节，使既有研究成果难以发挥其应用价值。同时，如何将微气候与风环境规划策略落实到常规的规划体系内，将风道规划与城市总体规划、土地利用规划、生态保护规划等实际规划相协调，保证风道的建设实施控制，仍存在大量有待解决的实际问题。

同时，在中微观层面，目前的风环境研究尽管有不少研究成果[66]，但多为针对实际建设的街坊与居住小区进行的个案研究，缺乏共性的、规律的研究及总结。

（3）从近几年的研究成果来看，城市规划领域的少数研究成果集中于风场理论、作用机制以及模拟技术研发等层面，出现“重物理概念而轻规划设计方法”的现象。在研究对象上，多侧重于从街区的微观尺度去探索城市空间形态、建筑高度与密度等与风环境的关系；或关注建筑群尺度的室外风环境及建筑通风问题，或解决建筑层面的技术及构造等方面的技术问题[67]。它导致既有的研究成果系统性较弱，且造成了城市尺度风环境研究的缺失。究其原因有二，一是建筑单体、建筑群等微观尺度的研究技术相对简单，与直接的开发投资活动关系更加紧密，在这些层面研究风环境更有实际意义；二是城市尺度（城市或城区的主要区域）的风环境研究复杂程度高、难度大。在一些城市尺度的风环境研究中，多注重对风道及风道两侧土地利用的控制与保护，过分夸大城市风道的作用与意义，忽略了风道连接的补偿空间以及作用空间，造成了“重要素而轻系统”“重风道建设而轻风道与风源、通风作用区相衔接”的现状。

城市风环境涉及区域性的气候问题，需要从城市结构、土地利用布局、建筑高度及密度分布、开敞空间布局等多层次、多尺度进行适应和控制，必须与自然环境和城市人工环境进行衔接和协调。因此，需要在城市多尺度层面上，形成统一的规划标准和指标体系，建构集理论、方法和技术于一体的研究框架，针对建设实际，提出契合国情的低碳生态规划策略。

(4) 城市风环境的研究属于实践应用类研究，尽管基础研究非常重要，但实践应用更为重要。目前，我国的研究多停留在借鉴国外发达城市的相关经验上。近年来，伴随着建设资源节约型、环境友好型社会的要求及民众对环境问题的日益重视，国内对风环境的实证研究和建设实践，无论内容的深度和广度都有所拓展，但所涉及的城市多集中在香港、上海和武汉等南方大城市，而对北方特大城市的风环境实证研究的关注度相对不足。

2.3 本章小结

笔者通过大量的文献阅读，辅以网络技术手段，采用定量与定性相结合的方式，分析了国内外关于城市风环境的理论研究动态，系统统计了近年来该研究方向有关城市风道、风环境优化设计、城市气候图方面研究状况，分析了近年来的研究趋势。总的来说，从研究内容上，城市风道规划及城市雾霾防控这两方面的科学问题，已成为近期研究的焦点；研究方法上，通过概述 CFD 风环境模拟技术发展状况，笔者认为该技术已逐步取代风洞模拟技术，在城市风环境研究中得到越来越广泛应用。该领域研究中存在一些问题：现有研究缺少从城市结构以及土地利用等角度，对城市风环境进行“多尺度、系统性、定量化”的研究成果；同时，在与既有规划体系相协调衔接与实施方面，仍存在大量研究的缺环，如缺乏基于宏观城市尺度以及从规划设计视角，进行风环境优化方面的定量化研究成果，总体呈现出“重物理概念而轻规划设计方法”“重要素而轻系统”“重风道建设而轻风道与风源、通风作用区相衔接”的特征。笔者认为应从系统的思维角度，整合集理论、方法和技术研究于一体，开展对城市风环境优化的规划设计方法论的研究。

第三章

低碳—低污目标导向下的城市风场理论体系

城市风环境是一个系统的概念，在低碳目标导向下的规划设计中，必须将风源、风道以及作用区域进行综合和系统的研究。因此，本章在借鉴景观生态学相关理论的基础上，提出了低碳—低污目标导向的城市风环境的“源—流—汇”系统理论框架，详细介绍建构过程和相关研究的内容。在分析和评价目前风环境设计标准内容和存在问题的基础上，提出了城市风环境评价和优化设计标准。在此基础上，探讨了应用CFD软件模拟的基本物理参数与相关边界条件的设置原则。

城市作为人类生产生活的主要聚集区，因工业生产、能源消耗、交通出行和日常生活等现象造成CO_2、甲烷等温室气体以及$PM_{2.5}$、NO等气体污染物在城市内大量聚集，不仅影响人们的日常出行和生活品质，而且直接导致空气等环境质量下降，严重危害人们的身心健康。城市风环境的优化，有助于提升人体热舒适、降低城市中CO_2等温室气体的浓度，还能改善空气质量，从而实现城市低碳—低污发展的目标。

3.1 低碳—低污目标导向的“源—流—汇”城市风环境理论框架

低碳—低污城市风环境理论框架主要涉及城市风环境的“源—流—汇”的低碳通风系统构成要素分析，城市风环境的“源—流—汇”系统的低碳协调方法，以及城市风环境的“源—流—汇”系统的低碳规划实施策略等问题[68、69]。

3.1.1 低碳—低污视角下的城市“源—流—汇”风环境理论内涵

3.1.1.1 名词解释学中的“源”“流”“汇”概念辨析

(1)“源”(source)

在汉语中，“源”的释意有三：一是指水源、源泉（如：岸势犬牙差互，不可知其源。——唐·柳宗元《至小丘西小石潭记》)。二是表示姓氏。三指来源（如：启生人之耳目，穷法度之本源。——《旧唐书·儒学传序》)。

在英文中，“source”为来源、水源、原始资料等含义。

在本书中，“源”是指城市风的来源，包括大气环流、季风与局部环流等风的来源，也表示风速、风向、风频以及气候区的温度、湿度等规划设计最本源的物理依据与设计条件。

（2）“流”（flow）

“流”在汉语中，多含流动之义。可作江河的流水解（如：顺流而东行，至于北海。——《庄子》），亦可指像水流的东西（如：流馥云外、寒流、暖流、气流、电流等）。

英文“flow”作名词解时，指流动、流量、涨潮、泛滥；作及物动词时，指淹没、溢过；作不及物动词时，指流动，涌流，川流不息。

在本书中，“流”主要表示引导、控制城市气流的通道（通风廊道）中“流”的简称。

（3）“汇”（sink）

“汇”的本义为盛器，后来引申为积聚、收集等含义。英文中相对应的词为“sink”，作名词解时，指水槽、洗涤槽、污水坑；作不及物动词时，指下沉、消沉，渗透；作及物动词时，指使下沉、挖掘、使低落。

在本书中，“汇”是指城市中气流的渗透作用区和接受区。

3.1.1.2 环境生态学中的“源—流—汇”理论概念

“源—流—汇”理论是生物多样性、大气污染、城市生态以及景观生态等研究中的一项基本理论。“源”是指一个过程的源头，“汇”是指一个过程消失的地方，“流”则是“源”和“汇”相连接的过程，是实现由“源”到“汇”的重要途径。

“源—流—汇”理论在国内外已有广泛的研究和应用，主要集中在环境保护与治理领域。如研究“源—汇”的概念、形式和对景观格局动态平衡的影响等机理，将它运用于水源和水污染控制领域；也有一些学者根据大气污染逐级防控的理念，对污染物的源头削减、中途拦截和末端处理的技术进行研究，提出应根据污染物的形成和扩散特点，进行精细化防控的技术路线，结合地质地貌以及景观生态状况，利用生态技术和工程手段，实现对农业污染的有效控制的理论[70]。

与之有理论借鉴意义的是“产汇流”（Runoff Yield and Concentration）理论。该理论是水文学中的一个重要分支学科，主要探讨在不同气候和下垫面条件下，形成降雨径流的物理机制，研究不同介质中水流汇集的基本规律，以及探索产汇流计算和分析方法基本原理等内容。它的研究对象是流域的水文循环和“水—土—植”系统的水文循环等。

同样，城市风环境规划是一项针对城市人工—自然复合生态系统的规划工作，应系统而非孤立地研究单一因素问题，因此，将“源—流—汇”生态系统控制理论引入城市风环境研究领域很有必要。

3.1.1.3 国土空间规划学中的“源—流—汇”风环境理论框架

将环境生态学“源—流—汇”理论模型引入国土空间规划研究领域，可以建立城市风环境系统的“补偿源—扩散流—作用汇”理论研究框架。

在本书中，城市风环境中的“源”，是指风源，如大气环流和季风产生的全球或大区域范围的风源，也包括山谷风、海陆风等由于热力因素产生的中尺度局部环流。在研究内容上，它包括风源、风向、风频和风速等内容，也包括考虑环境与气流的温度、湿度，以及风源质量的控制与保护方面的内容，如山林、湿地等富氧空气提供源，控制大气污染源等。

“汇”是指城市中接纳空气流动作用的功能区，如商业区、居住区等，也包括这些作用区与微气候相关的空间结构、空间形态和肌理等影响因素。

“流”是指气流的通道，即承接风源与风汇区的城市风道系统，以及研究城市风道系统的构建原则，考虑如何导入城市气流、控制风的流速和流量大小等方面的内容。

在国土空间规划中引入“源—流—汇”风环境低碳规划理论，可以科学、系统地把握城市风环境规划设计的整体内容，通过研究风源、风道和风汇区的互相影响和作用机制，制定城市风源、风道和风汇区的低碳规划建设策略，使风道规划和建设符合风源和风汇区的实际情况，并使三者之间的关系更协调。该理论为解决不同地域和气候环境下不同城市的微气候调控问题提供新的研究思路，并可为建构中国特色的城市低碳生态规划奠定相关理论基础。

3.1.2 城市风环境“源—流—汇”系统的低碳—低污协调构成

3.1.2.1 风源与风汇的系统构成与类别划定

基于低碳—低污的环境控制准则，可以科学地认识城市通风系统的构成因素。从城市风源研究内容来看，包括大气环流适应与利用，基于不同风气候区的风向、风速和风频特点的分析，探索不同风气候区中城市功能区规划布局原则，提出不同热工气候区中风环境规划布局的策略；同时，也可以为山谷风、海陆风等局部环流的选择与利用，对风源气流物理特性评价、风源质量鉴别以及风源地的保护与控制等提供相应的规划依据（图 3-1）。

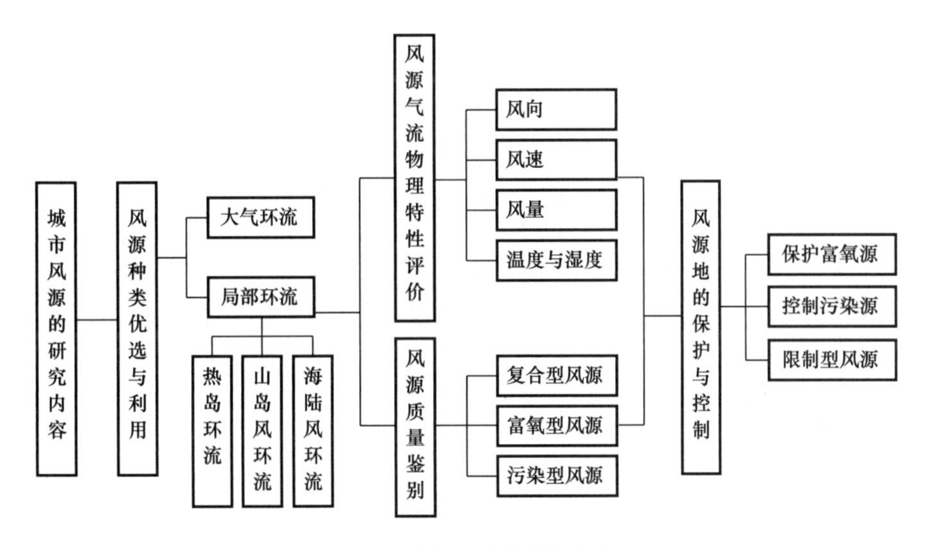

图 3-1 城市风源的研究内容

（资料来源：笔者自绘）

从城市风汇区研究内容看，可按照城市形态、城市结构或城市功能去认识这些区域对通风的需求特点。如从城市发展布局视角看，可以分为团块式、组群式、带状和串珠式布局的风汇类型及通风需求特点；按照风汇区主导用地性质的差异，可分为居住教育类、商业服务类、工业仓储类等；按照风汇区空间形态的差异，可分为低层低密度、低层高密度、高层高密度、高层低密度等类别。这些都是认识风汇区通风需求的重要依据。

对城市风汇区的研究主要是根据所处地域的特征，探索风汇区空间布局特点，并提出相应的规划对策（图 3-2）。

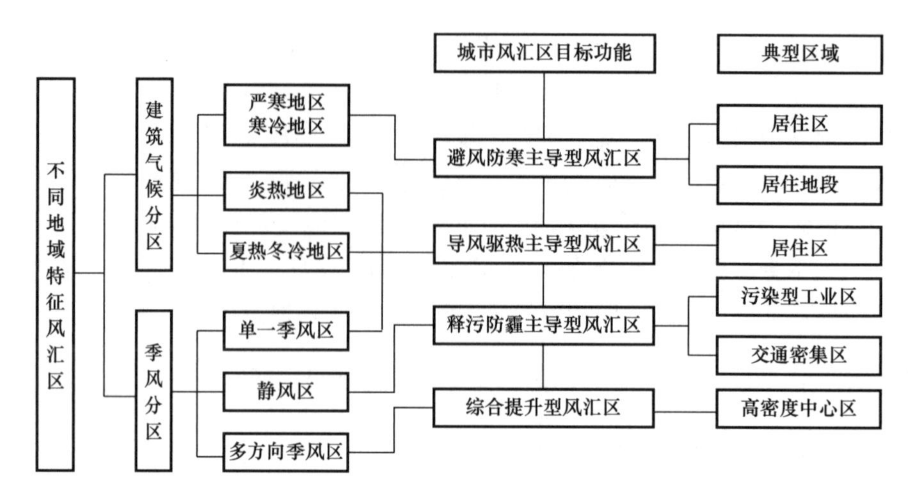

图 3-2　不同地域与气候环境中城市风汇区特点与研究内容

（资料来源：笔者自绘）

3.1.2.2　“流”的调控——不同层级的风道构成类型

根据研究视角的不同，城市风道系统的划分有多种方式。如按风道服务的空间范围不同，可将风道分为区域级、城市级、片区级和街坊级，不同类型风道的布局模式和设计内容有显著差别（图 3-3）。

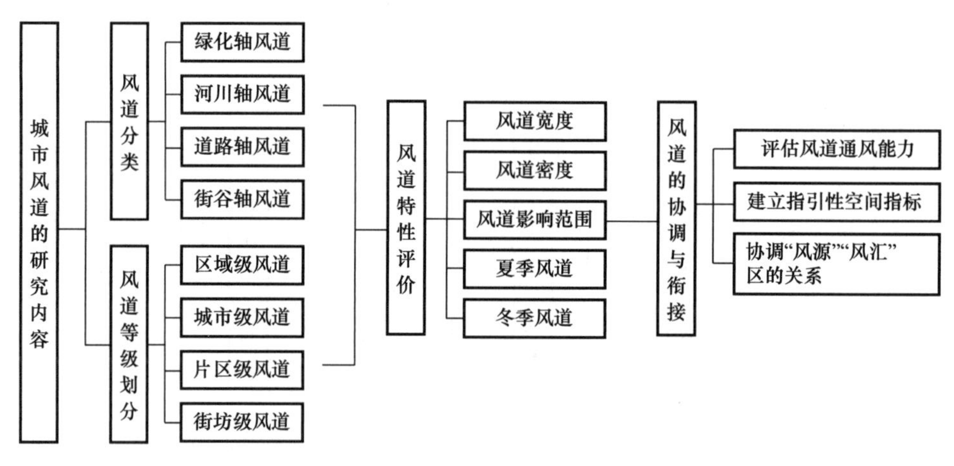

图 3-3　城市级风道的构成

（资料来源：笔者自绘）

区域级风道的服务范围是某一区域内城市群。它是由不同城市间的生态区域构成，如长三角城市群的长江—太湖生态区域、珠三角城市群的珠江生态区域等。区域级风道多为自然形成的生态区域，是城市群范围内风力输送的主要空间通道。

城市级风道的服务范围是某一城市的各个片区，是由各城市片区间的道路、铁路等交通廊道或公园绿地、水域、农林用地等生态区域组成。城市级风道是城市通风的主体，承担着将城市风源、风力引入城市，并将风力输送到次一级风道和风汇区中，最终完成城市内外空气交流的任务。

片区级风道的服务范围是城市片区中沿该风道的各街区。它由该片区内的主次干路或绿地、水域组成，是风道系统的重要组成部分，承担着将城市级风道的风力输送到街坊级风道和风汇区的作用。

街坊级风道的服务范围是某一街坊内部的建筑群空间。它由城市支路、街巷、小区（街坊）绿地、建筑间的开敞空地组成。街坊级风道是最低层级风道，是将风力输送进入风汇区，并完成风汇区内外空气交流和建筑群室内外通风的重要环节。这就是说，必须考虑不同尺度的城市风环境作用范围，在空间规划中落实相应的设计内容（表 3-1）。

多尺度下的国土空间规划与城市气候应用　　表 3-1

规划尺度	规划与设计内容	规划应用与政策实施尺度	城市气候尺度
城市	辖下各行政区空间规划、土地分类空间分布、绿地、自然植被城市形态控制等	区域发展 本地规划 本地发展战略框架	中观层面 1～50 km，城市整体风环境
街区	城市形态控制、建筑高度与街道宽度、建筑朝向控制、绿地与休闲用地分布等	城市设计策略 旧城更新 新发展区规划 近期本地规划 本地发展战略框架	微观层面 10～1000 m，小区层面风环境状况
建筑单体	建筑单体形态、朝向控制及周边空地控制等	建筑设计条例 城市设计策略 本地发展战略框架	微观层面＜300 m，微气候下的风环境状况，街道峡谷效应，室内风环境

资料来源：参考文献［71］

3.1.2.3　城市风环境“源—流—汇”系统的低碳协调布局

城市风源、风道与风汇存在着紧密的生态位与生态链关系。在规划布局时，应充分考虑它们之间的相互作用和相互协调，这样才能更好地发挥城市通风系统的效率。从风源与风道布局来看，其协调性主要体现在两个方面：一是主要风源与风道相互位置的对应，即每条城市级风道都应有其对应的风源，使之达到方便气流从风源区进入城市风道网络的目的；二是确保风道与风源连接处的畅通，防止城市建设在该处形成屏障或堵塞的峡口，风道口应在连接处形成比其一般区段宽敞的空间，便于引导风源气流进入。

为使风道系统更好地发挥其生态效能，更充分地满足风汇区的通风需求，城市风汇区和风道布局的相互协调应重视以下内容：

一是合理确定风汇区紧邻风道界面的连续度，如根据风环境舒适度评价标准，应用数字或物理模拟方法，研究城市主导风经过的街区风环境，得出最低标准下街区沿风道界面的连续度，并以此作为界面控制最低要求。

二是风道宽度需要满足其两侧风汇区通风需求，如通过模拟，得出满足最低风环境舒适度标准的风道宽度，作为风道宽度控制的最低标准。

三是风道下垫面特征须符合风汇区通风需求，如冬季主导风向上街区一侧的风道，其下垫面应由可以阻风的密林构成；而夏季主导风向上街区一侧的风道，其下垫面应为低矮绿植、广场或水面等。

四是风汇区内部微风道系统应该与其周围城市风道相协调，如将街坊内部风道与城市风道相连，并形成多通道、多空隙的开敞空间布局，便于将城市风道气流引入街区内部。

3.1.3 城市风环境“源—汇—流”系统的低碳—低污规划策略

因城市所处的气候与地理环境的不同，以及城市发展阶段和低碳建设水平存在差异，各城市对于城市风环境“源—汇—流”体系中风速、风量和温度的要求各有不同。同时，在城市不同的发展阶段，其“风源”与“风汇”也会发生变化。因此，应根据城市生态系统对“源”的不同需求以及“汇”的不同变化，合理组织“流”的走向与空间布局，以实现节能减排、优化区域大气环境的目的。

3.1.3.1 不同地理区位的城市通风需求及低碳—低污的规划策略

不同气候区城市风源不同，不同的风汇区通风需求存在显著的差异，因此，应根据严寒、寒冷、夏热冬冷等不同的建筑气候区，以及山地、高原、河谷、平原和海滨等不同地形特点，从城市选址、城市形态、街道布局与走向等地域气候适应性方面，有针对性地统筹空间布局，实现提升城市通风效率、降低能耗和减少大气污染的低碳—低污目标[68]。

例如，武汉属于夏热冬冷地区，在夏季，城市风汇区需引导盛行风缓解热岛效应，冬季则须防止寒冷的气流进入市区。北京属于寒冷地区，理应冬季防风，但由于附近的太行山脉和燕山山脉阻挡了西北方向季风，在秋冬季节易造成城市通风不畅。因此，尽管冬季寒冷，城区仍需保持适度通风以缓解雾霾天气。再如，盆地城市的地形相对比较封闭，大气污染物易浮在城市上空，不利于地面空气的流通散热，其风源由主导风和城市风共同作用。由于风源风力较弱，其风汇区的通风需求较高，城市风道宽度、开敞程度和网络密度都应比一般城市高。

同样，在湿热气候环境下，应选择利于通风的南面坡地，建造开放式城市形态，形成高低起伏的竖向空间布局，以降低市区的温度，防止空气污染物的沉积。同时，应通过设置开敞空间和大面积种植绿化等手段，达到节能降耗的目的；在新疆等干热地区，可采用紧凑型布局，注意建筑遮阳并利用建筑自身的阴影，通过内向、封闭的建筑布局，防止大量热量的导入[72]。因此，根据不同气候的特点，选择适应性的城市空间布局，是低碳规划的重要原则。表3-2是基于不同气候分区的城市微气候规划的生态适应性策略。

基于风环境改善的不同气候区城市空间设计策略　　表3-2

不同地域气候分区	主要矛盾	低碳—低污风环境设计策略	合适的城市形态
湿热地区	闷热、湿度高	采用开放通风布局，避免布置在洼地，选择山顶通风好的场所	分散型、开放结构布局
干热地区	干燥、温度高	避免选址于地势低洼处，采用封闭且互相遮挡的格局、选用反射率高的外立面材料、充分利用蒸发降温	团块式、紧凑型布局
干冷地区	低温、强风	宜布置在向阳山腰、避免布置在高地、采用紧凑型布局，利用绿化挡风	团簇型、紧凑集约式结构
湿冷地区	寒冷、潮湿	采用向阳开敞式布局、选择南坡干燥的高处、避免布置于地势低洼处	边缘开放、适度分散的布局
夏热冬冷地区	夏季高温、冬季寒冷	采用向阳开敞式布局、北侧建筑相对封闭、利用常绿树木挡风等	南向开放、北部封闭的布局

资料来源：笔者整理

3.1.3.2　不同城市结构的通风需求分析与低碳—低污规划策略

即使在相同的气候分区和地理环境条件下，由于空间结构的不同，城市风汇区的通风需求也不尽相同。如团块式布局的城市，空间布局紧凑，建成区空间相互交织，外部风源难于进入城市内部，城市产生的热量和空气污染物较易聚集，故风汇区的通风需求也相对较高，这就需要风源与风道的联系更加通畅；带状城市城区的边缘较长，风较易切入城市，空气对流方便，城区相对较难形成大面积热岛和空气污染区；串珠式城市内外空间相间布局，界面较长，较易引入气流，如在严寒与寒冷气候区应强化防风处理（表 3-3）。

不同空间结构的城市风汇区需求及低碳布局特征　　表 3-3

城市结构类型	出现的地点	城市结构特点	城市生长特点	典型城市	城市风汇区特征及应对
团块式布局	平原、宽阔的谷地、盆地、台地或高原	与同心圆布局类似，结构紧凑	以近似圈层式向四周扩张	天津、马鞍山、朔州	由于布局紧密，通风需求较高，应强化风道与风源的连接度
组群式布局	河流的交汇处、丘陵地区	城市各功能区相对集中，各区间又有一定间隔，可结合地形分布	以重要功能区为依托，向周边阻力小的方向紧凑拓展	重庆、承德、铜陵、宜宾	城市中心和周边绵延区的风汇区通风需求差异较大，寒冷地区应强化冬季防风
带状布局	丘陵、山地、峡谷与江河等地区	沿河、谷狭长的地带，形成带状布局结构	沿两端或一端发展	兰州、延安、安康	风汇区无中心聚集，通风需求取决于地形气候因素，河谷带状城市应注意防霾规划
串珠式布局	沿山峦或河谷比较宽的场地形成	以中心区为核、以道路连接的各个功能区	沿道路发展，串接地形相对平坦处的功能区	深圳、自贡、遵义	风汇区与郊野地区相间布局，通风需求一般不高，寒冷地区应强化防风布局

资料来源：笔者整理

3.1.3.3　不同主导功能风汇区的通风需求和低碳—低污规划策略

由于不同用地性质的风汇区的通风需求存在差异，风道的布局需相应产生变化。其中，居住区与市民生活最为紧密，通风需求较高，需要保证其散热、防寒、排污等基本需求，因此在风道系统规划时，需要增加夏季主导风向的建筑开口比例，合理确定冬季主导风向街道建筑界面围合度。商业区建筑密度普遍较高，需要加大街坊级风道的密度，强化其与城市主风道合理衔接。工业区废气和废热多，需要快速疏解空气污染物并防止热量聚集，因此对其内部风道和周边城市风道的宽度和通风能力要求较高。

根据功能区不同，可将风汇区分为若干类型，并根据用地自身特点制定相应的低碳通风规划策略（表 3-4）。

不同用地性质的风汇区对风道要求一览表　　表 3-4

风汇区主导功能分类	下垫面与环境特征	热效应特征	通风需求	风道的规划策略
居住、科研和教育用地	空间形态差异较大，人口集中，建筑密度一般不高	人为热量多，生活耗能集中，热量较难扩散，增温效果明显	冬季防寒、夏季散热、注意排污	风道夏季主导风向增加开口，冬季主导风向的布局适度封闭

续表

风汇区主导功能分类	下垫面与环境特征	热效应特征	通风需求	风道的规划策略
商业、服务业和历史街区	空间封闭度高、建筑密度大、透空率低	产热较多，热量难扩散，增温效果较强	冬季防寒、夏季散热、注意排污	合理布置街区内部热源，利用风道切分高温区，并与城市风道合理衔接
工业、仓储与市政设施用地	密度大、硬质铺面多、交通流量大	运输与工业能耗大，热源集中且强度大，易形成热核	利用通风防止生产性热量集聚，需快速疏解空气污染物	增大地块周边风道开口，并结合一定宽度的防护绿带
对外交通、道路广场用地	以不透水的硬质路面为主，空间开敞度大	交通废热排量大，增温作用明显	控制冬季高风速区和防控交通污染源	确保自身合理的风道宽度，并与绿地水域等空间结合布局
绿地与水域	以水体覆盖和植被为主、空间形态呈现自然开敞	蒸腾散热作用明显，易成为城市"冷岛"和通风廊道用地	应控制冬季高风速区，满足空旷区的防风布局要求	确保与风道良好的连通性

资料来源：参考文献［73］

3.1.3.4　不同街区形态的通风需求和低碳—低污规划策略

城市风汇区建筑密度与高度的差异也会影响其通风需求，如低层高密度的传统风貌街区，建筑密度较高，热量及空气污染物不易扩散，因此应积极引导气流进入街区，梳理街区内部微风道系统，及时散热和排解空气污染物。而点式分布的低密度居住社区，冬季寒风较易侵入，应防止冬季主导风直接进入街坊，宜适当延长建筑界面、增加防护林地面积等[69]。

因此，可根据城市不同空间布局形态，科学结合风汇区的通风需求，将风道分为低层高密度街区主导型、高层高密度街区主导型等类型，并根据其各自空间特点和通风需求，制定相应的风道规划设计策略（表 3-5）。

不同空间形态的风汇区对风道要求差异　　表 3-5

风道周边风汇区空间形态类型	代表性用地功能	空间特点及通风需求	风道的规划策略
低层高密度街区主导型	历史文化街区、高密度工业区、低层商业区、城市旧区	街区内部通风差，冠层通风良好；风影对相邻街区影响小	梳理风汇区内部微风道系统、保证风道与风汇区连接畅通
高层高密度街区主导型	城市中心 CBD、商业办公混合街区	人工热量较多，建筑群风影大，角隅效应大与漩涡多，不易通风与散热	确保风汇区面向风道的开口数量和比例，完善街区内部微风道系统
低层低密度街区主导型	低层多层居住区、低密度工业区、科研教育区	日照条件好，人工热量较少，风汇区通风条件较好	冬季主导风向区封闭，夏季主导风向区开敞及南低北高布局
高层低密度街区主导型	中高层居住区、低密度高层办公区	低建筑密度使街区透风率较高，热量产生与通风条件适中	冬季主导风向区封闭，夏季主导风向区开敞及南低北高布局

资料来源：笔者整理

3.1.4　城市风环境"源—汇—流"系统的生态保护与规划控制

3.1.4.1　城市风源的生态保护与规划控制策略

为保证进入城市的气流质量，对优质风源的布局和对大气污染源的规划控制尤为重要，应根据城市风环境特征和城市主要风道布局，划定其保护位置和空间范围。

风源的保护规划控制主要包括规模保障、生态保护与修复、空气污染源的治理与搬迁等方面。

第一，清洁风源区应具备一定的用地面积规模，才能汇集气流、改善气流空气质量。因此，可以通过在城市建成区外围划定清洁风源区的界限，该风源空间以内禁止大规模开发建设。

第二，为保证进入城市内部的为新鲜富氧空气，需要对风源空间内的自然生态要素（如湿地、林地、农田等）制定严格的保护策略，对每类生态要素划定生态保护红线，对已经遭受破坏的生态区域应尽快消除生态破坏源头，积极修复和培育新的生态区域。

第三，风源空间应注意污染防控，严禁有污染的工业或设施进入，已存在的有污染的企业、垃圾填埋场等设施应分类处理，能够通过技术措施实现污染物零排放的，可令其限期整改，无法消除污染物的需要逐步搬迁出去。

3.1.4.2　多尺度的城市风道保护与规划控制原则

根据不同的风道类型，应提出不同的生态保护与控制性规划原则。对于区域级风道而言，为确保风道畅通，应避免城市群连绵建设挤占区域级生态廊道，对城市之间沿区域风道方向的生态绿地，应划定永久性保护红线。同时，应在区域规划、城市群或城镇体系规划中，明确体现区域级风道的布局和保护要求。

在城市级风道规划中，应满足城市级风道与城市风源、次一级风道和风汇区的连接畅通，线型应流畅。应根据不同地形和气候，确保有足够的风道宽度，合理确定各条风道的间隔和密度，以确保其风力输送的均好性。城市级风道的空间布局和控制要求应在城市总体规划中予以体现。

片区级风道规划中，应保证片区级风道与上下层级风道及风汇区联系通畅，并保证合理的风道宽度、风道间距和网络密度。片区级风道的空间布局和控制要求应在城市总体规划和分区规划中予以体现。

街坊内风道的保护与控制，应满足每一建筑组群与街坊级风道充分结合，相间布局，便于风力的导入与导出。风道的宽度和相互的距离，应视所在街坊的用地性质、现状建筑布局和风环境特征等灵活设定。街坊级风道的空间布局和控制要求应在城市控制性详细规划中予以体现（表 3-6）。

不同等级风道的特征和布局要求　　　　**表 3-6**

风道等级	服务范围	构成	作用	布局要求	规划控制层面
区域级风道	某一区域内城市群	不同城市间的生态区域，多为自然形成	城市群风力输送的主要空间载体，为各城市内外空气交流提供便利或直接作为城市风源	确保畅通，城市间的沿区域风道方向的生态绿地应划定永久性保护红线	区域规划、城市群或城镇体系规划
城市级风道	城市内沿该风道的各片区	城市片区间的交通廊道、公园广场和生态区域	将城市风源风力引入城市，并将风力输送到次一级风道和风汇区中，完成城市内外空气交流	与城市风源、次级风道和风汇区连接畅通，风道线形流畅，确保足够宽度、合理的间距和密度	城市总体规划
片区级风道	城市片区内沿该风道各街区	片区内的主次干路或绿地、水域	将上级风道的风力输送到下级风道和风汇区	确保与上下层级风道及风汇区联系通畅，并保证合理的宽度、风道间距和网络密度	城市总体规划和分区规划

续表

风道等级	服务范围	构成	作用	布局要求	规划控制层面
街坊级风道	街坊内沿该风道两侧建筑群空间	支路、街巷、小区（街坊）绿地、建筑间开敞空地	将风力输送进入风汇区，完成风汇区内外空气交流和建筑群室内外通风	风道与每一建筑或组群相间布局，便于风力的导入与导出，宽度和风道间的距离灵活设定	城市控制性详细规划

图表来源：笔者整理

3.2 低碳—低污目标导向下的城市风环境优化标准

城市风环境评价标准是城市风环境研究的重要内容之一。只有在确立一套合理、有效的评价标准的基础上，才能确定城市风环境的规划设计原则，制定相应的低碳优化策略。

3.2.1 有关城市风环境评价的标准

人作为风环境的感知主体，人行高度风环境是室外风环境重要的评价内容。相关文献表明，对人行高度的室外风环境评估标准主要有相对舒适度评价标准、风速比评估标准、风速频率与行人舒适度以及超越概率阈值评价等几个主要的方面。在对风环境进行评价前，无论采取何种风环境评价标准，均需要利用风洞实验或计算机数值模拟技术，对研究对象及其周边的风场进行评测，在此基础上构建合理的评价标准。需要注意的是，在利用舒适度评价标准以及超越概率阈值评价标准时，应注意参考所在地区的气象统计资料（图 3-4）。

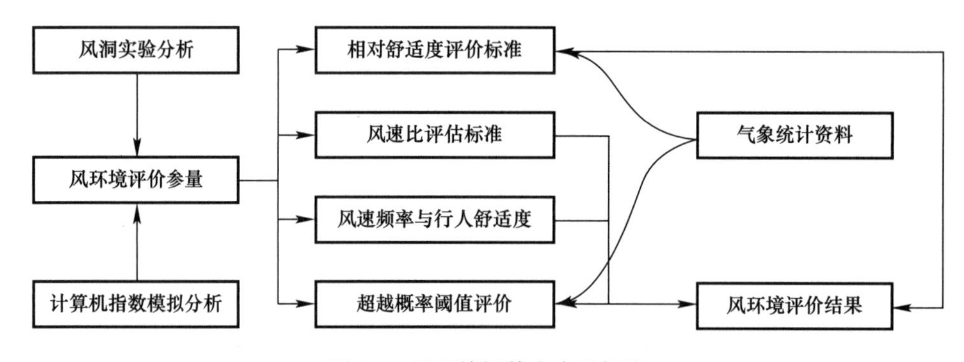

图 3-4　风环境评估内容及标准

（资料来源：笔者参考文献［74］改绘）

3.2.1.1 风速等级与相对舒适度评估标准

1805 年，英国的弗朗西斯·蒲福根据风对海面与地面物体的影响程度定出的风力等级，称为蒲福氏风级（Beaufort scale、Beaufort windscale）。这一划分方式将风力强弱划为 0～12 共 13 个等级，这也是世界气象组织目前所建议的分级方式。

人的舒适度与风力和风速有关。我国学者钱杰在风环境评价体系建立的研究中，根据蒲氏风力等级划分标准，结合调查问卷增加各级风力对人体影响内容，为研究风力大小与人体舒适度的相互关系，奠定了一定的基础（表 3-7）。

蒲氏风力等级　　表 3-7

风级	名称	10 m 处风速（m/s）	1.5 m 处风速（m/s）	陆地地面物象	对人体的影响
0	无风	0.0～0.2	0.0～0.1	静烟直上	无感，闷促
1	软风	0.3～1.5	0.1～1.0	烟示风向	不易察觉
2	轻风	1.6～3.3	1.0～2.1	感觉有风	扑面的感觉
3	微风	3.4～5.4	2.1～3.4	旌旗展开	头发吹散
4	和风	5.5～7.9	3.4～5.0	吹起尘土	头发吹散、灰尘四扬、纸张飞舞
5	劲风	8.0～10.7	5.0～6.7	小树摇摆	感觉风力大，为陆上风容许的极限
6	强风	10.8～13.8	6.7～8.6	电线有声	张伞难，走路难
7	疾风	13.9～17.1	8.6～10.7	步行困难	走路非常困难
8	大风	17.2～20.7	10.7～12.9	折损树枝	无法迎风步行
9	烈风	20.8～24.4	12.9～15.2	小损房屋	
10	狂风	24.5～28.4	15.2～17.7	拔起树木	
11	暴风	28.5～32.6	17.7～20.3	损毁重大	
12	飓风	32.7～36.9	20.3～23.0	损毁极大	

资料来源：参考文献［75］

相对舒适度评估标准是根据活动类型、规划区域、风发生频率等因素，进行舒适度等级划分的评价标准。例如，某些地方偶尔会产生很强的风力，但是由于频次较低，人们觉得它可以被接受；某些地方需要从事某种特定活动，对风环境要求较高，虽然风速不大，但是风频次高，因此舒适度偏低，被定义为不能接受。表 3-8 是不同活动内容的风环境相对舒适度标准。

风速概率数值评估法（Davenport 据蒲福风级所做的相对舒适度评价标准）　　表 3-8

活动类型	活动区域	相对舒适度（BEAUFORT 指数）			
		舒适	可以忍受	不舒适	危险
快步行走	行人道	5	6	7	8
散步、溜冰	停车场、入口溜冰场	4	5	6	8
短时间站或坐	停车场、广场	3	4	5	8
长时间站或坐	室外	2	3	4	8
可以接受的标准（发生的次数）			<1 次/周	<1 次/月	<1 次/年

注：相对舒适性标准由蒲氏风力等级表示。

资料来源：参考文献［76］

3.2.1.2　风速比公式与相关评估标准

风速比的评估是以基地内的风速与某一风向的风速大小的比值作为衡量指标，并判定风速放大是否已到某一极限的考察方法，据此评估风环境质量。由于风速比反映的是因建筑的存在而引起风速变化的程度，在一定风速范围内风速比是一定的，并不随来流风速而改变，它作为无量纲的参数，更加有利于讨论不同区域不同风速的室外风环境的舒适性。风速比的公式如下：

$$R_i = V_i / V_o \tag{3-1}$$

式中，风速比 R_i 反映由于建筑物的实际存在而引起风速变化的大小程度；V_i 表示流场中 i 点方位上行人高度处的平均风速，常用单位为 m/s；V_o 表示行人高度处没有受到干扰气流的平均速度，一般取初始气流速度，常用单位为 m/s。公式 3-1 可以转变为公式 3-2，即计算建筑环境中第 i 点位置在 1.5 m 高度处的风速比：

$$R_i = V_{i1.5}/V_{1.5} \tag{3-2}$$

式中，$V_{i1.5}$是建筑场所中第 i 点方位上 1.5m 行人高度处的实际气流速度；$V_{1.5}$是地面同高度处，没有受到干扰来流的气流速度。这样，即可计算出建筑实物中第 i 点位置的风速：

$$V_{i1.5} = V_{1.5} \cdot R_i \tag{3-3}$$

而人在该位置所受到风力的计算公式为：

$$F_i = (0.5\rho V_{i1.5}^2)\mu S = 0.5\rho V_{i1.5}^2 R_i^2 \mu S \tag{3-4}$$

式中，μ 为力系数；S 为行人受风面积；ρ 为空气密度。

当来流风速及受风面积一定时，F_i 与 R_i 的二次方成正比。因此，可用场地风速比分布图和风玫瑰图，作为评估行人高度处风环境的标准。如某一风向会在某区域行人高度处产生较大的风速，而这一风向又是频率较大的风向，则该区域的风环境较差。

3.2.1.3 风速概率统计与评估标准

该标准是以瞬时风速和平均风速的大小，评价风速与人体舒适度之间的数值关系。学者 Emil Simiu 与 Robert H. Scanlan 在考虑平均风速和脉动风速的条件下，提出了风环境舒适性的标准[77]（表 3-9）。S. Murakami 和 R. Ooka 等人[78]根据人的不同行为，提出评判风环境舒适性的标准，他们认为：当人坐着时，风速应小于 5.7 m/s；当人站着时，风速应小于 9.3 m/s；当人行走时，风速应小于 13.6 m/s。如果风速在 80%的时间能达到上述条件，同时，每年出现的风速大于 26.4 m/s 的次数没有超过 3 次，就能满足坐、站立以及行走的安全及舒适条件。

行人的舒适感和风速的关系 **表 3-9**

风速	人的感觉
1 m/s$<V<$5 m/s	舒适度高
5 m/s$<V<$10 m/s	舒适度较低，行动受阻
10 m/s$<V<$15 m/s	舒适度低，行动严重受阻
15 m/s$<V<$20 m/s	无法忍受
$V>$20 m/s	危险

资料来源：参考文献［77］

2014 年，钱杰提出了在夏季与过渡季或冬季，根据水平平均风速的风环境评价得分表（表 3-10，表 3-11）。

水平平均风速得分表（夏季与过渡季） **表 3-10**

编号	水平平均风速范围（m/s）	表征现象	评分（夏/过渡）
1	0～0.1	无风，行人感到闷促	0/0
2	0.1～0.3	风速过低，热堆积，无法利用自然通风	20/40
3	0.3～1.2	风速低，污染物及时扩散困难，建筑正背面平均压差低于 1 Pa/m²	40/60
4	1.2～1.9	风速低，建筑正背面平均压差处于 1～2 Pa/m²	60/80
5	1.9～3.0	风速适宜，建筑正背面平均压差大于 2 Pa/m²，有利于自然通风	100/100
6	3.0～4.0	风速大，建筑周围人行高度局部出现“劲风”	70/60
7	4.0～5.1	风速过大，局部出现“强风”，水平平均风速没有达到“劲风”	50/40
8	5.1～6.7	平均水平风速达到“劲风”，局部出现“强风”“疾风”“大风”	30/20
9	$>$6.7	水平平均风速达到或超过“强风”	0

资料来源：参考文献［75］

水平平均风速得分表（冬季） 表 3-11

编号	水平平均风速范围（m/s）	表征现象	评分
1	0～0.1	无风，行人感到闷促	0
2	0.1～0.3	风速过低，污染物无法及时扩散	20
3	0.3～0.5	风速过低，污染物无法及时扩散	40
4	0.5～1.2	风速低，建筑正背面平均压差处于 0.5～1 Pa/m^2	60
5	1.2～1.9	风速适宜，建筑正背面平均压差处于 1～2 Pa/m^2	100
6	1.9～2.4	建筑正背面平均压差处于 2～4 Pa/m^2，冷风渗透	80
7	2.4～3.0	建筑正背面平均压差处于 4～6 Pa/m^2，冷风渗透严重	60
8	3.0～4.0	建筑周围人行高度局部出现“劲风”	40
9	4.0～5.0	局部出现“强风”，水平平均风速没有达到“劲风”	20
10	>5.0	水平平均风速达到“劲风”，局部出现“强风”“疾风”	0

资料来源：参考文献［75］

这些评价标准的建立，为本书对风环境的分析与评价，提供了一定的参考依据。目前，我国的风环境评价标准一般在《绿色建筑评价标准》中有所涉及，但是仅仅对夏季与冬季的风压与风速有所限制。因此，有必要在科学研究的基础上，提出更为科学合理的风环境评价体系。

3.2.1.4 人体舒适度的炎热与风冷指标

环境气象条件是对人体舒适度有重要影响的因素。人体舒适度是从气象角度，对个体或一定数量的人群感受外界气象环境时，所得到的感觉是否舒适，以及对该感觉程度大小的评价指标。它反映的是气温、气流和湿度等气象要素对人体的综合作用。舒适感对人群的生活和健康有直接的影响。影响人们健康的气象条件的好坏，可以用舒适日天数的多少来进行评价。

科研人员通过长期研究和大量的实践，提出了反映人体舒适度的各种指标[79]，其中包括体感温度、实测温度、相对湿度，以及风冷力指数、不舒适指数、炎热指数等。因此，借鉴上述的舒适度指数研究成果，本书拟在风环境研究中，根据不同季节，采用不同的评价指数，即在夏季采用炎热指数反映舒适度，冬季用风冷力指数，春秋季则用实感温度，计算公式如下：

$$q = (10\sqrt{v} + 10.45 - v)(33 - t) \tag{3-5}$$

$$ET = 37 - (37 - t)/[0.68 - 0.14RH + 1/(1.76 + 1.4v \cdot 0.75)]^{-0.29(1-RH)} \tag{3-6}$$

$$k = 1.8t - 0.55 \cdot (1.8t - 26)(1 - 26) - 3.2\sqrt{v} + 32 \tag{3-7}$$

上式中，t 表示日平均温度，V 是日平均风速，RH 代表日平均湿度；q 代表的是风冷力指数，ET 和 k 分别代表的是实感温度和炎热指数[80]。根据人们对舒适度感受程度差异，舒适度指数可以分为 5 个评价等级（表 3-12）。

不同舒适度指数范围及人体感觉程度 表 3-12

风冷力指数		实感温度		炎热指数	
指数范围	人体感觉	指数范围	人体感觉	指数范围	人体感觉
$1200 \leqslant q$	极冷不舒适	$27 \leqslant ET$	极热不适	$85 \leqslant k$	酷热极不适
$1000 \leqslant q < 1200$	很冷不舒适	$24 \leqslant ET < 27$	热不适	$70 \leqslant k < 85$	热不舒适
$800 \leqslant q < 1000$	冷不舒适	$10 \leqslant ET < 24$	舒适	$55 \leqslant k < 70$	舒适
$600 \leqslant q < 800$	凉不舒适	$0 \leqslant ET < 10$	凉不舒适	$40 \leqslant k < 55$	凉不舒适
$q < 600$	舒适	$ET < 0$	冷不舒适	$K < 40$	冷不舒适

资料来源：参考文献［80］

3.2.1.5 综合性舒适度评价标准

香港中文大学教授吴恩融（Edward Ng），通过大量的实地测量及数据分析，研究春季和夏季室外人体舒适度与风速、空气温度和太阳辐射强度三者的关系，绘制出舒适度区间图（图 3-5），得出了在不同的人的行为模式下，以及在不同室外空气温度和太阳辐射强度的条件下，人体对风速的舒适度差异。

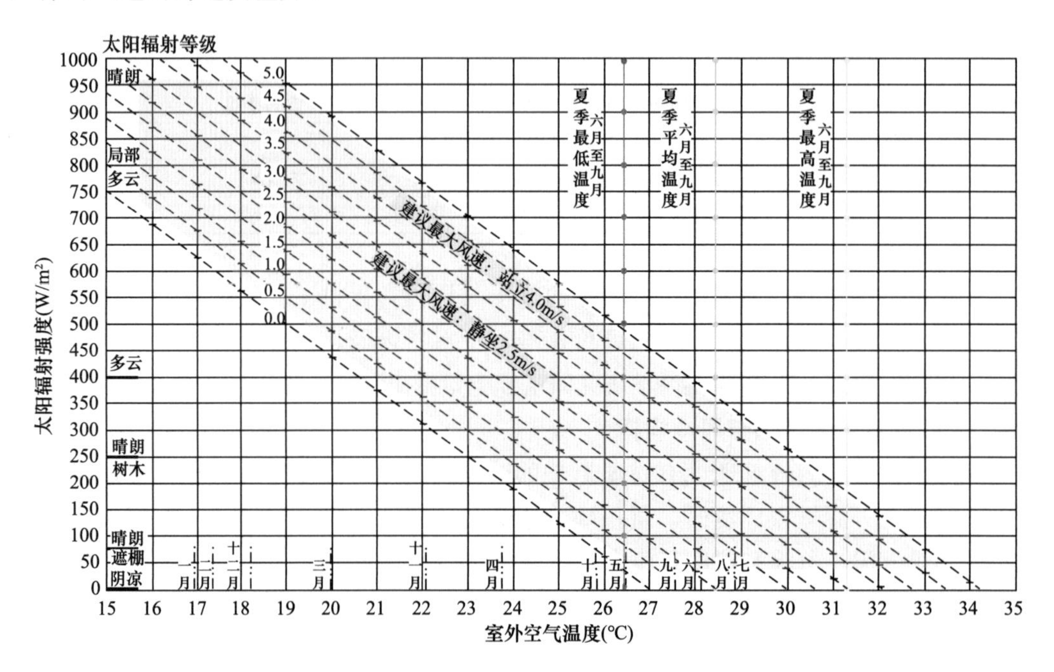

图 3-5 室外风速、温度、太阳辐射与人体舒适度的对应关系

（资料来源：参考文献［81］）

3.2.2 低碳—低污及生态导向的指标体系

3.2.2.1 生态城市的风环境评价标准

在中新生态城城市风环境的研究课题中，天津大学马剑教授及硕士生王英童提出了风环境生态指标测评体系以及生态城市风环境指标的八项因素。同时，他们将这八类城市风环境生态指标进行了汇总，在综合考虑风环境安全、风与热舒适度、风速对热岛效应、空气污染扩散和扬尘等影响因素基础上，用理想下限值、理想上限值、警戒下限值以及警戒上限值四组数值，表示其阈值范围，对两类指标进行了内涵的界定（表 3-13）。

城市风环境生态指标汇总表 表 3-13

指标类别	指标缩写	指标名称	警戒下限值	理想下限值	理想上限值	警戒上限值	指标说明
控制性指标	EIUWE-1	户外行人活动区风速指标			5 m/s	7.3 m/s	对户外行人集中区域采用理想上限值；对户外行人非集中的区域或污染物浓度较高的区域采用警戒上限值；指标值为距地 1.5 m 高度处风速值

续表

指标类别	指标缩写	指标名称	警戒下限值	理想下限值	理想上限值	警戒上限值	指标说明
控制性指标	EIUWE-2	城市污染区风速指标	1 m/s			7 m/s	各类用地风速以接近警戒上限值为宜；指标值为距地面 10 m 高度处风速
	EIUWE-3	城市热岛区风速指标	2 m/s	3.5 m/s 或 4 m/s			对于日平均风速不足 3.5 m/s 地区，采用警戒下限值；冬季可不考虑此指标
	EIUWE-4	生态景观区风速指标	春季：3.15 m/s；夏季：3.09 m/s；秋季：3.03 m/s；冬季：3.22 m/s				生态景观区的风速以接近各季节理想风速值为宜，不宜偏离过大；指标值为距地面 10m 高度处风速
	EIUWE-5	生态景观廊道宽度指标	30m	40m	100m		生态景观廊道宽度接近理想上限值时，宜把绿化带分成若干窄条布置
	EIUWE-6	风能利用指标	有效风能密度 150 W/m^2 且年平均风速 3 m/s				符合警戒下限值的城市，特别是新的生态城应合理利用风能，同时考虑城市美学效果与新能源利用方式，提倡景观风电一体化，建筑风电一体化及光电一体化等先进的风能利用方式
建议性指标	EIUWE-7	城市绿地形态指标					建议城市绿地采用立体多层次的绿化手段，提高乔木、灌木及草的复合型绿地面积比例；建议采用非规划形状绿地形式增加绿地边缘长度
	EIUWE-8	城市裸地率指标					在城市建设与维护时，除了施工用地以及特殊功能的沙池外，要杜绝裸地产生

资料来源：参考文献［82］

3.2.2.2　基于城市风灾防控的评价标准

风灾，指的是由于暴风或飓风所造成的灾害，它属于城市极端气候范畴。风灾与风力和风速大小，以及风向、风频等有密切关系，但一般以风速的大小作为评价标准。一些学者根据风灾发生的空间范围，绘制了风灾地域分区图[83]。风灾地域分区图主要反映的是风速的地区分布，在风速越大的地区，风的破坏力越大，风灾就越严重，反之亦然。

在风灾等级中，大都采用蒲福风力等级标准。风灾的等级一般划分为 3 级。①大致相当于 6～8 级的一般性大风：它的主要破坏对象为农作物，难以对工程设施造成破坏性的后果。②相当于 9～11 级的较强大风：除对林木和农作物有破坏作用外，也会不同程度地破坏工程设施。③相当于 12 级及以上的特强大风：不仅会损毁林木和农作物，而且会对工程设施及船舶、车辆造成严重的破坏，并严重地威胁人员的生命安全。

3.2.2.3　空气污染防治的风速控制性指标

风速决定着污染物在城市环境中的时空分布范围，对防控空气污染具有重要作用。据相关研究，在污染源排放污染物速率一定的情况下，风速是影响空气质量优劣的关键因素。其中，总悬浮微粒（Total Suspended Particulate，TSP）、SO_2、NO_2作为衡量空气污染的重要指标，在静风环境即

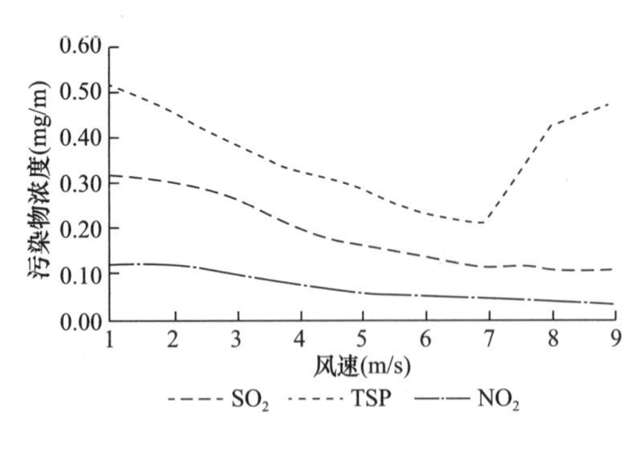

图 3-6 污染物浓度随风速变化

（资料来源：参考文献［84］）

风速≤1 m/s 时，上述三种污染物的平均浓度将会达到峰值，并与风速呈负相关现象，即随风速的加大，污染物的浓度将会减小；但当风速达到 7 m/s 左右时，TSP 浓度不减小反而会增大，风速与 TSP 开始变为正相关，即 TSP 浓度随风速增大而增大，这是由于大风导致扬沙所致，它增加了大气中颗粒物的含量，导致 TSP 浓度的增加（图 3-6）。

3.2.3 国家与地方的风环境设计标准及规定

我国现有的评价标准中，涉及风环境相关内容的有住房和城乡建设部颁布的《城市居住区规划设计标准》（GB 50180—2018）、《节能建筑评价标准》（GB/T 50668—2011）、《绿色建筑评价标准》（GB/T 50378—2019）以及《民用建筑供暖通风与空气调节设计规范》（GB 50736—2012）等国家标准，《辽宁省绿色建筑设计标准》（DB21/T 3354—2020）、《江西省绿色建筑设计标准》（DBJ/T 36—037—2017）等地方推荐标准，《民用建筑绿色设计规范》（JGJ/T 229—2010）等行业标准。我国学界十分关注建筑及居住区风环境设计的科学性和规范性，取得了《中国生态住宅技术评估手册》《绿色奥运建筑评估体系》等研究成果。

上述的标准或规范对风环境设计作了相关规定，如《民用建筑绿色设计规范》的条文说明 5.4.2 中有相关阐述："实际工程中应采用可靠的计算机模拟程序，合理确定边界条件，基于典型的风向、风速进行建筑风环境模拟，并达到以下要求：1. 在建筑物周围行人区 1.5 m 处风速小于 5 m/s；2. 冬季保证建筑物前后压差不大于 5 Pa；3. 夏季保证 75%以上的板式建筑前后保持 1.5Pa 左右的压差，避免局部出现旋涡或死角，从而保证室内有效的自然通风"[85]。

2013 年，我国住房和城乡建设部发布了《城市居住区热环境设计标准》（JGJ 286—2013），该行业标准于 2014 年 3 月 1 日开始实施。在该标准中，强制性条文 4.1.1 规定：居住区的夏季平均迎风面积比应符合表 3-14 的规定。其中迎风面面积是指建筑物在某一风向来流方向上的投影面积，以它近似地代表建筑物挡风面的大小。当风向不变，随着建筑的旋转总能够有一个最大的迎风面积，但这个最大迎风面积不一定是实际迎风面积，所以称之为最大可能迎风面积。最大可能迎风面积是一个只与建筑物设计体量有关的量，与风向无关。迎风面积与最大可能迎风面积之比称为迎风面积比。它是一个大于 0，小于 1 的数，当建筑物是圆形平面时近似等于 1。迎风面积比越小，对风的阻挡面越小，越有利于环境通风。

居住区的夏季平均迎风面积比限值 **表 3-14**

建筑气候区	Ⅰ、Ⅱ、Ⅵ、Ⅶ建筑气候区	Ⅲ、Ⅴ建筑气候区	Ⅳ建筑气候区
平均迎风面积比	≤0.85	≤0.8	≤0.7

资料来源：《城市居住区热环境设计标准》（JGJ 286—2013）

3.2.4 低碳—低污的风环境评价内容和相关指标

以上各种评价标准为本书的风环境评价奠定了一定的理论基础。但是，应该看到，现有的评价标准内容比较宽泛，无法完全适应我国各地域复杂多变的气候条件。

实际上，影响城市街区风环境的不只是风速、风压等指标，例如，局部的漩涡不利于污染气体的排放和稀释，不同的季节、温度、地域对风速的要求也应有所区分。笔者认为应结合规划的实际情况，从人体舒适度、节能环保、空气质量与安全防灾等综合视角评价风环境，并建立包含定性与定量化指标，提出包括风速、风压、风速比、风速离散度等内容的指标体系，同时，应考察强风区面积比、静风区面积比、风速频率等多项定量化指标的综合性低碳—低污评价内容（图 3-7）。

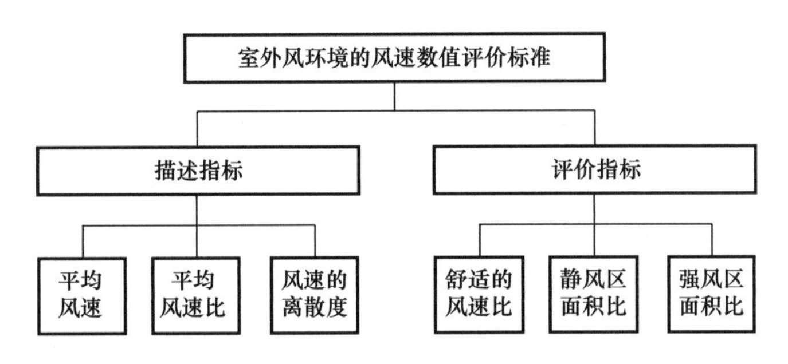

图 3-7　室外风环境评价策略
（资料来源：笔者自绘）

3.2.4.1　本书选取的评价标准

综上，本书综合舒适度、空气污染防治以及安全防灾等视角，并参考我国现行标准规范，选取的风环境评价指标如下。

（1）人行高度处风速

由于风速低于 1 m/s 时，行人基本感受不到风，这一风速也许除了对严寒与寒冷地区有效外，对于许多城市可能并不太合适，尤其在湿热地区或雾霾大的城市。该风速下的城市街区可以称为静风区，静风区不仅对排污不利，而且对缓解热岛效应不利。

研究表明，在 1 m/s 与 5 m/s 的风速区间，风环境比较舒适，并可把 5 m/s 作为人行高度处风速舒适的上限；当处于 5 m/s 与 7.3 m/s 风速区间时，属不舒适的范围，但仍对人正常活动影响不大；风速超过 7.3 m/s 时已影响人们正常活动。同时，可将区域的平均风速作为反映城市地块内总体风速的另一指标。

同样，根据风速与舒适度，并结合污染物浓度的变化特点，可以制定城市污染区域的风速控制指标，即划定警戒下限值为风速 0.5 m/s，警戒上限值为风速 7.3 m/s。这就对城市风速提出了总体控制的要求，即首先需要避免风速＜0.5 m/s 的静风情况出现，以防止大气高浓度的污染；其次，应结合人体舒适度，提出 5 m/s 的风速标准，并根据不同性质的用地对风速标准加以区分，例如居住用地、文娱用地、科研用地、行政办公用地、绿地等区域污染较小，户外行人活动较多，应将户外行人活动区风速指标控制在 0.5 m/s＜V＜5 m/s 区间；对于工业用地、道路用地（机动车密集区）等污染严重区域，以及医疗用地，因其对空气质量要求较高，建议风速控制在 1 m/s＜V≤7.3 m/s 区间为宜（表 3-15）。

城市街区人行高度风环境评价风速指标 表 3-15

风速	舒适度级别
$0 \leqslant V < 1$ m/s	静风区，湿热地区不舒适
1 m/s $< V \leqslant 5$ m/s	舒适（5 m/s 为舒适上限）
5 m/s $< V \leqslant 7.3$ m/s	不舒适，但正常活动不受影响（7.3 m/s 为警戒上限）
7.3 m/s $< V \leqslant 15$ m/s	不舒适，行动受影响
15 m/s $< V \leqslant 20$ m/s	不能忍受
$V > 20$ m/s	危险

资料来源：笔者参考相关文献提出

（2）建筑前后风压差

风压过大将不利于冬季保温；而过小的风压则造成不利于过渡季的自然通风。根据“夏季通风、冬季防风的原则”以及《民用建筑绿色设计规范》规定：除了前排建筑外，冬季保证建筑前后压差不大于 5 Pa；夏季保证 75%以上的板式建筑前后保持 1.5 Pa 左右的压差，避免局部出现通风死角和局部旋涡，保证室内能有有效自然通风。

（3）漩涡个数及涡流范围

局部的漩涡不利于有害气体的排放和稀释，规划中应尽量避免涡流的产生，本书选取了漩涡个数、漩涡平均范围（涡流总影响范围/涡流个数）、最大涡流范围、最小涡流范围，作为定量化描述的内容。[75]

（4）静风区面积比

本书将静风区界定为 1.5 m 高度处风速在 0～1 m/s 的区域，并将在后文 CFD 分析中，选用静风区面积、静风区面积比描述不利的风环境，其中，静风区面积比指地块内静风区的面积与整个地块面积之比。

（5）强风区面积比

强风区指的是在城市空间中，风速大于某一数值，就会使人产生不舒适感，甚至会产生灾害的区域。强风区面积比是该地块内的强风区面积与整个地块面积之比。根据相关标准，本书将强风区定义为风速大于 7.3 m/s 的区域。

（6）风速离散度

风速分布离散度是表示地块内的风速分布是否均匀的一项指标。在城市环境中，由于受到建筑的影响，可能在很小的空间范围内存在风速差异，当这种差异较大时，将会影响人们的舒适度。在统计学中，往往用数据标准差来反映某个数据集的离散程度，同样，可以用环境中各类风速区面积比率的标准差，去描述某地块风环境的离散度大小。离散度越大，风速分布就越不均匀，就越易形成涡流区；离散度越小，说明风速分布越均匀，风环境越好。因此，它也是风环境评价的一项重要指标。

（7）风速放大系数

风速放大系数是指某一区域内风速与来流风速的比值。评价某一建筑区域时，如果在某一风向下，该区域行人高度处的风速放大系数较大，且这一风向与风频较大的风向相对应，即可认为该处的风环境较差。本书采用人行高度的风速放大系数不大于 2.0 的标准。

3.2.4.2　评价视角与评价要点

本书后面章节风环境模拟结果的分析，将采用以上的标准来进行评价。具体说来，将选取风速、风压、强风面积比、静风面积比、强风发生区域、舒适风面积比、静风发生区域、涡流个数、涡流影响范围、风速比等标准参量进行对比，总结出其夏季、冬季风环境特点及建筑模块的优势、劣势、最佳风向角度及一般情况下的气候区适用范围等内容。

3.3　CFD 的概念与常用软件

3.3.1　计算流体力学相关概念

计算流体力学（Computational Fluid Dynamics，CFD）是用数字技术方法，对流体力学的问题进行数字化分析与模拟方法。这一研究方向目前受到了广泛的关注。利用它可对建筑及城市空间气流运动进行数值求解，从而模拟并发现环境中气流的运动规律。

利用 CFD 技术，对建筑物风环境模拟的一般步骤是：首先，选定城市环境的风向与风速，利用湍流模型，设定计算域、划分网格，进行边界条件和参数设置，并进行迭代计算，最后将运算结果转化为可视化的三维图像。然后根据模拟结果，研究和分析城市空间中的风速、风压和空气龄等气流的运动特征，进而为建筑设计和城市规划提供相关设计依据。

3.3.2　研究中采用的软件

本书研究中所采用的计算机模拟软件是 PHOENICS 软件。它是世界上第一套计算流体与计算传热学商业软件，由英国帝国理工学院（Imperial College London）的 CHAM 研究所开发，该软件经过了上千个案例的实验验证，模拟结果的可信度高[63,74]。

选取 PHOENICS 软件作为研究工具是因为它具有下列优点：(1) 程序具有开放性并有多种计算模型可供研究人员使用，且与通常的建模软件 AutoCAD、SketchUp、3DMax 和犀牛等软件均有良好的兼容性，利用这些软件绘制的模型文件，可以很方便导入 PHOENICS 软件中。(2) 网格划分比较简单，操作相对简便。(3) PHOENICS 内置的 PARSOL 功能，具有自动设置小尺度网格的功能，可提高计算精度。(4) 该软件设置了收敛自动检测功能，不管前期参数和边界条件设定良好与否，均可使计算拥有相对合理的收敛效果。(5) 该软件数值模拟功能强大，通过改变模型边界条件，可以输入温度、湿度、压力、烟气等多个气象参数，并可以通过模拟，得出风速、风压、舒适度、空气龄等环境参数，为优化城市环境提供可能性。(6) 在后期处理图像方面，可以方便得出三维的视觉效果画面，同时，可以矢量线图等方式直观表达，可视化程度高。

关于本书 CFD 模拟相关参数的设定，将结合天津市案例，在第七章中介绍。

3.4　本章小结

本章主要内容分为三个部分：城市低碳—低污风环境系统的理论框架建构、城市风环境优化的评价标准，以及应用CFD模拟风环境的相关概念与参数设定原则和标准。首先，笔者基于系统科学的思维方法，在借鉴景观生态学相关理论的基础上，建立了低碳—低污视角下城市风环境“源—流—汇”系统的内涵与理论框架，探讨了该系统的构成与协调原则和低碳规划策略；同时，本书分析了不同地理区位、不同城市结构、不同主导功能风汇区以及不同街区形态下的通风需求，并提出了应对这些不同条件的低碳规划策略。

其次，笔者整理了有关风环境研究的相关文献，归纳了中外学者关于城市风环境的评价的内容，并在参考国家与地方标准相关风环境评价标准的基础上，提出本书采用的技术路线，并提出城市风环境优化的相关评价标准。

最后，介绍了CFD模拟风环境的相关概念及本节研究中采用的CFD模拟软件。

第四章 “源”的适应——风气候区划与低碳应对策略

基于低碳—低污的“源—流—汇”环境控制准则，可以科学认识城市通风系统的构成因素。正如第三章所指出，城市风环境中的“源”，是指风源，如大气环流和季风产生的全球或区域性风源，也包括山谷风、海陆风等由于地理特点与热力因素产生的中尺度局部环流。从风环境低碳优化研究的视角看，它包括风源的风向、风速与风频等节能、减排的低碳调控的内容，也包括考虑城市所处区域的温度、湿度方面适应的内容；同时，还应考虑保护风源质量的生态环境的控制与保护方面的内容，并关注山林、湿地等富氧空气来源地的生态涵养与保护问题。

因此，必须首先结合气象学知识，对我国的典型风气候区进行科学的分析，根据不同区域的风向和风频特点，提出国土空间规划的低碳布局原则；其次，基于不同热工气候区，提出适应热工气候分区的低碳风环境规划设计策略；再次，根据我国的城市处于不同的地域环境的特点，分析山谷风、海陆风等不同局部环流的特点，认识城市功能布局与局部环流的低碳耦合优化规律，探索规划设计应对办法；最后，提出富氧性风源空间的保护与污染源控制等低碳—低污的规划策略。

4.1 源的构成——多尺度风源分析与低碳节能的物理参量

城市风源的物理参量包括风向、风频、风速等，这些参量与自然和人工环境均有密不可分的关系。在自然环境因素中，气象和地理环境要素是风源的决定性因素。其中，影响巨大的气象要素包括全球性大气环流、区域性的季风，以及局域性的海陆风、山谷风等。在这些气候环流中，大气环流、季风等大尺度天气系统的影响作用，远比海陆风、山谷风等局部环流的影响作用大。

大气环流和季风是城市风环境的主要影响因素，它决定城市风环境的风向、风频及风速等特点。大气环流是指全球规模的大气运行现象，它的影响范围大于数千公里，垂直方向的影响范围大于 10 km，影响时间在数天乃至数月以上。大气环流是全球性大气的基本运动形式，它构成全球气候特征，是影响大范围天气形势的主导因素，也是城市尺度天气系统活动的背景。而季风是大气环流的重要组成部分之一，它是由海陆间的热力性质差异产生的大范围区域性的环流。其特点是近地层的风向在冬、夏两季相反或接近相反，而且产生的气候特征明显不同，图 4-1 为不同尺度的风源构成分析。

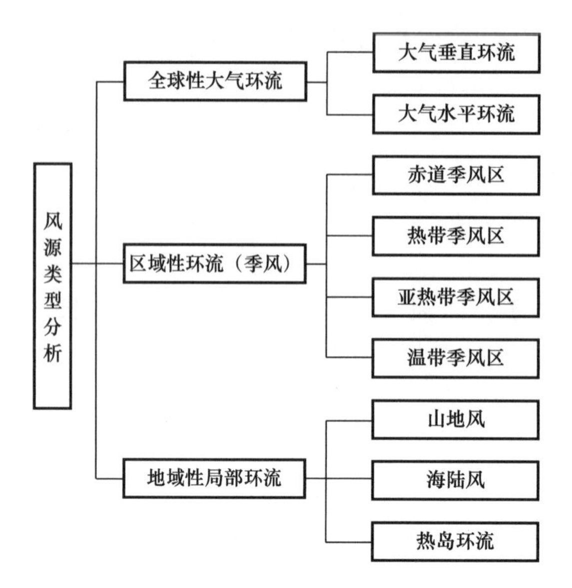

图 4-1　不同尺度的风源构成分析
（资料来源：笔者自绘）

4.2　“源”的气候区划——风气候分区与热工气候分区

中国地域辽阔，气候环境差异显著，呈现高度差别大、海陆差别大、南北差异大等典型地理特征。上述的地区差异造成各地气温与湿度等的差异。因此，我国不同的学科领域根据各自的学科需求，划分出不同的气候类型——如根据大气环流与季风特点，并根据纬度与温度特点进行气候区划；还有根据干、湿度的不同，进行地域划分。其中，有两种方法对城市风环境规划与建筑设计影响较大，其一是气象学中关于季风气候区的划分方法，其二是建筑与规划学科对热工气候区的区划方法。

4.2.1　基于风气候特点的我国地理区划

在我国的内陆地区，喜马拉雅山脉、唐古拉山脉、祁连山脉、太行山脉、横断山脉和秦岭等大型山脉直接影响到大气环流的走向，因而形成季风区与非季风区两大区域。我国的气象部门根据这一特点，进行了季风区与非季风区的地理区划。

我国季风区与非季风区的分界线大致与 400 mm 等降水量线一致，大致以大兴安岭——阴山——贺兰山——巴颜喀拉山——冈底斯山为界。该线以东、以南的广大地区为我国的季风区，该线以西、以北为非季风区。

从我国季风分布的纬度来看，可分为热带季风区、副热带季风区以及温带季风区。其中热带季风区又被分为东区和西区，东区包括广东、广西，以及福建和江西的南部；西区主要包括西藏南部、云南。副热带季风区也分成东区和西区，东区包括浙江、上海、江苏、安徽、湖北和湖南；西区则包括四川大部分地区，以及陕西、青海和甘肃这些省份的南部地区。温带季风区包括东北、华北、陕西北部和中部地区、甘肃中西部以及内蒙古东部地区[86]。

我国非季风区受海陆位置、地形等因素的制约，全年降水稀少，气候比较干旱，主要在我国西北内陆地区。

除了季风区与非季风区的划分方式外，另一种对城市风环境规划影响很大的气象区划方式是根据风向、风频和风速等参数，将全国划分为季节变化区、主导风向区、无主导风向区以及准静风区等分区。

(1) 季节变化区

季节变化区的冬季风向和夏季风向大致相反，随季节的变化而变化。在冬季，受西伯利亚寒流影响，该区大部分地区主要风向为西北风；而在夏季，受太平洋和印度洋季风影响，该区的主导风向是东南风。表现为相对有规律的冬夏季主导风向变化形式。冬夏两季的风向频率一般稳定在 20%～40%。冬季风向频率比夏季风向频率稍大[87]。

但在不同的地形因素的影响下，各地的风向存在一些明显的差异。例如，华北—东北地区冬季为西北风，夏季盛行风向为西南风。在山区，盛行风向多与山谷、河川的走向一致，并且四季很少变化[88]。

(2) 主导风向区

主导风向区指常年盛行一个风向的区域，这个风向频率一般大于 50%。根据主导风向的不同，气象学者又将我国主导风向区细分为三个区：Ⅱa 区常年刮偏西风，如我国新疆、内蒙古、黑龙江西北部。Ⅱb 区常年吹西南风，如云南和广西。Ⅱc 区夏季偏东风，频率较小，约 15%，冬季偏西风，风频约 50%，如青藏地区。

(3) 无主导风向区

该地区内全年各方向风频率基本相等，风向多变，且风频都在 10%以下。该类型的风向主要分布在内蒙古的阿拉善左旗，以及宁夏和甘肃的河西走廊等地。由于该区是影响我国冬季气温的 4 条冷空气所通过的路径，且夏季偏南风难于到达这里，该区域各个风向频率大致相当。尽管该地区无明显风向特性，但是依然可找出随季节变化的风向规律，利用冬夏季风向的差异进行规划设计。

(4) 准静风区

也可简称为静风区，是全年风速小于 1.5 m/s 的概率大于 50%的区域。四川盆地属于这一区域。

4.2.2 基于热工气候特点的我国地理区划

除了气象部门的划分方式外，建筑与规划领域的科研部门也根据学科的特点，提出了相关气候区划标准，其成果主要表现为“建筑气候区划”和“建筑热工设计区划”2 种方式。

建筑气候区划采用综合分析并结合主导性因素，选取建筑设计相关的气候参数作为指标进行区划。如国家标准《建筑气候区划标准》(GB 50178—93) 以我国建筑与气候相互关系为基础，根据相对湿度、降水量以及气温三个主要气候参数，在我国划分了 7 个一级区，以及 20 个二级区。

其中，一级区区划以 1 月平均气温、7 月平均气温，7 月平均相对湿度为主要指标，以年降水量，年日平均气温≤5 ℃和年日平均气温≥25 ℃的日数为辅助指标（表 4-1）。在各一级区划内，分别选取可以反映该区域建筑气候差异性的气候参数或特征作为二级区区划指标。

一级区区划指标 **表 4-1**

区名	主要指标	辅助指标	各辖区行政区范围
Ⅰ	1月平均气温≤−10 ℃ 7月平均气温≤25 ℃ 7月平均相对湿度≥50%	年降水量200～800 mm 年日平均气温≤5 ℃的日数≥145 d	黑龙江、吉林全境；辽宁大部；内蒙古中、北部及陕西、山西、河北、北京北部的部分地区
Ⅱ	1月平均气温−10～0 ℃ 7月平均气温18～28 ℃	年日平均气温≥25 ℃的日数<80 d 年日平均气温≤5 ℃的日数145～90 d	天津、山东、宁夏全境；北京、河北、山西、陕西大部；辽宁南部；甘肃中东部以及河南、安徽、江苏北部的部分地区
Ⅲ	1月平均气温0～10 ℃ 7月平均气温25～30 ℃	年日平均气温≥25 ℃的日数40～110 d 年日平均气温≤5 ℃的日数90～0 d	上海、浙江、江西、湖北、湖南全境；江苏、安徽、四川大部；陕西、河南南部；贵州东部；福建、广东、广西北部和甘肃南部的部分地区
Ⅳ	1月平均气温>10 ℃ 7月平均气温25～29 ℃	年日平均气温≥25 ℃的日数100～200 d	海南、台湾全境；福建南部；广东、广西大部以及云南西南部和元江河谷地区
Ⅴ	7月平均气温18～25 ℃ 1月平均气温10～13 ℃	年日平均气温≤5 ℃的日数0～90 d	云南大部；贵州、四川西南部；西藏南部小部分地区
Ⅵ	7月平均气温<18 ℃ 1月平均气温0～−22 ℃	年日平均气温≤5 ℃的日数90～285 d	青海全境；西藏大部；四川西部、甘肃西南部；新疆南部部分地区
Ⅶ	7月平均气温≥18 ℃ 1月平均气温−5～−20℃ 7月平均相对湿度<50%	年降水量10～600 mm 年日平均气温≥25 ℃的日数<120 d 年日平均气温≤5 ℃的日数110～180 d	新疆大部；甘肃北部；内蒙古西部

资料来源：《建筑气候区划标准》（GB 50178—93）

《民用建筑热工设计规范》（GB 50176—2016）从建筑热工设计角度，将我国划分为五个气候区，并根据不同分区，提出了规划与建筑的设计原则（表 4-2）。

建筑热工设计一级区划指标及设计原则 **表 4-2**

一级区划名称	区划指标		设计原则
	主要指标	辅助指标	
严寒地区 （1）	$t_{min \cdot m} \leqslant -10$ ℃	$145 \leqslant d_{\leqslant 5}$	必须充分满足冬季保温要求，一般可不考虑夏季防热
寒冷地区 （2）	-10 ℃ $< t_{min \cdot m} \leqslant 0$ ℃	$90 \leqslant d_{\leqslant 5} < 145$	应满足冬季保温要求，部分地区兼顾夏季防热
夏热冬冷地区 （3）	0 ℃ $< t_{min \cdot m} \leqslant 10$ ℃ 25 ℃ $< t_{max \cdot m} \leqslant 30$ ℃	$0 \leqslant d_{\leqslant 5} < 90$ $40 \leqslant d_{\geqslant 25} < 110$	必须满足夏季防热要求，适当兼顾冬季保温
夏热冬暖地区 （4）	10 ℃ $< t_{min \cdot m}$ 25 ℃ $< t_{max \cdot m} \leqslant 29$ ℃	$100 \leqslant d_{\geqslant 25} < 200$	必须充分满足夏季防热要求，一般可不考虑冬季保温
温和地区 （5）	0 ℃ $< t_{min \cdot m} \leqslant 13$ ℃ 18 ℃ $< t_{max \cdot m} \leqslant 25$ ℃	$0 \leqslant d_{\leqslant 5} < 90$	部分地区应考虑冬季保温，一般不考虑夏季防热

资料来源：《民用建筑热工设计规范》（GB 50176—2016）

4.3 “源”的低碳适应——应对不同地理气候特点的风环境规划策略

风源的风向、风速和风频等物理特性与风环境规划直接相关；另一方面，城市所在区域的气温、湿度等气象内容，也与城市对风力大小、风速的需求密切相关，这些气象要素均是建筑采暖设计和城市风环境规划重要的计算依据，也是低碳、绿色与可持续设计关注的主要内容之一[89]。因此，本节分别从风气候区划和热工气候区划的角度，提出低碳的适应性规划策略。

4.3.1 应对不同风气候区的低碳—低污规划适应性策略

城市风源的物理特点主要涉及风向、风频、风速以及湿度、温度等问题。因此，在规划设计中，必须针对不同风源特点，探讨风向、风频和风速与国土空间布局的关系，以达到城市气候环境低碳—低污优化的目的。

4.3.1.1 季风与主导风向区中基于污染防控的空间规划

在我国季风区的许多城市，风向都表现为主导风或盛行风的形式。在这种气候环流影响下，城市总体布局和空间结构应结合不同地形与之适应。由于主导风向区风向终年基本不变，在功能布局方面，首先考虑将污染型工业区布置在主导风与盛行风的轴线的两侧，应避免将污染源布置在上风向，防止其污染居住区，同时，应根据所处的气候区，考虑道路格局或街坊的朝向，使之与主导风和盛行风风向相配合。

根据不同的风向格局，朱瑞兆先生提出如下城市规划的基本布局原则[90]：

A. 季节变化型地区：该区的冬夏两季风向变化一般在135°～180°，应将向大气排放有害物质的工业企业，按当地最小风频的风向，布置在居住区的上风方向。

B. 盛行风向型地区：在该地区，应将向大气排放有害物质的工业企业布置在常年盛行风向的下风侧，居住区布置在盛行风向的上风侧。

此外，他还探索了其他类型的风向特点及应对办法。

街区和建筑层面的规划布局也与主导风和盛行风风向、风频等特点有很大的关系。例如，当城市的主要道路走向与主导风向一致时，更有利于排除污染的空气和夏季降温。

针对寒地城市防风要求，一些学者通过板式建筑迎风面与主导风向的关系，如平行、垂直或呈45°夹角这三种关系，研究街区布局，并总结出如下布局规律：当建筑迎风面与冬季主导风向相垂直时，街区内部的风环境最为舒适，随着建筑迎风面与主导风向夹角变小，建筑遮挡风的作用也将变弱，从而街区内部空间风速增大。因此，应根据风向的特点，考虑街区布局和建筑群设计。因此结合相关参考文献和研究，笔者总结整理了不同类型风向规划布局建议（表4-3）。

不同类型风向的降污规划布局建议 **表4-3**

风向分类	风环境特点	应避免的规划布局	规划布局建议
季节变化型	风向冬夏变化一般大于135°，小于180°	避免工业用地处于夏季或冬季盛行风向的上风方向	按照1月、7月的平均风向频率（非年风向频率），工业区按照当地最小风频的风向，布置在居住区上风方向

续表

风向分类	风环境特点	应避免的规划布局	规划布局建议
单盛行风向型	风向稳定，全年基本吹一个方向的风	避免工业用地处于盛行风向的上风方向	工业用地放在最小风频之上风向，居住区位于其下风向
双盛行风向型	风向在月、年平均风玫瑰图上同时有两个盛行风向，两个风向间夹角大于 90°	避免工业用地处于任何一个盛行风向的上风方向	工业区及居住区布置在盛行风向的两侧
无主型	全年风向不定，各个方向的风向频率相当	居住区避免布置在合成主导风向的下方	计算该城市的年平均合成风向风速，将工业区布置在年合成风向风速的下风侧
静风型	静风频率全年平均 50%以上，年平均风速为 0.5 m/s	居住区与工业区保持一定距离，避免近处污染（烟囱高度的 10～20 倍处）	污染性工业用地布置在盛行风的下风地带

资料来源：笔者根据参考文献［91］进行整理

在城市中，结合盛行风向和风频进行工业防污布局的策略如图 4-2 所示。

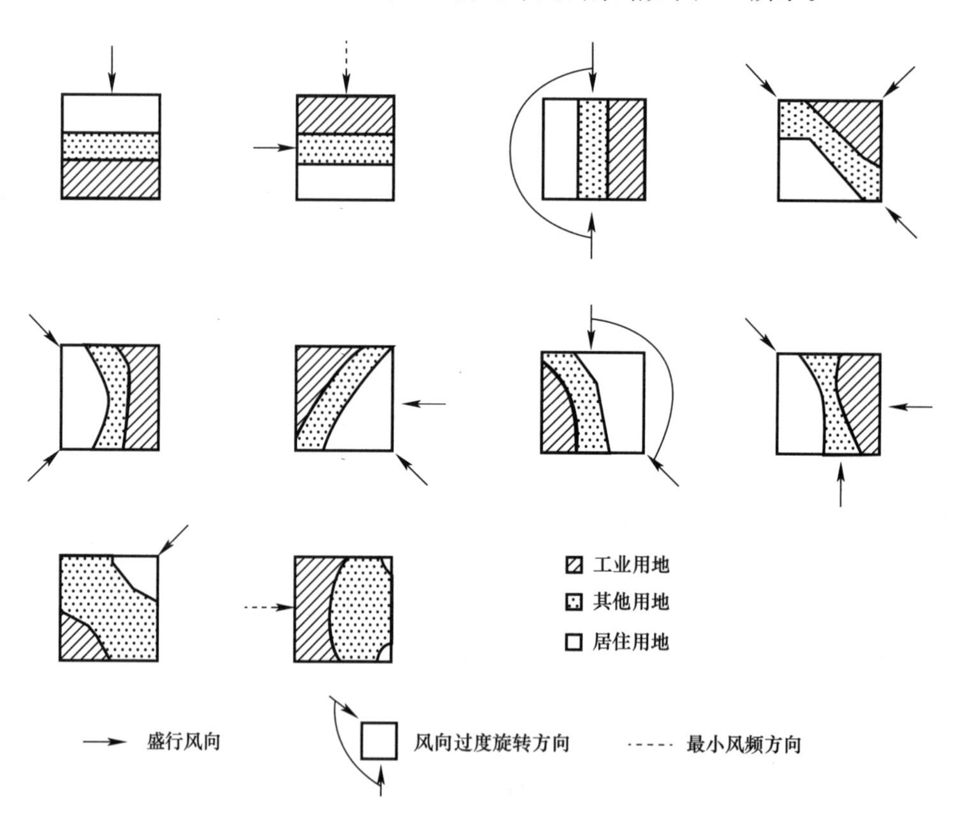

图 4-2　城市中工业与居住及其他用地的典型布局图示

（资料来源：参考文献［92］）

利用季风的风向变化特点，改善城市开放空间风环境的设计实例很多。如西安地区城市街道呈现方格网布局，走向为东—西与南—北方向，由于夏季的主导风向为东北风，为保证广场与室外开敞空间有良好的通风效果，该地区广场的开口在东面和北面为宜。

4.3.1.2 无主型与静风型地区的污染防控布局原则

（1）无主型与静风型的地区分布

在我国，有不少城市处于准静风区或无主导风向区中，后者以四川及重庆地区为主要代表，这种风环境的特点形成，主要受地形因素的影响。

除了地形因素外，高密度和高强度的城市开发，也是造成风速降低的重要原因[93]。随着我国城镇化进程的快速发展，市区的平均风速日益减小，一些城市出现长时间静风现象。根据气象统计资料，天津市区1955—1980年的平均风速为3.0 m/s，在1961—1990年间，市区年平均风速降低到2.7 m/s，在1971—2004年间，市区年平均风速已降为2.25 m/s；这说明随着天津市中心城区面积的扩大，市内风速在不断减小。从市区静风出现频率来看，2000—2004年的5年间，静风频率分别为12.5％、27％、24.2％、14.8％和16％。在静风频率居高不下的气候条件下，污染物难于扩散，使近市区大气污染物成倍地增加[84]。

有资料表明，近年来，广州市区内风速不断降低，风速小于1.9 m/s，市中心区仅为1 m/s。北面郊区的风到市中心区后，风速减小了70％；此外，广州静风频率也较高，如冬季的静风频率高达35％[94]。表4-4为中国部分城市平均风速与静风频率一览表。

中国部分城市平均风速与静风频率 表4-4

地名	平均风速（m/s）	静风频率（％）
深圳	2.1	27
汕头	2.5	21
韶关	1.5	33
肇庆	1.5	26
梧州	1.5	25
福州	2.7	25
贵阳	2.1	52
兰州	1.5	62
太原	1.6	30
重庆	1.0	33

资料来源：参考文献［95］

《中国建筑热环境分析专用气象数据集》一书统计了我国夏季室外平均风速小于等于1.5 m/s的部分城市与地区（表4-5）。

夏季室外平均风速≤1.5 m/s的城市与地区 表4-5

站名	夏季室外平均风速（m/s）	站名	夏季室外平均风速（m/s）
鄂西	0.7	承德	1.0
玉树	0.8	郧西	1.0
宽甸	0.9	宜宾	1.0
梧州	0.9	临江	1.1
酉阳	0.9	南平	1.1
思茅	0.9	龙州	1.1
勐腊	0.9	德钦	1.1

续表

站名	夏季室外平均风速（m/s）	站名	夏季室外平均风速（m/s）
澜沧	1.1	吐鲁番	1.3
吉首	1.2	成都	1.4
河源	1.2	乐山	1.4
河池	1.2	楚雄	1.4
马尔康	1.2	临沧	1.4
松潘	1.2	灵芝	1.4
会理	1.2	民和	1.4
卢氏	1.3	莎车	1.4
绵阳	1.3	石家庄	1.5
南充	1.3	呼和浩特	1.5
毕节	1.3	敦化	1.5
遵义	1.3	老河口	1.5
腾冲	1.3	广州	1.5
兰州	1.3	南宁	1.5
合作	1.3	理塘	1.5
岷县	1.3	三穗	1.5
天水	1.3	昌都	1.5
囊谦	1.3	西宁	1.5

资料来源：笔者根据参考文献［96］整理

（2）风速、风频与地形对大气质量的影响

气象条件是影响大气污染的主导因素之一，其中，风向、风频与风速是重要的气象参数，风速的大小对大气污染有直接影响。

20世纪60年代，美国学者Boettger C M（1961）就注意到风速与大气污染有很大的关系。在他的研究中，把地面风速小于3.6 m/s作为当地空气污染预报的一个重要指标。

1981年，国内一些学者对大气污染与气象做了相关研究，认为近地层的风速对大气污染有明显影响。魏文秀[97]在2010年，分析河北省地形与雾霾的空间状况，得出雾霾出现频数也与当地年平均风速有关。2012年，张晓云等[98]研究了天津市典型环境污染案例后指出，地面风速小和稳定的大气层是空气污染的主要天气原因。

大气污染物的扩散方向是由风向决定的，而污染物稀释和扩散速度由风速决定。尤其是200 m高度以下的风向和风速，直接影响大气污染物的浓度分布和聚散方式。

在各种天气中，静风时的大气污染最为严重。由于静风污染物的水平扩散缺乏动力，而近地面的逆温层又阻止了污染物向垂直方向输送，整个城市上空就像加了一个罩子，使城市污染物不断堆积。目前，随着城市建设开发强度增大，城市风速不断减小，形成无主型风向特征和较大的静风频率，造成通风不良，这是多数城市风向的典型变化特征。

研究表明，在静风情况下，污染物扩散呈蘑菇状，表现为湍流扩散的形式；有风环境下，风速和湍流共同决定了污染物的扩散方式。在污染物排放量相同的情况下，某一地区的污染物浓度与流经该地的风速大小成反比；同时，在风速较大时，污染物扩散的空间相对狭窄，扩散速度快，污染物的浓度低，对地面污染小；当风速较小时，污染物扩散的空间分布大，扩散速度慢，同时，将严重污染地面。

污染系数是定量表示气象与大气污染相关性重要指标。它根据风频与平均风速的比值大小，来确定影响大气污染的程度。当大气污染物排放浓度一定时，污染程度与风速成反比，与风向的频率成正比。

在静风或微风条件下，往往出现大气污染事件。因此，城市气象部门往往会将平均风速小于或等于 2 m/s 的日子作为易污染日加以重视。另外，对风速及大气污染浓度变化相关性的研究结果表明：污染浓度变化落后于风速的变化[99]。同时，风速 2.5 m/s 是一个临界值，当风速在此值以上时，对污染物稀释和扩散有利，大气污染的浓度开始减小；当风速小于 2.5 m/s 时，对污染物扩散不利，将导致污染物浓度增大。

污染物扩散与风速大小有很大的关系，故在静风型气候区，应特别注意污染物扩散的防控问题。一般来说，进行城市功能布局时，应将居住区布置在上风方向，而将工业区布置在最大风速的下风方向。但在静风型区域，工业与居住等功能区的规划布局应着重考虑风速而不是风向问题[100]。

根据计算，静风型地区污染物浓度极大值出现在距离烟囱高度 10～20 倍远的地区。因此生活区应布置在此区域以外的地区。

汤惠君对广州市污染与风向进行研究后发现，广州风速最大的是北向和北偏西方向，其次是东向和东南方向。从污染与风向频率的关系来看，冬季市区的风向频率偏北方位为最大，而污染系数是北至东北向最大，其次为东南方位，夏季最大的是偏南方位，东南偏南次之（图 4-3）。

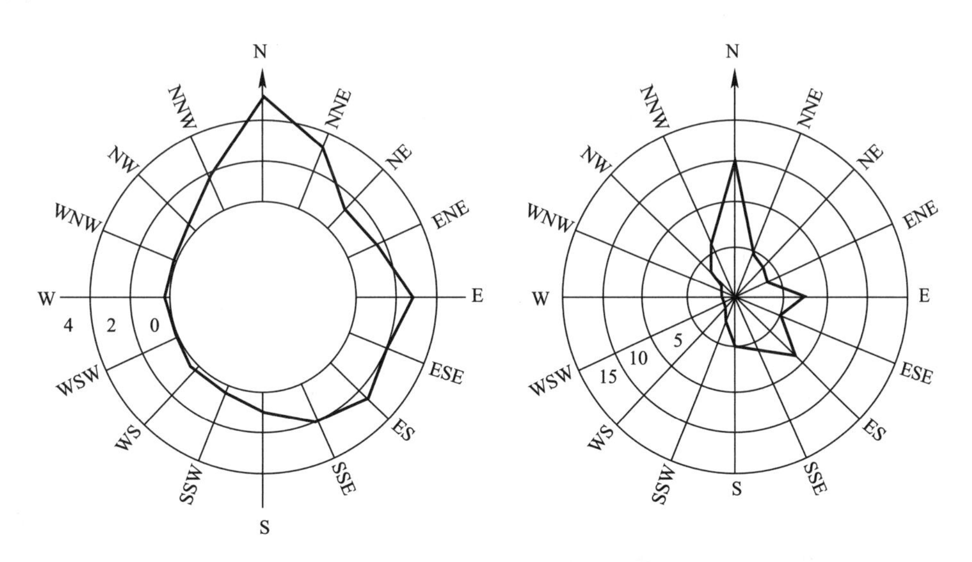

图 4-3 广州污染系数及风向频率

（资料来源：参考文献［94］）

因此，城市功能区的规划布局中，应将污染性企业工业布置在污染系数最小方位或最大风速的下风方向，同时，应与城市其他区域保持一定距离，或设置一定的绿化隔离带；居住区则应布置在最大风速的上风方向。

除了风速等气象因素外，地形的影响也是雾霾形成的一个重要原因。如石家庄西面为太行山，在风速较小的情况下，大气污染物极易在山前堆积。实际上，风速受地形的影响极大，这就是地形影响大气污染的原因。根据1961—2010年河北省地面气象站的统计结果，河北的风速空间分布呈现出由西北向东南，以及东北—西南向的带状特点，表现出大—小—大三个不同风速带。河北的这种风速分布与地形地貌有密切的关系。其中，风速最大是西北部的高原地带和张家口市，这是由于西北部海拔高、地势宽，在冷空气影响下，往往出现大风天气。

河北省风速相对较大的是东南部沿海及平原地区。东部区域的唐山、秦皇岛和沧州等滨海城市，由于靠近渤海湾，易受海上大风的影响，年平均风速也较大，并表现由沿海到内陆风速逐渐减小特征。风速最小的是中部地区，这与太行山、燕山的地形阻挡有很大的关系。

再如，宜昌市坐落于长江河谷呈“V”形地形中，且市中心区在“V”形谷地的转折点。特有的长江谷地地形使宜昌市形成高静风率气象，且使污染物难于扩散。在地形条件的制约下，风沿着江谷的走向，在城市上空形成东南偏东的风向，在“V”字形的转折部，受到拔地迎面山体阻挡，使气流的方向和流速均发生改变，在谷地与平坝间形成涡流。在这种特定地形条件下，污染物在大气的输送、扩散过程中被阻挡并堆积，形成市中心区大气污染的高浓度区[101]。

大气污染的影响因素还包括城市地面粗糙度等。地面粗糙度是影响垂直和水平气流运动的主要因素。随着地面粗糙度的增大，建筑局部湍流扩散作用将提高，导致垂直方向气流混合能力的增强，但会导致地面风速的降低，使大气的稀释作用减弱。

城市建成区被大面积建筑所覆盖，市中心区的开发强度大，建筑密度高，缺乏外部空间，使地面粗糙度处于较高的水平。同时，由于市中心区高层建筑对地面长波辐射的相互吸收，以及人工热源和污染源多等原因，市中心区往往成为城市热岛和浊岛效应最严重的地区。

（3）防污控霾型的城市风环境规划设计原则

城市风向决定着空气污染的方向，对于空气污染防治有至关重要的影响。根据我国风向的类型及风环境特点，一些学者提出了城市建设与风向布局的相关设计原则。

在规划设计时，对于无主型区域，一般以最小风频的方向，作为工业区规划布局的依据，而且将污染系数 C_p 作为风向布局的重要标准。

$$C_p = F\lambda \tag{4-1}$$

$$\lambda = 2V/(V+U) \tag{4-2}$$

上式中，V 为某一地区平均风速（m/s），U 为某一地区多年定向平均风速（m/s），F 为某一地区多年定向平均风频（%）。

同时，在无主型的区域，可计算该区域的全年合成主导风向，将居住区布置在合成主要风向的上风向，工业区布置在下风向；或将居住区布置在污染系数最小的上风向，将工业区（二类、三类工业用地）布置在污染系数最大的下风向。

4.3.2 基于热工气候特点的城市风环境低碳优化策略

在城市风环境规划中，除了必须结合风气候区分布，考虑风源的风向、风速和风频等特性外，还必须考虑城市气候的温度与湿度等相关条件，因为在不同的温度与湿度环境中，人们对风环境的需求完全不同，对策也会有很大的差别。在实际规划设计中，应根据不同城市所处的热工气候特点，采取相应的风环境规划设计策略。因此，本节主要基于热工气候特点，探索风环境布局策略。

一般而言，风环境优化的目标是：提高夏季自然通风效率，并起到冬季防风、减少寒冷气流侵袭的作用；同时，合理减少空气龄，防止污染的空气停留时间过长。

为适应不同地域气候特点，达到节能减排的低碳—低污目的，应首先确定气候设计目标，即考虑是以冬季防风御寒为主还是以夏季通风散热为主，或者两者兼顾。例如，寒地城市考虑最多的是冬季防风和保暖；而在热带城市则考虑的是夏季降温和通风，达到缓解城市热岛效应的目的。因此，应从低碳、生态节能与气候适应性的视角，针对不同气候地区，并结合山地、平原、滨海等典型的地域特征，设定不同的风环境规划策略。在这一方面，中外学者均作了不少有益的探索。

如美国大学教授格兰尼（G. S. Golany）提出在不同气候区，应以不同的城市形态和城市肌理的（Urban Texture）的风环境应对策略[102]。他指出，城市风环境研究应针对不同气候区特点，考虑城市形态与风环境的关系，根据气候特点的差异，采用不同的影响的方式，提出不同的指标体系；同时，应考虑城市方位、地形和坡度等因素对城市风环境的影响，充分利用城市周边的江河湖泊降低气温；此外，应认识海拔变化对气温的影响规律，即在一般情况下，海拔高度每升高 100 m，气温就会降低 1 ℃。这些对湿热和干热地区的城市设计尤为重要。这些结论初步揭示了城市形态与风环境之间关联耦合关系。

柏春提出了不同气候城市气候差异及气候调节任务[103]，并根据以上原则，总结出不同气候区的选址及建筑布局形式特征[104]。

中国地域辽阔，有不同的气候分区，包括严寒、寒冷、夏热冬冷、夏热冬暖等区域，这些地区的城市具有不同的热工条件和通风需求，因此，必须针对不同的地理气候，从城市空间结构、城市密度与肌理、建筑群布局形态等方面，提出契合气候环境的规划设计策略。

因此，本书结合中国建筑气候区划，提出适应严寒与寒冷地区的“避风防寒主导型”的风环境优化策略，适应夏热冬冷地区的“导风与避风兼顾型”风环境优化策略，适应夏热冬暖地区的“导风除热与驱湿型”风环境优化策略，以及适应干热地区的“导风驱热防沙型”风环境优化策略。

4.3.2.1 避风防寒主导型的风环境优化策略

（1）适应的地区与气候特点分析

避风防寒主导型风环境优化策略主要适应于建筑气候分区中的Ⅰ、Ⅱ和Ⅵ类地区，这些区域的气候特点、城市环境与建筑设计基本要求见表 4-6。

避风防寒主导型风环境优化策略应用地区及设计要求一览表　　表 4-6

主导策略	辅助策略	建筑气候分区	气候特点	建筑与环境基本要求
避风防寒	—	Ⅰ	冬季漫长严寒，夏季短促凉爽；西部偏于干燥，东部偏于湿润；气温年较差很大；冰冻期长，冻土深，积雪厚；太阳辐射量大，日照丰富；冬半年多大风	城市应采用集中、内聚和南高北低的布局；建筑满足冬季日照和防风要求；街区应减少冬季主导风向方向的开口，加强密闭性，尽量采用挡风的形态，减少外露面积，ⅠB、ⅠC和ⅠD区的西部，建筑应注意防风沙

续表

主导策略	辅助策略	建筑气候分区	气候特点	建筑与环境基本要求
避风防寒	兼顾防热	Ⅱ	冬季较长且寒冷干燥，平原地区夏季较炎热湿润，高原地区夏季较凉爽，降水量相对集中；气温年较差较大，日照较丰富；春、秋季短促，气温变化剧烈；春季雨雪稀少，多大风风沙天气，夏秋多冰雹和雷暴	应满足冬季防风、防寒、保温及日照等要求，街区与建筑应加强冬季密闭性、减少开敞与外露；应考虑年温差大、多大风的不利影响；部分地区应考虑夏季通风、避西晒；注意防暴雨
	兼顾防沙	Ⅵ	长冬无夏，气候寒冷干燥，南部气温较高，降水较多，比较湿润；气温年较差小而日较差大；气压偏低，空气稀薄，透明度高；日照丰富，太阳辐射强烈；冬季多西南大风；冻土深，积雪较厚，气候垂直变化明显	城市与建筑注意冬季防风及风沙；建筑应减少外露面积，加强密闭性，应满足防寒、保温、防冻的要求，夏天不需考虑防热；ⅥA区和ⅥB区应特别注意防风沙

资料来源：笔者结合《建筑气候区划标准》（GB 50178—93）整理、提炼与加工

（2）避风防寒主导型的风环境优化策略

由于避风防寒主导型的规划策略主要应用于严寒及寒冷地区的城市，为达到保温、防风、充分利用太阳能的目的，采用“围合、封闭，向阳、高密度”的原则。其主要策略是：以提高城市开敞空间冬季的热舒适感为低碳—低污风环境优化的基本出发点；除了争取城市开敞空间中冬季的最佳日照效果外，充分考虑城市开敞空间中的避风设计。在具体规划设计中，通过避风地形选择与利用模式、相对紧凑的城市空间结构、围合式的布局形态与街道肌理，以及封闭的建筑及开敞空间设计，寻求最佳的风环境。

严寒及寒冷地区的城市中，对寒冷的气候适应性是城市规划应考虑的首要因素，良好的空间结构与街道肌理是实现节能、低碳的最优手段。

1）城市结构与形态

① 城市空间结构——“单核心—圈层式”城市布局形式

严寒及寒冷地区的城市宜发展“单中心—圈层式”的空间结构。在寒冷地区的冬季，圈层结构的城市能有效阻挡冬季寒风的入侵，并避免城市热量的散失，减少采暖的能源消耗。

② 城市形态——城市总体形态与形态因子

在城市形态方面，严寒及寒冷地区的城市可以考虑内向、封闭的城市形态，具体措施如在城市冬季主导风的上风向布置高大、封闭、高密度的建筑，使寒冷的西北风绕过城市，尽量减少其对城市内部空间的“侵入”；同时采用均匀的城市天际线，形成具有“防护性”的城市空间形态，有效阻挡冬季冷风。

为达到避风防寒的目的，城市应尽量采取方格式的路网结构，避免采用放射方格型路网，街道宽度也不宜过大，避免城市形成多条道路型通风廊道，以防止街道内寒风的加速流动[105]。同时，在能够满足城市交通要求的情况下，可以加大街区的尺度以降低路网密度，主要道路的走向应避开与冬季主导风向相平行，以避免寒风进入街区内部；可以结合过街交通，在一些主要道路上布置横跨街道的人行天桥，以降低街道的风速。

此外，在商业中心设计带防护结构的过街通道，在外部空间采用防风墙或密植的树木，以防止

寒风对行人的侵袭。在城市绿化景观和防护林方面，可以在冬季盛行风的方向种植防护林带。

2）城市重点区域风环境设计

严寒及寒冷地区的城市中，应根据不同区域的特征，有针对性地采取相应的设计策略，综合考虑与居民生活息息相关的城市重点区域，本节从城市中心区域、城市街区、城市居住区、城市开敞空间和大学校园几个方面介绍风环境的优化策略。

① 城市中心区域

在城市高密度中心区，可通过对建筑高度和密度的控制，如在强风区的上风向增加建筑高度及宽度，降低建筑高度参差度，在高层建筑底层部分设计裙房以缓解高层下行强风对行人的冲击。同时，构建完善、连通的绿化结构体系；并增加城市内部的沿街常绿绿化，有效减缓寒风的流动，实现对片区尺度城市风环境的优化。

② 城市街区层面

在城市街区层面，应充分利用街道形态和树木对寒风的阻挡作用，如通过挡风的常绿乔木、挡风景墙以及合理的建筑组合，在相同建筑面积的条件下，使迎风面面积在冬季主导风向上最大，阻挡冬季寒风的侵袭，同时，在冬季主导风向的上风向，设置板式的高层建筑进行挡风；并通过错列式的建筑布局，提升建筑对风的阻碍作用，但错落间距不应过大，避免产生不必要的狭管效应[106]。

寒冷地区城市冬季的温度越低、风速越大，人们的感觉就越不舒适[107]。因此有必要根据行人在不同空间的行为特征，在街区空间形态的设计中增加相应的阻风防风策略（图 4-4），面对不同的空间形态因素，应采取相对应的组织防风策略（表 4-7）。

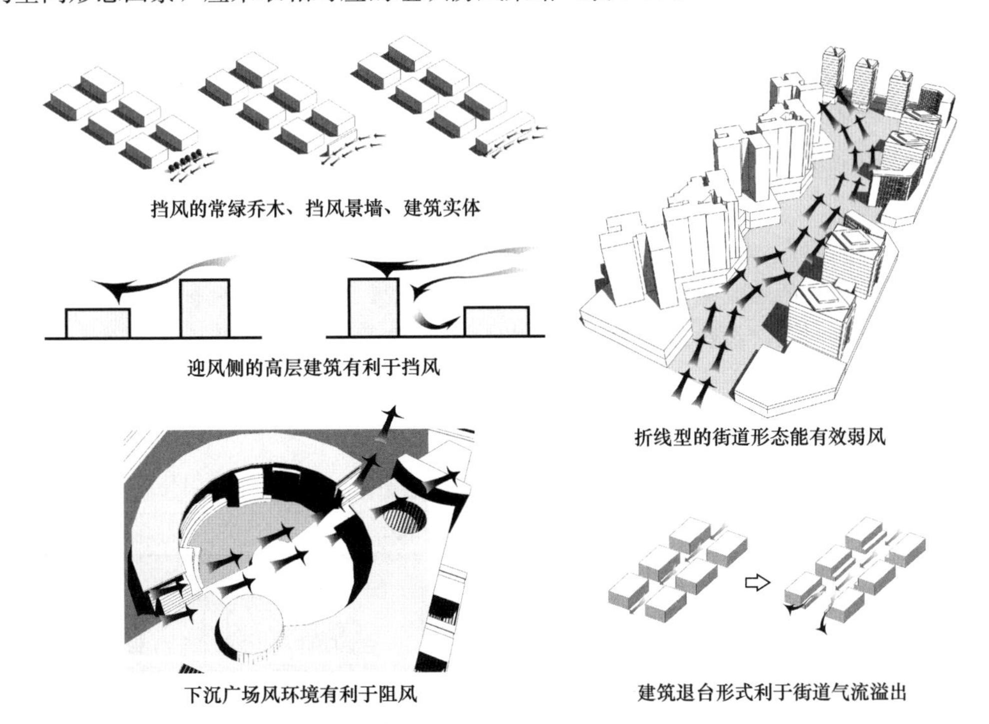

图 4-4 街道空间形态要素的防风策略示意

（资料来源：参考文献［108］）

街道空间形态因素风环境低碳设计策略汇总　　表 4-7

空间形态因素	风环境的低碳设计策略
街道走向	街道走向与主导风向呈一定角度布置，有利于阻挡寒风，并将寒风分成多个支流，有利于节能减排
平面形态	采用折线型、曲线型的街道形态，使寒风与街道界面碰撞，达到对寒风的层级弱化，有利于保持建筑内温度，降低建筑能耗
街道高宽比	高宽比趋于 0.8，街道风环境最优，过小则不能有效阻挡来流风，过宽会形成廊道风，可采用建筑退台的形式降低高宽比
建筑布局形式	围合式建筑对风的阻碍作用较好，实现维持围合建筑内部温度
界面连续度	界面连续阻风效果较好；界面规整利于风环境的稳定
建筑拐角形式	建筑拐角曲线处理可以避免角流的强风
玻璃顶棚	可有效抵御寒风，并起到保温的作用
骑廊	不适宜寒冷地区使用
开放空间形式	开放空间应避开冬季主导风向
植物	运用绿篱或高大乔木组成防风屏障
街廓设施	通过街道立面设施布置，以阻挡强风

资料来源：笔者根据参考文献［105］［109］整理

③ 城市居住区

居住区作为市民日常生活的基本单元，是城市中重要的活动空间之一，其室外风环境质量好坏，对居民的生活品质起着至关重要的影响，与居民的健康、舒适和安全息息相关[110]。

对于严寒及寒冷地区的城市来说，居住区风环境设计主要关注避风防寒以改善冬季室外环境质量。在严寒地区，宜采用混合式和封闭式多层住区，同时应控制住宅建筑的高度，以提高行人高度的风舒适性。[102]刘哲铭等通过建立高层住区建筑密度与居民风寒温度的预测模型，分析了寒冷地区住区建筑密度与行人温感之间的关系，指出高层住宅区的行人温感随着建筑密度的增大，呈现出指数级增长的趋势[111]。因此，对于严寒或寒冷地区的城市来说，提高住区的建筑密度在冬季具有一定的阻风防寒的作用，有利于提升居民冬季室外活动的舒适度。

④ 城市开敞空间

在城市开敞空间方面，严寒及寒冷地区的城市应结合自然地形优化其风环境。为阻挡寒风，应创造围合界面，通过墙体、景物和树木，形成阻风要素，如在城市冬季盛行风方向，配置叶面积指数大、树冠密实的常绿乔木和灌木。开放空间的围合界面与边界开口方面，应根据寒冷城市主导风向，针对不同形态模式的开放空间开口位置，结合围合的边界空间形态设计，提高阻风、防风能力，营造舒适的外部开敞空间[112]（表 4-8）。

开敞空间不同形态要素的设计策略示意　　表 4-8

要素	风环境设计策略示意			
植物群落配置	低树冠树种　高树冠树种 树型的选择	疏林+草坪 疏林、草坪与铺装	东西侧布置乔木+北侧乔草搭配种植 中心铺装，边界树木	常绿密林+草坪 常绿密林与草坪

续表

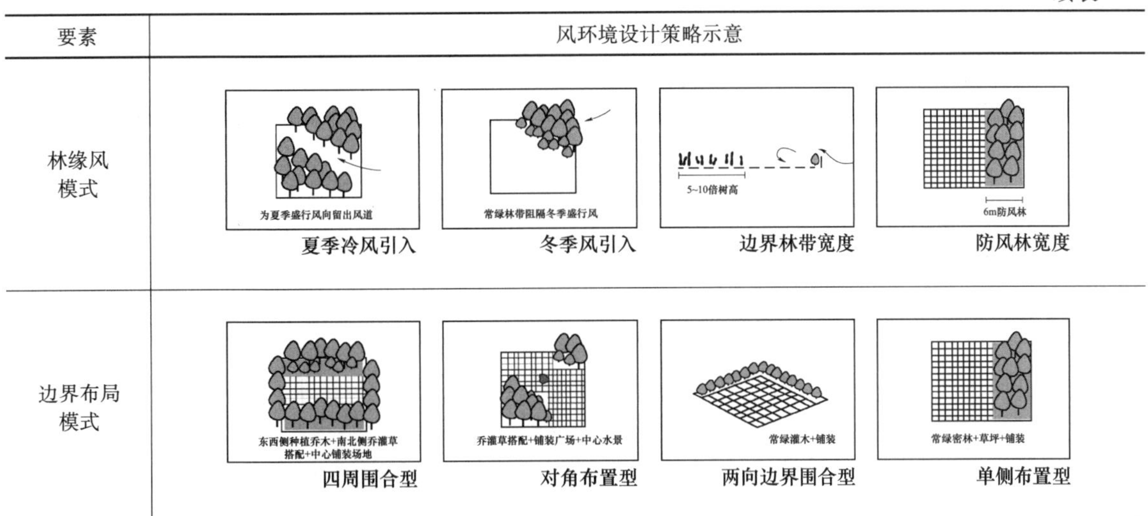

要素	风环境设计策略示意
林缘风模式	夏季冷风引入；冬季风引入；边界林带宽度；防风林宽度
边界布局模式	四周围合型；对角布置型；两向边界围合型；单侧布置型

资料来源：参考文献［112］

广场作为城市重要的开敞空间，可通过调整其绿化种植方式，起到导风或阻风的作用。如，可通过调整绿化种植的位置、方向、结构和数量实现通风目的；又如通过植树形成围合的空间，可对冬季寒风起到阻碍作用（图 4-5）。再如调整种植的竖向结构，也可实现对风向的改变，进而实现导风及控制风的走向。反之，可用茂密的树阵和集中式绿化布置，起到防风效果。树木的防风或通风效果主要与植物的种类、高度、宽度、叶面积指数四个因素相关。

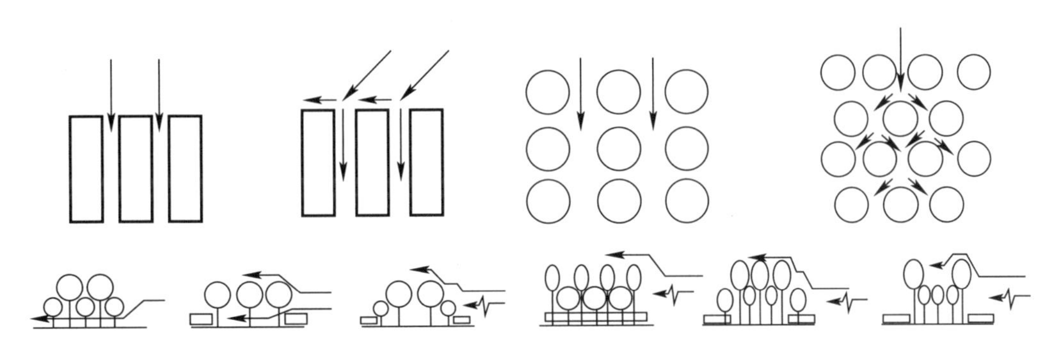

图 4-5　不同绿化竖向结构及平面布置方式对风向的影响

（资料来源：参考文献［113］）

⑤ 大学校园

在严寒及寒冷地区城市的高校校园设计中可通过景观设计达到阻风及防寒的目标。如在满足师生对景观功能、审美需求的基础上，校园的开敞空间应结合地貌在景观节点的上风向布置挡风性小品设施，并通过种植高大植被来疏解冷气流，或通过有高差的场地设计，利用下沉式广场形成避风场所，并利用常绿乔木和灌木来缓解寒风冲击[114]。

校园建筑宜采取围合式的布局形式（表 4-9）。其中，全围合式的建筑阻风、遮风的效果最好，但是容易产生压抑感；开口背离冬季主导风向的 U 形围合式，其遮风阻风效果较好，且视觉舒适度较高，是寒冷城市推荐的教学楼围合形式。

避风防寒主导型城市高校围合式建筑基本类型 **表 4-9**

平行式	半围合式	U形围合式	全围合式

资料来源：参考文献［115］

3）建筑设计

为尽量减少冬季寒风的入侵，需要按照当地的风向及风频布局建筑，冬季主导风向的迎风方向宜布置高大、封闭的建筑群，使建筑面宽方向与冬季主导风向成垂直布置，并采用半围合式的建筑群布局，并避免在这一方向或侧向开口，尽量保证围合部分在冬季主导风向的一侧；在夏季主导风向的一侧开口，或布置体量较小的建筑。

同时，采用点、板式结合和疏密有致的规划手段，即在来流方向上，布置板式建筑组团提升挡风效益，减少高层低密度的塔式建筑布局模式，防止其所产生的高层风带来角隅效应和涡流[116]。另外，通过相对封闭的建筑群布局以及板式建筑群的相互遮挡，降低风速。

避风防寒主导型城市的建筑单体，应尽量布置于背风、向阳的南向坡地，减少冬季寒风对于建筑的吹袭，并通过减小体形系数，增加保温隔热措施，以减少建筑外表面的热量散失。在建筑内部空间设计上，应合理布置入口缓冲空间，避免冷风直接进入建筑内部；建筑色彩选择以深色与偏暖色为主；利用厚重、蓄热性能好的建材提升建筑的保温性能，提升窗与门等的密闭性，实现低碳保温与节能的目的。

4.3.2.2 导风与避风兼顾型的风环境优化策略

（1）适应的地区与气候特点分析

导风与避风兼顾型的风环境优化策略，是主要针对我国夏热冬冷地区提出的。该地区具有夏季湿热，冬季阴冷和高湿的特点。在规划设计中，要综合考虑夏季与冬季的不同特点。相对于其他气候区，夏热冬冷地区风环境优化策略更加复杂，城市空间与气候的关系更加难以平衡。值得指出的是，在夏季与冬季的风环境优化策略相冲突时，应通过比较，优先考虑其中最恶劣的气候条件。同时，在夏冬两季的应对策略中，应尽量选取不同的设计路径和环境要素（表 4-10）。

导风与避风兼顾型风环境优化策略的应用地区及设计要求 **表 4-10**

主导策略	辅助策略	建筑气候分区	气候特点	建筑与环境基本要求
导风降温	防寒	Ⅲ	夏季闷热，冬季湿冷，气温日较差小；年降水量大；日照偏少；多阴雨天气，常有大雨和暴雨出现	城市满足夏季防热、通风降温要求，建筑应避西晒，应有利于良好的自然通风，并满足防雨、防潮、防洪要求；冬季应适当兼顾防寒

资料来源：笔者结合《建筑气候区划标准》（GB 50178—93）整理、提炼与加工

（2）导风与避风兼顾型的风环境优化策略

在夏热冬冷地区的城市，城市规划应首要考虑对炎热气候的适应性，兼顾冬季避风防寒。

为统筹考虑夏季导风与冬季防寒的问题，应结合当地的气候特点，在组织城市通风廊道的基础上，构建城市完整的蓝、绿生态网络，引导区域内风的流动，利用湖泊、水面等冷源，缓解城市热岛效应，有效降低高温天气的不利影响；同时，可在建筑群及单体建筑层面，采取有利于冬季遮风防寒措施，充分考虑人体舒适度，基于不同尺度的设计方法，解决夏季降温与冬季防寒这一相矛盾的问题。

1）宏观层面的城市风环境设计策略

① 基于城市空间结构的风环境设计

为达到导风与避风兼顾的目的，夏热冬冷地区的城市空间结构应在夏季主导风向上采用分散式、多中心的布局方式，促进城市内部气流通畅，通过风场分割城市热岛。为实现冬季防寒的目的，应在冬季主导风向上采取紧凑的布局方式，形成有利于阻挡寒风，降低采暖能耗的布局[117]。

② 城市整体形态与高度分区控制

在城市整体形态方面，夏热冬冷地区的城市应在夏季主导风向上保持通畅，避免大体量与高大板式建筑阻挡通风，同时应顺应夏季主导风向，适当布置与其有一定角度的导风型板式建筑，配合绿化布局，形成区域的通风廊道，引导风的流动；在冬季主导风向上，则宜设置高大的板式建筑群，形成较大的建筑迎风面，阻挡冬季的寒风。

③ 城市绿地系统

在夏热冬冷地区，城市绿地应根据其不同的系统类型特征（表 4-11），因地制宜地布置在城市的不同位置，同时，应建立完善的城市蓝、绿系统，以达到导风与避风兼顾，降温与防寒相结合的目的。在绿地系统规划中，应注意树种的选择，如在城市冬季主导风向的上风口选择枝叶茂盛的密植型云杉等树种，形成防风绿化带，以阻挡冬季寒风；在城市内部则选择树干高大的行道树，有利于夏季的遮阴[117]。

城市公共绿地低碳布局体系布局类型 **表 4-11**

绿地系统类型	作用	特征
辐射状	导风	绿地以"楔形"连接城市内部绿化系统，引导城市通风
带状	避风	在城市外围起到防风、挡风的作用
环形	避风	多分布在城市的外围，以挡风和调节城市微气候
矩形	导风	将城市面状绿地与街区绿化网络相连接，促进区域通风
混合型	导风与避风兼顾	将上述几种绿地类型相结合，采用与地形、水面相结合的形式

资料来源：参考文献［117］

④ 基于城市路网布局的风环境设计

在夏热冬冷地区，冬季多盛行北风或西北风，夏季则多盛行南风或东南风。街道走向直接影响到城市通风效果，应首先考虑有利于解决主要矛盾（即夏季防热）的规划布局，并结合建筑群的设计，以适应全年的风向变化。因此，导风与避风兼顾型的风环境设计，应根据当地的主导风向，处理好道路朝向与夏季主导风向的关系；并采用道路与冬季主导风向的夹角大于 30°布局，实现有效阻挡寒风侵袭的目的[118]。

2）中观层面的城市风环境设计策略

① 基于街道空间设计的风环境优化

对于城市主要道路，为达到街区夏季散热以及冬季减霾的效果，应提高街道的天空可视度，促进街区的通风；对于城市次要道路，为兼顾冬季防风，可适当降低天空开阔度。

② 建筑群层面的风环境低碳设计

建筑布局应尽可能地采取点式及行列式相结合的布局方式，在满足人行道及开放空间遮阳的同时，形成通风廊道引导城市通风。同时，夏季主导风向上布置小体量的建筑，有利于降低建筑的迎风面积，减少对通风的阻碍；在冬季主导风向上方，则宜布置围合式建筑群或大体量建筑[119]。在建筑风场中的风速切变区和角隅区，植栽比硬质防风墙有更好的防风效果，其孔隙在风场中有显著的缓冲作用[120]，因此，宜采取种植树木的方式，以起到化解涡流、平稳风速的作用。基于防风与导风不同功能需求的城市空间布局策略，可参见表4-12。

基于防风与导风不同功能需求的城市空间布局策略　　表4-12

布局内容	防风型功能需求	导风型功能需求
选址与地形	背风面南山腰或山谷	空旷处、山顶与山侧
城市结构	紧凑型、同心圆、内聚式	松散型、放射式、串珠式
街道走向	避免与主导风向平行	考虑与主导风向平行
竖向分区	周边高、中间低的马鞍形	迎风面低、背风高的台阶式竖向布局
外部空间	减少外部空间	外部空间系统化布局
街坊布局	封闭型周边式	点状均布布局
建筑形式	封闭、少洞口	架空、开敞

资料来源：笔者自绘

③ 基于景观环境设计的风环境优化

为满足夏热冬冷地区夏季降温、冬季挡风防寒的需求，城市的开敞空间应在冬季主导风向上种植常绿乔、灌木，以发挥其风屏作用；并在夏季主导风向上，通过种植高大的落叶乔木，将上部的气流导入街区的行人高度；利用湖泊、溪流、湿地等调节区域温度，改善局部气候环境。

3）微观层面的风环境设计策略

尽量在夏季的迎风侧布置开口，或设计建筑的对开口，引导空气流通，实现夏季防暑降温及节能低碳的目的；同时，为优化建筑局部的风环境，可在建筑尖角处增加缓和风速的表皮，减少建筑周边涡旋[121]。外窗采用节能玻璃和导热系数低材料，对冬季迎风面的外墙进行加厚处理，选用自保温材料以减少热量的损失，提高建筑门窗的气密性以促进建筑节能[122]。

4.3.2.3　导风驱热防沙型风环境优化策略

（1）适应的地区与气候特点分析

导风驱热防沙型风环境优化策略主要应用于干热地区的城市（表4-13）。

干热地区城市天气以晴朗为主，低降水率、高蒸发率，植被稀疏，有频繁的悬浮粉尘状况。晴朗的天气导致气温白天受到太阳能的短波辐射升温迅速，夜间则由于强烈的长波辐射而快速降温，因此昼夜温差大。在降水量很低的环境中，低云量的气候提高了蒸发率，导致该地区城市反射率高。植被覆盖率低导致该地区缺乏树荫。悬浮的沙尘经常持续数小时到数天，使大气质量变差。[123]因此，必须通过内聚、围合、阴影、高密度、提高绿化覆盖率的规划方法，达到低碳—低污优化微气候环境的目的。

导风驱热防沙型风环境优化策略应用地区及设计要求　　表 4-13

主导策略	建筑气候分区	气候特点	建筑与环境基本要求
导风驱热防尘	ⅦC 区	大部分地区夏季干热，冬季寒冷，气候干燥，风沙大，雨量稀少；太阳辐射强烈；吐鲁番盆地酷热；年温差和日温差大	城市与建筑应特别注意防风沙，夏天部分地区应兼顾防热。建筑加强密闭性，围护结构宜厚重

资料来源：笔者结合《建筑气候区划标准》(GB 50178—93) 整理、提炼与加工

(2) 导风驱热防沙型的风环境优化策略

① 风环境优化策略的提出

干热地区城市的风环境优化策略是：城市应选址于山体迎风坡，或建造在较高海拔的位置，避免将城市建造在低处或狭长的谷地，宜选址在近水源的地方，以达到良好的通风和降温的目的[124]。在城市空间结构方面，宜采用“紧密集中—多中心、组团式与功能自平衡”的空间结构，减少不同功能区之间的距离，达到防风沙和避免居民长时间在室外暴晒的目的。同时，将固体污染物露天堆场置于城市下风向，远离居住区和主要城市公共开放空间[124]。

为避免沙尘侵袭，干热地区城市宜建于风沙源地的上风向，并在城市外围种植一定宽度的城市防沙林带[125]。防护林应种植抗风能力强且枝干坚固的常绿树，以在恶劣的气候环境下达到防风固沙的效果。

干热地区城市的街巷系统宜采用狭窄、曲折线形，并垂直于主导风向或与之形成较大的角度，以阻碍风沙流动，通过降低风速的规划设计方法，减少强风对居民生活的影响。对于道路、停车场等开放空间，可以采取周边种植茂密的植被等防风防尘措施。[126]

根据干热地区城市户外气候炎热的特点，为增加夏季室外环境的热舒适度，在街区层面，街坊宜紧密布局，使道路处于阴影之下，建筑群外部封闭，墙体厚实，内部应开敞布置，多种植物与布置水面，形成有增湿功能的建筑布局。街区绿化配置方面，在干热多沙地区主导风向的上风向处，可以通过种植常青树、建立防风墙等形式形成屏障，有效缓解大风的侵袭[127]并大量种植行道树，使城市开敞空间得以遮蔽。同时，充分利用屋顶及建筑形成阴影区域，以减少热辐射，形成良好的外部活动环境，达到优化微气候环境的目的。建筑设计响应包括：设计多层墙壁和屋顶，充分利用建筑材料的热惰性调节昼夜温差；适当减小开窗面积以减少夏季炎热气流导入；夜间通风和蒸发冷却；紧凑的围护结构形式和高反照率材料，以适度传热，整合屋顶和过渡空间的门廊和露台进行遮阳处理。[126]

另一方面，为避免太阳的直接照射，应尽量利用城市地下空间，发挥土壤的隔热效能。同时，应重视绿化与水体的降温作用，增大渗水性地面和道路的面积，争取雨水下渗，减少城市地表水的流失，强化被动式蒸发降温的效果，通过改善湿度条件，缓解城市热岛效应[126]。

干热地区的建筑高度分区的规划设计策略为：应在城市来流风向上，按照建筑的高度和体量，从高到低、从大到小，逐层布置；同时，为阻挡主导风向的大风侵袭，建筑布局宜采用围合式的布局，以增加建筑的迎风面积，并防止风沙的侵袭。同时，建筑的入口应避开主导风向，

且避免位于易产生“狭管效应”的高层建筑之间[125]。

为降低大风对街坊内部的危害，减缓建筑的下冲风对行人的影响，往往采取建筑退台或增加裙房的设计。同时，在建筑南侧种植夏季枝叶茂盛、冬季落叶的植物，在开放空间周边大量种植绿化植被，利用阴影遮挡太阳辐射（图 4-6）。

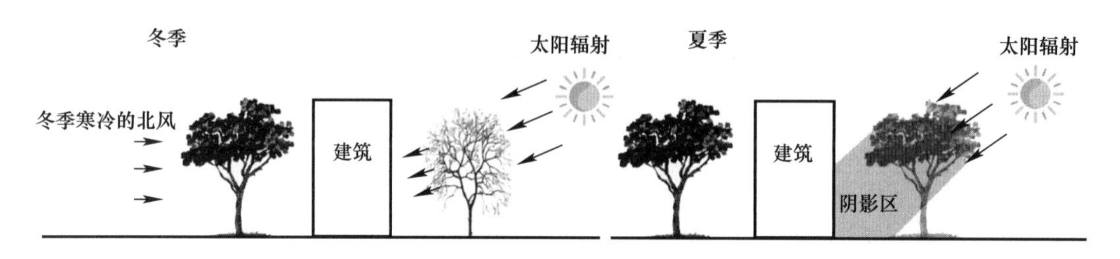

图 4-6　植物阻挡冬季寒流（左）以及夏季遮挡太阳辐射（右）示意图

（资料来源：参考文献［128］）

在干热地区的建筑单体设计方面，建筑的外墙开窗应布置在高处，并选择较小的窗地比，由于这些地区往往日夜温差大，可利用热惰性较好的材料砌筑厚实的墙体，使白天的得热到晚上缓慢释放，并利用浅色墙面、反射性强屋顶和粗糙纹理，有效地降低太阳辐射所引起的高温。同时，采用退台式屋面和穹形屋顶，尽量制造阴影区，避免过多的太阳辐射。最后，通过有效而巧妙的捕风装置，提高了室内的热舒适度，达到有效降低空调能耗的目的。

② 基于“疏、防结合”的风环境改善策略

干热城市如克拉玛依市、兰州市等，其主要的风环境问题为：夏季和过渡季城市局部地区风速过高，缺乏相应的防风措施；兰州由于处于河谷地带，冬季风速不满足驱散污染的需求，因此，应结合当地气候特点，充分避免不利的地形因素，遵循疏、防结合的原则，通过合理的规划布局策略，提升风环境的质量。

为达到导风、驱热与防沙的要求，干热地区应结合城市绿地建设，以城市防护绿地、公园及道路绿化为主，防风林的构建应与西北风向相垂直或夹角不小于 45°，形成网络状布局；在高密度城区内，构建垂直夏季主导风向的导风廊道，并在街区内部，构建相对密集的窄巷式微型风道，促使空气流通，并在廊道两侧布置茂密的植被，形成网廊交织绿化降温防沙系统。

在植物配置方面，防风林、绿地应采用常绿乔木、落叶乔木和灌木高低搭配，提升防风效果。同时，针对干热城市内部风速较大的空旷处以及建筑边角等区域，可通过设置挡风墙，种植乔、灌、草相结合的复层绿化，以改善区域微气候环境[129]。

4.3.2.4　导风除热与驱湿型风环境优化策略

（1）适应的地区与气候特点分析

导风除热与驱湿型风环境优化策略主要适用于夏热冬暖地区与温和地区。该地区具有温度高（平均温度在 18 ℃以上），年降雨量大（降雨达到 750 mm），潮湿闷热（相对湿度大于 80%），以及年平均温度和湿度相对稳定等气候特征。该地区最显著的气候特征出现在夏季，该季节平均温度一般高于 25 ℃，日夜的温差小、湿度大。

由于该地区经常处于气温高、日温差小以及无风和少风气候环境中，加上雨量大和湿度高等气候特征，易产生闷热、湿气过大的环境，导致人体排汗困难并出现中暑等现象。当城市布局不能适应该区气候时，往往进一步导致微气候环境的恶化。

因此，在这些地区必须重视城市风道的规划，引入海陆风、山谷风等局部环流，增强城市的自然通风调节能力，改善小气候环境，降低城市温度和大气污染浓度（表4-14）。

导风除热与驱湿型风环境优化策略的应用地区及设计要求　　表4-14

主导策略	建筑气候分区	气候特点	建筑与环境基本要求
导风除热	Ⅳ	该区长夏无冬，温高湿重，气温年较差和日较差均小；雨量丰沛，多热带风暴和台风袭击，易有大风暴雨天气；太阳高度角大，日照较小，太阳辐射强烈	城市须满足夏季防热、通风要求，宜开敞通透，充分利用自然通风；建筑物应防西晒；注意防暴雨、防洪及防潮。冬季可不考虑防寒、保温
导风驱湿	Ⅴ	该区立体气候特征明显，大部分地区冬温夏凉，干湿季分明；常年有雷暴、多雾，气温的年较差偏小，日较差偏大，日照较少，太阳辐射强烈，部分地区冬季气温偏低	城市注意通风和湿季防雨，应有较好的自然通风；建筑应防潮，可不考虑防热

资料来源：笔者结合《建筑气候区划标准》（GB 50178—93）整理、提炼与加工

（2）导风除热与驱湿型的风环境优化策略

在湿热地区，良好的通风是提高该地区舒适性的重要条件，而通风不畅、气流阻塞和停滞是该地区面临的主要微气候环境问题。因此，导风除热与驱湿型的风环境设计要点是：注重城市开敞空间的自然通风和创造遮蔽，利用“开敞、分散、通风、低密度和遮阳”的规划策略，提高行人的热舒适度，并缓解城市热岛效应。[126]

1）基于城市总体形态的风环境低碳设计

① 基于城市空间结构的风环境低碳优化

该地区的城市宜采取“分散式”“组团式”“带形”等空间结构。其中，组团结构城市布局更有利于风环境的优化。

组团式城市可以利用山体、河流分开组团，形成由水陆风、山谷风或林缘风引起的局部气流，特别是在上风向形成的湖泊、坑塘水体、湿地与大型冷源型绿化，可以使每一组团式城市片区通过局部环流，切分污染源，并降低高密度城市中心的地表温度。同时，在城市区域内应避免大规模的建筑集聚，以防加剧热岛效应，建议尽量采用松散、开放的城市结构形式，使周围的绿地像手指一样伸入城市中心区[130]。通过这种城市结构，促使城市热岛由单一热核中心，向多个次高温区域转变，实现如图4-7所示通过局部环流，缓减热岛效应，并达到导风驱湿的目的。

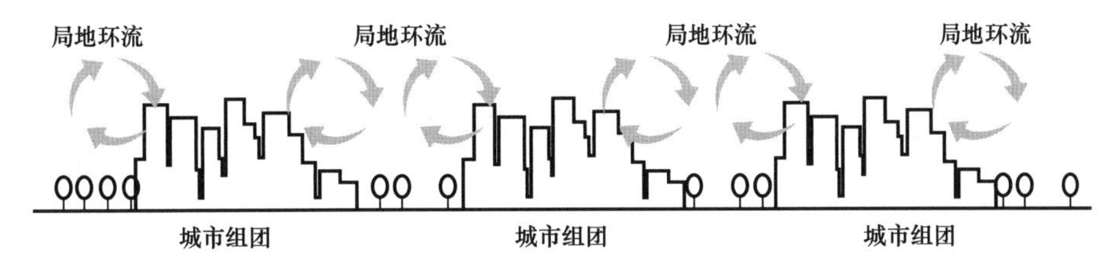

图4-7　城市组团组织方式产生的若干局地环流

（资料来源：笔者根据参考文献［130］改绘）

② 基于城市空间形态的风环境低碳优化

城市形态是导风型城市风环境设计的关键要素，其对风环境的影响范围较大，无论在宏观或微观层面，优化和调整城市形态都可以形成较为理想的风环境，并有效除热与驱湿，提升环境舒适度[131]。

为保证风顺利地进入城市内部空间，导风除热驱湿型城市应避免均一高度的竖向分区形式，最好采用“金字塔形”而非“盆地式”布局形式，尽量避免在垂直主导风向方向上风向，布置大体量的板式高层建筑，宜将城市长边，垂直夏季主导风向展开，通过缩短城市的进深，便于“郊区风”进入城市内部空间，发挥除湿降温的作用。

同时，导风除热驱湿型城市的居住及公共建筑布局应选择在相对平坦的地段，避免因地形产生的气流阻滞，并积极利用季风等大气环流以及地形、地貌不同所形成的局部环流，如山地城市布局则应充分利用山谷风，沿海地区的城市则可以利用海陆风。

为提高城市导风除热效能，城市宜采用方格网型的路网，使主要干道与夏季主导风或盛行风的风向平行，并采取较低的城市密度，以加速热量的扩散。

③ 城市通风廊道的设计

城市通风廊道的规划首先应考虑廊道的宽度问题。一般来讲，城市主通风廊道的宽度应不小于 150 m，次通风廊道的宽度不小于 80 m，只有宽度达到相应标准，才能达到通风散热效果；走向也是通风廊道需要考虑的重要因素，相关文献表明[132]，廊道走向最好与夏季主导风向平行，或两者之间的夹角小于 45°，才能更好地保证通风廊道对自然风的引导作用，达到缓解城市热岛效应、提高室外环境舒适度的目标。同时，城市通风廊道也应体现分级控制的原则。其中，城市主要通风廊道是根据城市总体布局，结合城市的主导风向，充分利用城市中的地形、河流，以及考虑城市中建筑迎风面面积最小的区域布置的。它起到将城市边缘区的自然风引导到城市内部的作用，往往连接市域内大型的生态斑块，如城市公园、水体等，通过连接城市次级通风廊道，充分利用生态系统促进热量交换，提高城市通风效率[133]；城市次要通风廊道应以道路、广场、绿地等开敞空间为载体，与城市主要通风廊道相连，在此基础上，通过科学合理规划建筑功能布局，将气流进一步引导至街区内部，实现空气高效流通。同时，风廊道的入口应结合城市的开敞空间布置，减少风的阻力，使郊区的气流能顺利导入城市内部，形成街区尺度气流循环的有效组织。通过构建多层级的城市通风廊道系统，可以改善街区和街坊层级的风环境质量。

为使城市的通风廊道建设得到落实，应对各通风廊道的控制要素提出具体的指引要求（表 4-15），如优化通风廊道两侧的建筑布局方式及平面形态，采用小街廓、密路网的空间布局方式，控制相对较低的建筑密度。

在街道层级，应适当增加街道开口与宽度，并采用尽端开放和分散式的建筑布局；充分利用街道两边不同高度的建筑组合，或利用绿带、河流连接城市外部空间，以提高城市的通风效率[134]。

风道控制要素的低碳指引要求 **表 4-15**

控制要素	具体控制要求
风道宽度	主要风道宽度不低于 150 m，次要风道宽度不低于 80 m，保证城市通风效率，提升内部空气流通效率，减少对空调等设备的依赖

续表

控制要素	具体控制要求
建筑形式	建筑应尽可能与主导风向平行，引导城市通风，并采取底层架空等方式提高透风率
建筑体量	为降低建筑对通风的阻碍，风道入口和出口处应布置低层小体量建筑
绿地、广场空间	绿地、广场等开敞空间应与通风廊道系统串联，位于风道的入口位置的开敞空间应保证其开阔度
风道临界面	风道界面由建筑、绿化等要素构成，应具有一定的通透性，疏导来流风

资料来源：笔者参考参考文献［135］整理

2）高密度城市中心区的风环境设计

在香港、广州等湿热地区城市的中心区，建筑与人群密集、交通量大，造成该区域内大气污染严重、热岛效应明显。因此，这些区域可利用导风驱热的风环境优化技术，并采取相应的导风措施，如迎风区入口周边的建筑应考虑放射式布局，并减少出现大型板式建筑群，保证导风口的通畅；通过加大路网密度等方式，连通高密度建筑的街道，优化该区域的风环境。

建筑密度是风环境主要的影响因素之一，当建筑密度较大时，意味着将形成较大的迎风面面积，它直接影响街区的通风效能。因此，在湿热地区的高密度城市中心，可用高层建筑替代多层与低层建筑，通过降低建筑密度的办法，提升建筑的平均层数，提高街坊的空隙率，并通过低层与高层及不同密度的建筑组合，形成多类型的风道（图 4-8）。

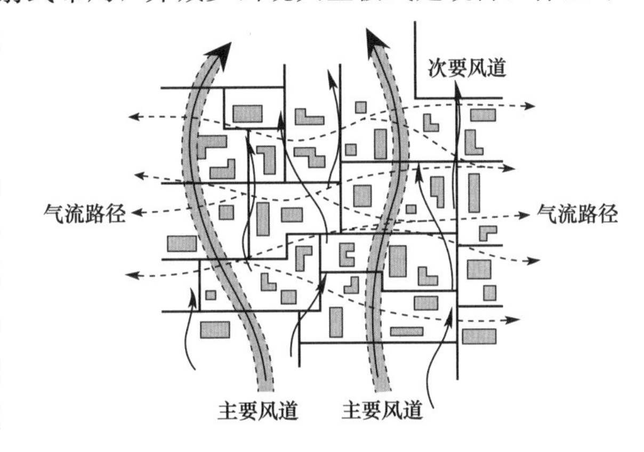

图 4-8 形成多类型的风道

（图片来源：参考文献［136］）

此外，可通过拆除风道控制线内的建筑、设计街区级通风廊道，提高路网密度、降低街区迎风面面积，调整街区空间形态，形成平行夏季主导风向的开敞空间；并通过拆除高密集街坊中部建筑等方式、提升街区的透风率等措施，优化高密度旧城区风环境，改善区域的通风性能，缓解高密度区域的城市热岛[137]；同时，利用底层架空的方式，改善行人高度处的通风状况。

3）街区层面的风环境设计

在街区尺度应重点控制建筑形态及其组合方式，即流线型建筑的形态优化，降低城市下垫面粗糙度，从而优化地块内部的通风，提高街区行人的舒适度。

在街区中建筑布局方面，当建筑的长边与主导风向平行时，应在主导风向的上风向预留一定的开敞空间，以引导气流进入街道内部[138]；同时，在连续的建筑体块上，保持一定开口率，并且满足一定的宽度要求，引导气流进入组团内部，提高街区内部的通风效率[118]。

在高密度的城市街区内，可以通过在街区主导风向入口处增加绿地、广场，即布置开敞空间的方式，引导来流风顺利进入街区，增加街区的进风量；在此基础上，通过设置带状绿地、增加建筑后退距离的方式，使街区内形成一定的通风廊道，提高其通风能力。

为促进街区的通风，高密度街区的建筑界面可采取前后错落的方式，保持适当的建筑间距，以满足通风的需求；同时，街区建筑布局应基于开敞、分散的原则，避免形成全封闭的围合空间，优先采用行列式、点式布局，并松散、分散地布置高层建筑，以便将城市上空的冷风导向地面，改善近地层的通风状况，提升城市室外活动区的热舒适质量[139]。

4）基于建筑形态的风环境设计

在建筑形态方面，为降低大体量建筑对来流风的阻碍，可以通过分割大体量裙房，优化高层建筑体型等手段，形成建筑群之间的通风廊道，它有利于引导风场并放大风速，保障建筑的通风降温，降低建筑能耗[140]；另一方面，气候炎热的南方地区经常利用底层架空这一布局方式，它可以有效消除对人行高度的气流阻碍作用。在实际设计中，可在封闭街谷空间两侧，加大建筑底部架空比例，也可以通过不同层数之间建筑架空的方式，构建不同高度的通风廊道，增加街坊内部的进风量，进而避免产生大范围的“风影区”，并有效减少建筑前后的涡流区面积。

建筑结构设计方面，往往利用开敞的平面和较大的建筑开口率，或通过出檐深远的建筑外廊、阳台和遮阳板，有效组织通风和降温[141]（表4-16）。同时，采用架空屋顶，并充分利用建筑上部空间通风，如利用框架结构支撑屋顶，并使用隔扇墙不砌筑到顶，使房屋的上部形成通风的空间。亦可通过用楼梯间形成穿堂风，把季风引入室内，实现调节室内热舒适度的目的。再是利用建筑内部的庭院，结合通风和采光功能，强化自然通风。

导风驱湿除热型建筑设计的原则 **表4-16**

规划内容	设计要求
群体布置	争取自然通风，间距宜稍大，布局宜自由，防止西晒，规划环境绿化及水域
建筑平面	外部宜开敞，布置天井与庭院及凉台；采用条形或竹筒形平面形式
建筑措施	遮阳、隔热、防雨、防潮、防霉，争取自然通风
建筑形式	开敞轻快，通透淡雅
材料选择	轻质隔热材料，铝箔、铝板及其复合隔热板
自然能源利用	夜间强化通风、被动蒸发冷却、地冷空调

资料来源：参考文献［142］

在湿热地区还可以通过建筑平面、剖面优化处理，将自然风引入室内，如选用隔热性能良好且轻质的材料做外围护结构，利用梁柱框架体系，灵活划分建筑空间；并把建筑群前后的门窗对开，采用可开启的通风门窗隔扇，形成对流的穿堂风；同时，用各种轻型隔扇代替内墙，达到分隔空间和通风的目的。

4.3.3 基于典型地域性局部环流特点的低碳规划优化策略

城市中的自然风主要来源有大尺度与中尺度两类，大尺度的风源前文已讨论。中尺度的风源是指由于局部地域热力因素不均导致的局部环流，典型局部环流主要包括山谷风、海陆风与城市热岛风等。这些局部环流与季风不同，是以日为循环周期的中等尺度的气流变化。表4-17是该类环流的风速、风向与影响范围的特点分析。

局部环流的类别与特点一览表 **表4-17**

局地环流的类别		发生时间	风速	风向	影响范围
山谷风	山风	白天	0.3～1.0 m/s	山坡→山谷	厚度300～400 m
	谷风	夜间	1.3～2.0 m/s	山谷→山坡	厚度300～400 m

续表

局地环流的类别		发生时间	风速	风向	影响范围
海陆风	海风	白天	3.0～5.0 m/s	海洋→陆地	深入陆地 20～40 km 厚度 1000 m
	陆风	夜间	1.0～2.0 m/s	陆地→海洋	延展至海洋 8～10 km 厚度 100～300 m
热岛环流			1.3～1.8 m/s	郊区→城市	

资料来源：笔者自绘

城市风环境除了受大尺度大气环流与季风影响外，海陆风、山谷风等局部环流的影响也不可忽视。如处于环渤海的京津冀地区，大气环境同时受到海陆风、山谷风等因素影响。有时海陆风可渗透到离海岸 200 km 的陆地，山谷风有时会影响到北京城区。而城市热岛环流一般仅仅影响市中心区方圆几十公里的范围，并起到削弱前两种环流的作用。由于山地、海陆及城市下垫面物理性质的不同，形成海陆风、山谷风等局部环流不同的日变化特征（表 4-18、表 4-19）。

夏季不同时刻 3 个环流的变化以及耦合形成的水平风场辐合带特征　　表 4-18

局部环流的类别	2：00	8：00	14：00	22：00
海陆风环流	刚刚转向的陆风	极盛的陆风	刚刚转向的海风	旺盛的海风
山谷风环流	旺盛的谷风	正在转向成山风	旺盛的山风	正在转向成谷风
城市热岛环流	弱	渐增	进一步增强	减弱
水平风辐合带	不太明显	存在	不太明显	存在，明显

资料来源：参考文献 [143]

不同环流的性质以及相位差　　表 4-19

局部环流的类别	作用强度和范围	周期性	180°转向	周期变化相位差（以海陆风环流变化为参考系）
海陆风环流	大，深入内陆 100～200 km	有/24 h	有	0
山谷风环流	次之，主要位于山地平原结合带，有时可深入平原数十公里到 100 km 左右	有/24 h	有	约 6 h
城市热岛环流	小，城市局域对上述两种环流有破坏削弱作用	有/24 h	无	无相位

资料来源：参考文献 [143]

其中，海陆风白天较强，晚上较弱，与山谷风相位差大约为 6 h。在三种环流的耦合作用下，产生京津冀地区春夏型和秋冬型两种不同的环流类型，形成与地形等高线相吻合的风场辐合带，并影响了京津冀地区的大气质量。

因此，巧妙利用这些气流，是创造良好的城市环境、实现低碳节能的重要方式与技术手段。

4.3.3.1 山地风源特点与适应性规划策略

山地环境是指具有山地地形特征，地形高低起伏变化，适宜城镇人居建设的山地、丘陵、高原等的场地综合概念。山地环境作为我国的典型地理环境，包含丘陵、山地、高原等地貌特征，占我国总面积的三分之二。其中，山地城镇约占全国城镇总数的 1/2，典型的山地城市有重庆、青岛、十堰、万州、遵义和贵阳等。它们具有地形地貌复杂、城市结构分散，组团式布局、城市空间起伏大、以自然景观组织城市等特点[72]。山地城市与平原城市在交通布局、空间结构、环境特征等多方面均存在较大差异（表 4-20）。由于其风环境特征及类型与平原地区不同，必须对其影响因素进行深入分析。

山地城市和平原城市在空间环境上的比较 表 4-20

城市类型	地形	城市结构	交通组织	空间关系	景观组织	环境特征
山地城市	山地、丘陵（坡度>5°）	分散式结构，组团或带状式	自由式、自由放射相结合	三维空间，错落变化	自然景观居多	自然山水
平原城市	平地（坡度<5°）	整体结构，单核集中式	方格网式、放射式	二维空间，平坦统一	人工景观居多	城市小环境

资料来源：笔者参考参考文献［144］整理

影响山地城市微气候的因素包括宏观气候环境要素和微观环境要素。宏观气候环境要素包括大气环流状况，城市所处的纬度、海拔高度、山脉走向等，这是对山地城市微气候最重要的影响因素。微观环境要素主要包括山形、地势、水文、地质以及下垫面特点等[145]。从风环境来看，影响山地城市的除了大气环流外，还有山谷风。

（1）山地地形要素与风环境形成机理

1）山地环境的地形要素特点

山地环境具有与平原环境不同的地域特征。不同的山地类型，如沿海山地、高海拔山地、高纬度山地、低纬度山地等，其气候与景观特点及交通与人居环境均有不同。不同山地类型之间的比较如表 4-21 所示。

山地的地理位置及对居民点的影响 表 4-21

山地类型	气候与景观特点	交通与人居环境特点
沿海山地	海拔较低、气候温和	道路网和居民地较密
高海拔山地	气候寒冷，多雪山，空气稀薄	交通不便、人烟稀少
高纬度山地	气候寒冷，多雪山；坡面较缓，山顶浑圆，多为黄土质；谷宽且河少，树木集中在民居周边	道路较少，河道弯曲，村落多依丘陵或傍谷，布局较密
低纬度山地	气候较热；陡坡谷窄、山背狭窄，山顶较尖；多溪流，谷底多为稻田，山丘树林较密	道路多为山村小路，村落散布与山坡或山脚

资料来源：笔者自绘

根据地形地貌划分，山地地形可分为凹地形和凸地形，细分为山脊、山坡、山谷以及山沟。

山体有坡顶、坡中、坡底三类不同的位置。其中，坡顶包括山顶与山脊两种类型；坡中也可分为山崖和山腰两种类型；坡底则可划分为山谷、山麓和盆地三类[146]（图 4-9）。

图 4-9 坡位类型示意图

资料来源：参考文献［146］改绘

根据山地城市所处的不同地形特点，一些学者分析了山地典型城市的地貌特征、道路系统特征和结构布局等特点（表 4-22）。

山地城市的不同地貌与城镇结构布局 表 4-22

地貌特征	影响城市形态的主要因素	城市整体坡度	城市结构	道路特征	风环境特征	代表城市	城镇结构示意图
槽谷地貌	水体	较缓	“带状”城镇	平行水体、蜿蜒展开、平行顺滑	容易产生峡谷风	攀枝花	
脊岭地貌	山体	陡	“团状”城镇	平行等高线、线形回环、高程相差大	山顶风速大，背风处易产生涡流	重庆渝中半岛	
沟梁地貌	沟梁	较陡	“串珠型”城镇	盘旋迂回、线形屈曲、竖向起伏大	容易产生静风区	万州、奉节、忠县	
丘陵地貌	人工轴线	缓	“格网型”城镇	纵横为主、局部弯折、线形平直	南坡夏季凉爽	贵阳、安顺、垫江	

资料来源：笔者根据参考文献［147］整理

2）山地地貌影响下的风环境特点

山地复杂的地形地貌特征导致山地出现与平原不同的局地环流现象，该区域的风向与平原地区盛行风的风向差异很大。学者卢济威、王海松指出，迎风坡、山顶两侧及背风坡不同位置的风速差别较大[146]。其中，山顶和山体两侧的风速最大；在迎风坡下部风速减弱；在山丘的背风面风速最小；同时一些山谷会呈现出静风率较高、年均风速较低的特点，有的地区静风频率甚至达到 40%；受山谷风的影响，近地层的风环境复杂，风向散乱而不规则。此外，由于地形的阻挡，相邻地点的风向往往不一，甚至会出现反向气流的现象。当风向与山谷走向相接近时，受“狭谷效应”影响，导致狭窄地段风速变大，在山的背风坡面及山凹处，则常出现静风区。

3）山地风环境类型及形成机理

山地风场归纳可为基本流场、局地环流和地形逆温三种基本类型[146]。

① 山地风环境的基本流场与分区分析

根据山地地形及与风环境的关系，可以将山地风环境分为迎风坡区、顺风坡区、背风坡区等基本分区（图 4-10）。

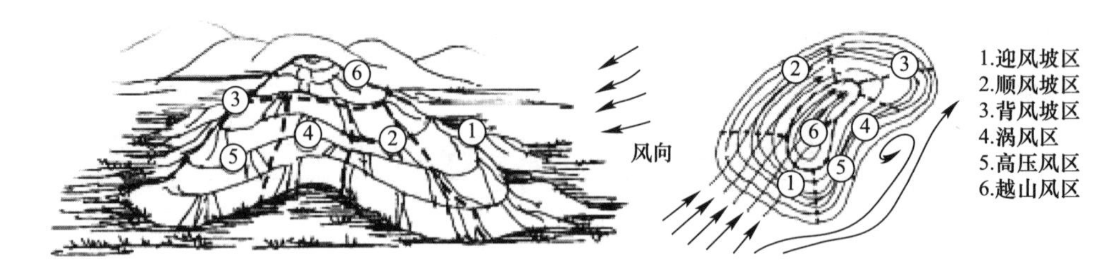

图 4-10　山地风环境的基本分区

（资料来源：笔者根据参考资料［146］改绘）

各分区的具体含义可用表 4-23 予以说明。

山地基本流场类型及特点　　**表 4-23**

山地基本流场内容	特点
迎风坡区	迎着风吹来方向的山坡区域
顺风坡区	山坡走向与风向平行的区域
背风坡区	背向风吹来方向的山坡区域
涡风区	山坡内凹形成的气流回转的区域
高风压区	迎风坡区两侧气流受挤压加速区域
越山风区	山顶及山脊处气流所掠过的区域

资料来源：参考文献［146］

各分区的风场流动的规律为：在主导风的影响下，迎风坡面的近地气流处于爬升态势，使气流受到挤压，风压增加的同时，也使风速变快。从风压及风速的时空分布规律看，风压在山脊处最高；在走向与风向平行顺风坡区及山体的两侧，由于气流受挤压，风速加快。

处于迎风面背后的山体，由于下坡处的气流流经的风道截面增大，导致压力减小，风速变慢，同时，该处的风向会向下逆转，其风向逆转的幅度与坡度有关，坡度越大，逆转的幅度越大，形成的涡旋区也越大。在背风坡山谷洼地会形成风影区。

山地风基本流场是整个山地微气候的主导因素，也是决定山地城市选址和布局应考虑的重要环节。

② 山地环境的局地环流

对山地城市微气候产生影响的风场除了大气环流外，还有局地环流如山谷风等的影响[72]。局地环流的产生机理是由于山地城市的土壤、植被、地形以及其他下垫面性质的差异导致不同区域受热不平衡，再加上人工要素的叠加影响，产生了各具特色的区域风环境。在山地城市中，山谷风、山坡风和顺转风是局地环流的几种常见类型[146]。

a. 山谷风

山谷风这一局部环流是因热力性质差异形成的（图 4-11）。由于山体地势高，日间受到日光照射，形成热源，导致谷底向山顶的上升气流，形成谷风；但在夜间，山体比山谷散热快，将形成反向运动的气流即山风。

山谷风的日变化规律明显，即在白天吹谷风，夜晚则吹山风；山谷风转换期在日出和日落前后，此时谷风与山风将交替出现，形成风向不稳定、风速很小的谷风或山风。它会造成山地城市的污染源无法排出的现象，在污染物循环积累过程中浓度不断上升，并造成大气污染。

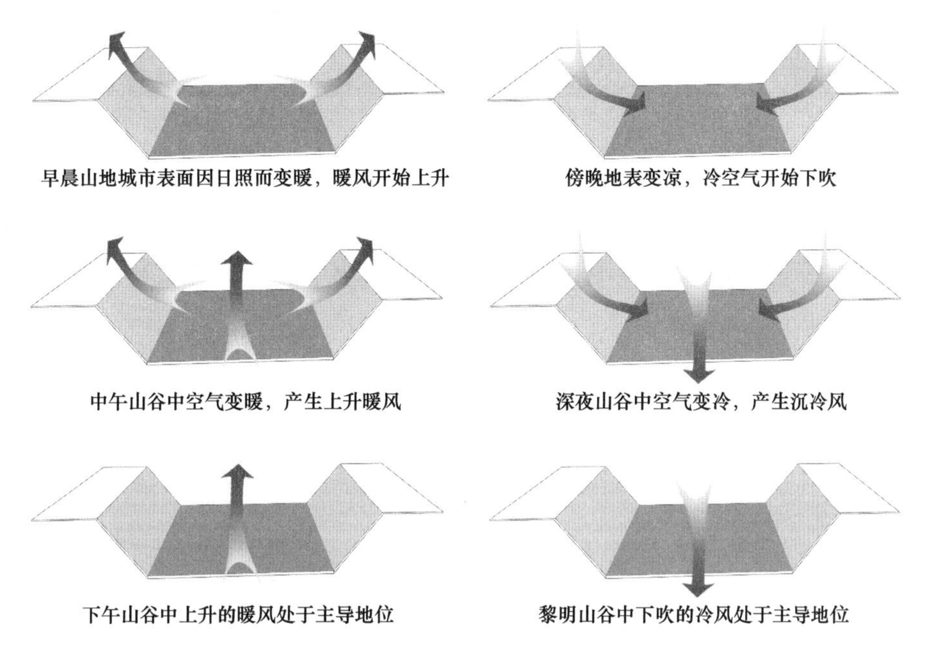

图 4-11 山谷风形成与运动示意图

（资料来源：笔者自绘）

b. 山坡风

山坡风即山体坡面上的风，分为上坡风和下坡风两种类型。在白天阳光的辐射下，山坡升温速度较快，导致暖空气上升，冷空气下降，形成上坡风；相反，在夜间条件下，坡面的散热较快，坡面表层的大气温度较低，逐渐下沉至谷底，形成下坡风。

c. 顺转风

除了山谷风和山坡风外，山地风场还会出现顺转风现象。顺转风即在山谷四周的风向沿顺时针转动，出现上午为东风，中午为南风，傍晚又出现西风的现象。其形成机理是：在周围均为山坡的山谷中，由于向阳坡比背阳坡温度高，在相同高度上，存在水平的热压差，从而产生风自背阳坡向阳坡吹的环流现象（图 4-12）。

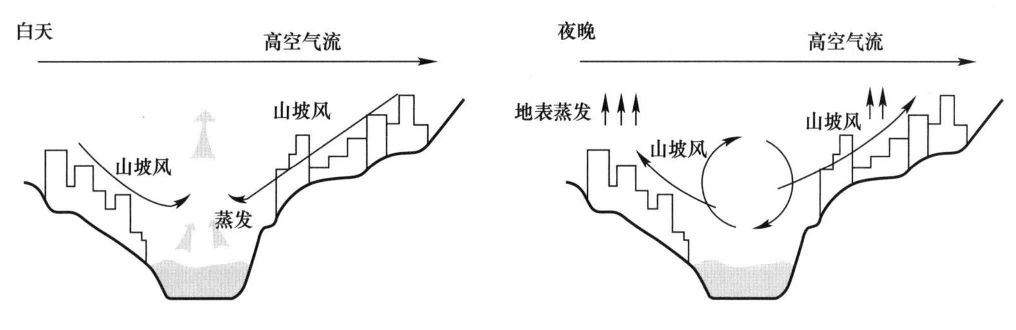

图 4-12 顺转风形成原理

（资料来源：参考文献［146］）

山地地形逆温是山地的局部温度随高度上升而升高的现象。其形成原因是：在山前开阔地带或山谷地带，气流在地形的影响下，山坡迎风面将形成风速减慢滞留区；同时，夜间山坡上的冷空气顺坡和沿山谷下沉，谷底暖空气上升，在这些因素共同作用下，形成了逆温现象。逆温区下部的气流流动缓慢，易形成近地层污染空气难以稀释和排放的大气污染现象（图 4-13）。

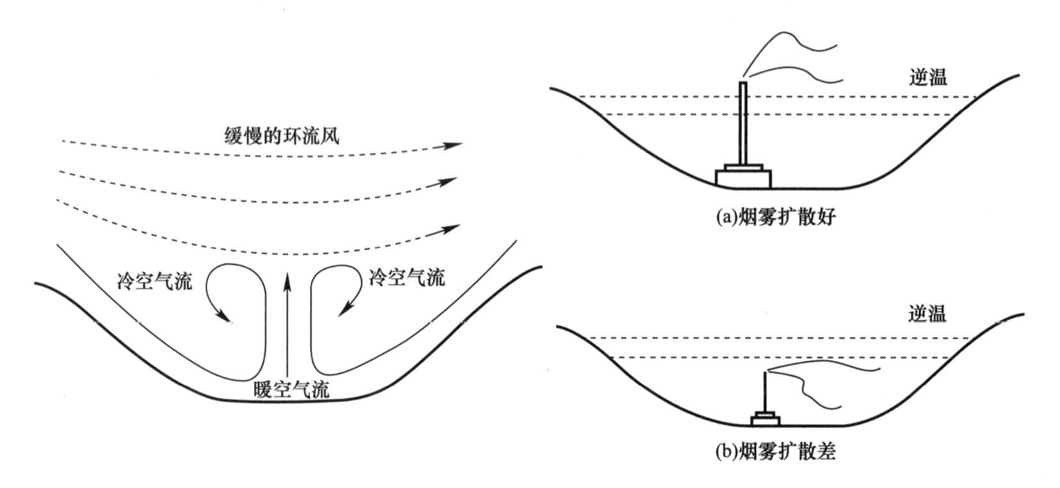

图 4-13　地形逆温形成原理示意

（资料来源：参考文献［146］）

受山谷风的影响，山地城市风环境的垂直结构比平原城市复杂，研究结果表明，山地城市的风环境随着高度变化产生明显的变化，即下面受地形影响较大，上面为梯度风；随着高度改变，风向、风速均变化明显。实际上，山地风场是盛行风背景下多因素叠加的结果，其风场结构复杂，并呈现时空变化特点。

③ 山地城市风环境的相关影响因素

除了山地大尺度的地形变化外，山地城市风环境的影响因素还包括中微观尺度的自然因素和人工因素。自然因素包括地理区位和滨水环境等。

由于纬度、高程及气温的不同，不同山地城市对通风的要求不同，对日照的需求也有很大的差异。这些差异也反映到设计规范上，例如我国的东北和西南山地城市的日照及建筑设计规范就差别较大[145]。同时，建筑的日照间距的差异，也将影响建筑密度和布局形式，进而对区域内的风环境产生影响[148]。

我国不少山地城市临河或临江水而建，有利于形成良好的山水意境，优质的滨水空间也能改善人居环境品质。由于水体上方的空气流动，将改变周边地区微气候；水面与陆面的散热能力不同，容易形成局部的热压差，进而影响周边一定区域的湿度和温度，改变局部地区的风环境[149]。

人工因素包括城市结构与布局形态、建筑群及单体空间组合形式以及山地植被及人工绿植方式三个方面。

在山地城市的结构与形态的布局规划中，城市的空间结构与布局形式尤为重要，它直接影响山地城市的风环境质量。在山地城市中，由于地形的影响，除了较少的集中布局外，大部分为分散式布局，常见的包括带状、串珠状或网络状等结构形式，这些结构形式能较好地适应地形，也容易形成适应山地风场的微气候条件件。

良好的建筑通风设计能提升节能减排的效率。由于山地地形复杂，使不同建筑在组合后会产生丰富多样的组群形式，形成复合端流风场，影响局部的风环境[150]。同时，设计建筑单体时，应考虑场地的通风条件，一般来说，街区的风环境品质会受到建筑面宽、高度以及与主导风向夹角的影响，因此，在山地城市中，应避免产生不利于街区通风的风墙，以及再生风的影响[151]。

山地城市植被类型丰富，当风流经不同的植被覆盖密度的地段时，会受到不同的摩擦阻力，形成不同的山地城市风环境。同时，在山地环境中，城市的绿化覆盖率的提高能够减弱城市的热岛效应，形成舒适的生活环境。对山地城市而言，绿化的优劣更直接影响区域的环境品质。不同的植物配植方式在场地中会产生不同的微气候，不合理的搭配会对区域风环境产生恶劣的影响。

④ 风环境和山地地形对山地城市规划的协同影响

a. 对城市污染物排放产生影响

在山地环境，由于局部环流的出现，使风向和风速分布不均，形成的循环往复式环流将产生倒灌式污染，它导致工业污染及生活污染难于扩散。同时，这种风环境特点也不利于地面热空气的流通，使山谷中容易形成静风区并导致逆温现象频繁出现，而大气中气溶胶的形成，将进一步更加重这种污染现象[8]。

b. 对城市局部微气候形成影响

城市微气候环境不仅受地表、水域和绿地等水平面的影响，还会受到山体、建筑所形成的垂直面的影响。在山地城市，地表起伏不平，且存在高低错落的建筑群与大量的街谷空间。由于山体高大和高层建筑密布，使地表粗糙度变得很大（图 4-14）。如重庆这一类的西南山地城市，由于受城区密集建筑和市区周边的山体的影响，大多数区域风速变小且分布极不均匀。

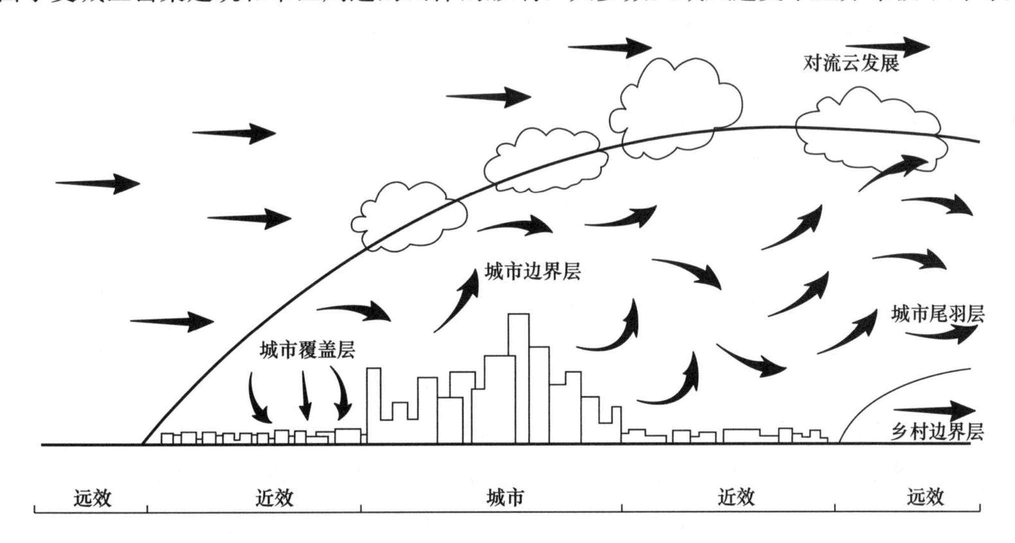

图 4-14 城市高低错落的建筑群对气流的影响示意图

（资料来源：参考文献［8］）

另外，由于建筑群外部空间界面的材质不同，产生了热反射性能的差别，对城市下垫面吸收太阳辐射有直接影响。同时，城市下垫面的不同材质，其蓄水性对水分的蒸发或蒸腾影响很大。这些都是影响山地城市温度、湿度、风速和风向的因素[152]。

（2）适应山地风源特点的规划布局策略

1）结合山地风环境特点的城市总体布局优化策略

① 契合气候特征的城市建设选址策略

山地城市风环境设计应在明确地形气候特征的基础上，充分利用山谷风等局部环流，合理地采取规划对策，优化城市不同功能区的风环境。根据不同的气候分区，考虑城市建设选址策略。例如，为增强通风效果，湿热地区的城市宜建造在气流流经的向阳坡地；为达到防风目的，寒冷地区的建筑不宜建在山脊和坡顶处，而应建在背风坡，并利用树林、地形的凸起或周围建筑作为防风屏障，防止山顶的大风影响，并避免谷地夜晚产生“冷湖”现象[153]；同时，利用山体及高层建筑，实现引风、挡风、排污和遮阳等微气候优化目的。

② 符合山地城市地貌的空间结构优化策略

在城市空间结构方面，团块型的城市不利于空气流动，也对带走城市地表的热空气不利，容易形成较强的热岛效应。因此山地城市的风环境优化宜结合地形，采用带状、串珠、组群式等有利通风的城市空间结构，有机疏散高密度人群，降低城市热岛的能级及量级。以多中心的城市布局减少纵深，使城市与城郊周边的乡村、农田、山林等自然的接触面更大，使自然风更易于到达建成区。

③ 结合地形地貌的产业结构优化策略

山地城市规划中应当合理调整产业结构，减少能耗，实现低碳转型。根据不同的风环境调节要求，结合山形地势布置功能分区，将居住、商业和文教区等布置在通风良好的迎风坡和平缓的山顶，避免布置在容易产生气流堆积的背风坡、多雾的低洼地等地段。

此外，必须在结合地形地貌的基础上，严格控制在形成山谷风地区的污染性工业布局。将热负荷大和污染性强的工业区布置在远离商业区和居住区的夏季主导风向的下风位置。在规划中，工厂或密集的建筑群不宜布置在背风坡处，避免山风在通过起伏的地表时，由于山体阻挡，在背风坡形成反向下降性漩涡，造成污染空气在背风坡高浓度聚集，并形成城市局部热核。

④ 结合自然要素的山地风环境优化策略

山地城市规划应当充分利用周边自然地形，把握地形与微气候耦合规律。根据山地的微气候特征进行地形分类，分析山谷风产生的冷热气流产生、流经的路径，认识峡谷或山坳等地形的气流特点以及城市功能区空气交换规律，处理好自然风道系统及污染空气所流通路径的关系。

在山地城市生态布局中要依托原有自然山体、江河、湖泊与湿地，重视公园与绿地建设，扩大绿化、水面与广场的面积，充分发挥绿化、水体的除尘、降温作用，同时提高城市下垫面透水地面的比例，削弱城市的热岛效应。在建筑设计层面可以采用立体绿化布局手段，以“占天不占地”的方式，增加高密度城区绿化面积，改善城市生态环境，利用自然环境本身的生态弹性来调节山地城市中的风环境。

总的来说，山地城市的总体布局应当尽可能地利用原有环境气候条件，根据山地城市气候特点，通过自然山水要素整合和生态规划，利用山林绿地与江河湖泊水系，达到通风、排热和控制大气污染的目的，营造舒适、怡人的山地风环境。

2）山地条件下通风廊道体系优化提升策略

城市通风廊道的构建对于夏季城市通风以及冬季污染物的排散具有重要意义，山地城市的地形地貌特征较为复杂，其通风廊道的构建应根据山地风环境特点以及山地的生态要素、社会经济、功能要求等特征，从城市、功能片区和街坊三个层面提出规划策略[154]。

① 城市层面——多尺度通风廊道体系构建

在城市层面多尺度通风廊道体系构建中，山地城市规划应结合区域的气候条件，根据当地的主导风向，利用河流、山谷等自然地形组织风道；在道路系统的规划设计中，应结合地形优化路网设计，充分考虑道路布局对通风的影响，并利用开敞空间和低密度建筑区域等因素，组织人工系统的风廊，规划多层级的山地通风廊道体系，为山地城市营造出更加适宜的风环境。

② 功能片区层面——高度分区控制及街巷系统设计

不同功能区内建筑群的高度、宽度及组合方式是影响山地风环境的重要因素。高度分区的不同，可以改变局部区域的风向，而对建筑群之间相隔间距的控制，也能削弱狭管效应的不利影响。因此，可以充分利用山地地形条件和建筑的功能布局，控制不同功能片区间的高度，形成高低有序的城市天际线和竖向空间布局；同时，适当地提升高密度区域的开放空间，适度形成与山地坡向垂直的街巷系统，并控制周边建筑高度，进而促进气流进入基地内部[155]。

③ 街坊层面——建筑组团尺度分割策略

在湿热地区的山地城市，建筑群因结合地形布局，尤其是在主要通风廊道和冷空气补偿区附近，要避免因建筑组团的围合度太高对气流流通形成阻碍，或形成连续风影区；同时，应结合山地地形变化布置建筑，避免平行于等高线的大体量板式建筑对山谷风的阻碍。应当结合山地地形，分割大尺度的建筑体块，同时，使建筑组团的开口方向朝向山地环流流向，通过降低组团的围合程度，利用建筑以及场地的高度差异，形成气压差，改变局部风场。

3）结合山地风环境特点的建筑布局优化策略

① 建筑布局与山地地形相适应的风环境优化策略

山地城市的建筑布局应遵循因地制宜的原则，在条件允许的情况下，应当尽可能地采取“背山面水，坐北朝南”的模式。在“背山”情况下，由于山体阻挡，可以保护建筑免受冬季寒冷气流的侵袭；朝南的布局模式也能使建筑获得充足的日照；而在“面水”条件下，可以利用形成的河陆风，促进建筑的通风散热。[156]

② 不同建筑组合的风环境特点及适应范围

周边式建筑布局适用于气候较为寒冷的北方山地环境。由于周边式的建筑布局较为封闭，风速较低，在寒冷地区有利于提高室外环境舒适度。但对于南方湿热地区的山地城市来说，封闭的建筑群会导致气流滞留，不利于建筑通风。

对于需要通风、除湿和防霾的山地城市，行列式和错列式布局产生的风环境品质会优于周边式布局。特别是与主导风向平行的行列式建筑布局，气流经建筑组群时受建筑物的阻碍较小，并可以形成一定的通风廊道，加速气流的移动，有利于驱散污染物，改善区域的空气质量。

点群式布局通风效果最佳，且对场地的要求较低，可以适应大部分山地地形，不会对原有的场地关系造成破坏，是一种在湿热地区山地城市设计中可优先考虑的布局形式。

4.3.3.2 海陆风的风源特点与适应性规划策略

滨海城市是指拥有一定海岸线，对于海洋资源有依赖背景和发展关联的城市。滨海城市具有独特的地理优势和资源优势，造就了发达的城市经济和文化，也形成了大量的人口与建筑高密度聚集区。我国著名的滨海城市有上海、天津、大连、秦皇岛、青岛、烟台、连云港、宁波、温州、厦门、深圳、三亚、海口等。

滨海城市除了应关注大气环流与季风对当地气候的影响外，也应重视海陆风对城市布局的影响。沿海城市在风环境规划中，应结合大气环流和局部环流特点，特别是应充分利用海陆风这一优质风源，结合气象数据及城市所处的地形和地势，科学进行城市通风廊道的规划建设，合理布置城市主要的气流入口位置，引入周边海陆风清洁气流，缓解高密度城市中心热岛效应，减少交通对空气的污染。因此，科学认识滨海地区的环境特征与海陆风形成机理，提出适应海陆风风源特点的规划布局策略很有必要。

（1）滨海地区的环境特征与海陆风形成机理

1）我国滨海地区的风环境特征

滨海城市由于自身特殊的地理位置，受到海域风和陆域风的双重作用，滨海地区的风向随昼夜更替而变换，形成海陆风。海陆风是指发生在海陆两侧不同下垫面上的一种局地大气物理现象（图 4-15）。海陆风在沿海地区影响比较明显，不仅会改变局地气候，还会影响到大范围的空气运动。其中，海风全年风速较大，最大风力可达 5～6 级，通常可深入陆地 20～40 km；陆风风力一般不超过 3 级，在海上仅仅扩展 8～10 km。国家气象局的资料表明，在东南沿海，达到 3 m/s 风速的时间每年大约有 4000 小时，有些年平均风速地区甚至可达 6～7 m/s 或更高[157]。海陆风易在日温差大且海、陆温差也大的地区形成，因此，海陆风在热带地区最明显，中高纬度地区相对较弱。我国海岸线由南向北，海陆风逐渐减弱。此外，在我国南方较大的几个湖泊湖滨地带，也能形成较强的“水陆风”。

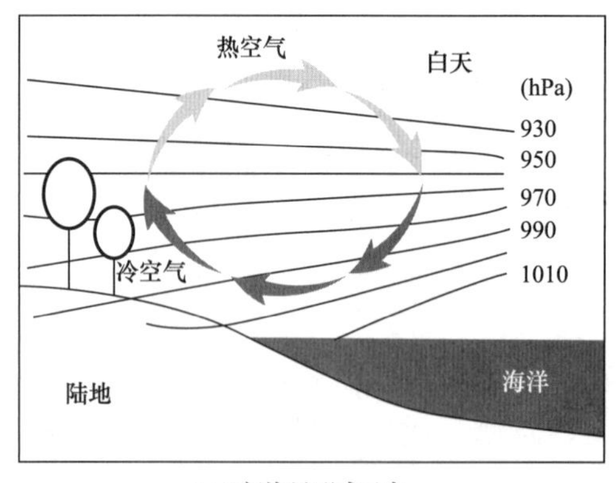

(a)日间海风形成示意

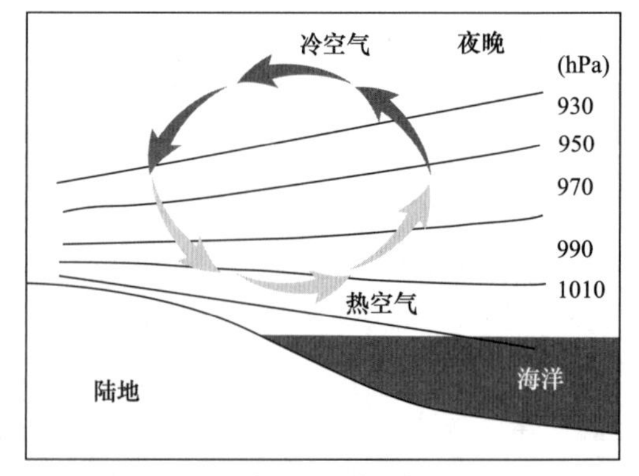

(b)夜间海风形成示意

图 4-15 海陆风形成示意

（资料来源：参考文献［158］）

海陆风在一些滨海地区对城市微气候影响很大，一些滨海城市的盛行风往往是海陆风。如渤海湾西岸的海陆风夏季比冬季强，同时，海风比陆风强。在天津市塘沽区，海陆风的频率年均 41.2%，而且各月的频率变化幅度很大，为 17%～59%[158]。

2）海陆风形成原因及影响因素

海陆风是因海陆温差的存在而产生。形成海陆风的影响因素除了气象条件外，还有沿海的地理因素。地理因素对其形成起到更关键性的作用[159]。地理因素包括地理位置和地形，它不但决定了海陆风的强度，而且是决定海陆风是否形成的关键性要素。其中，陆域与海域面积大小、地形因素（如半岛、海岛或海湾）是影响海陆风的又一个重要因素。同时，滨海城市存在高密度的人口与建筑聚集区，这些都对原始的风环境造成了很大的改变。表 4-24 是海陆风与滨海地形的关联耦合关系总结。

海陆风与滨海地形相关关系一览表 表 4-24

地形特点	地形特征	海陆风的特征	影响原因	实例
半岛地形	向海长而窄的半岛	海陆风出现的频率小	陆地面积太小，海陆温差小，不利于形成海陆风	大连、北海
	大面积的半岛	海陆风出现频率大，陆风持续时间长，海风从周边的海面吹向陆地，持续时间短	三面吹来的海风使陆地降温快，导致陆地风时间长于海风	山东半岛
海岛地形	小型海岛	海风大、陆风小，海陆风出现的频率小	陆地面积小，降温快，导致海陆温差小，不利于形成海陆风	平潭岛
	大型海岛	海陆风出现的频率大	当陆地面积和海域面积均大时，导致海陆温差大，有利于形成海陆风	海南岛与台湾岛
海湾地形	小型海湾	海陆风频率小，海风风速大、海风的主风向频率集中，陆风主风向频率分散	海湾过于狭窄，对海陆温差的形成不利，海湾喇叭口的急速收缩使气流产生文丘里效应	江苏赣榆、浙江乍甫
	大型海湾	海陆风频率相对大，海风风速大、海风的主风向频率相对分散，陆风主风向频率集中	大的海湾对海陆温差的形成有利，并有利于气流的交换	天津
海峡地形	狭窄的海峡	海陆风的生成频率小。狭管作用明显，风向顺着海峡吹，最多风向频率高度集中	产生海陆温差的水域较狭窄，受两岸陆域温度变化的影响大，对海陆风的生成不利	琼州海峡
形态不同海岸线	凸形海岸线	海风环流加强，陆风风向将分散	向岸气流会形成辐合，使海风环流加强	
	凹形海岸线	海风环流减弱，而陆风环流加强	向岸气流是辐散的，使环流减弱	
山地型海岸线	缓坡型岸线	海风环流的强度增加	热力驱动形成的坡风与海风环流混合，会使海风环流的强度增加	
	陡坡型岸线	海风向内陆的延伸，使其强度减弱	陡坡阻碍海风向内陆的延伸，使其强度减弱	

资料来源：笔者根据参考文献［87］提炼、加工整理

（2）适应海陆风风源特点的规划布局策略

海陆风是滨海城市重要气象资源，也是创造生态宜居的重要环境条件。因此，必须重视和巧妙结合沿海地区城市布局，最大限度利用这一资源，避免其不利影响，为改善城市环境起到

良好的作用。

在近海城区的功能布局中，应根据当地气象资料，明确海陆风的风向与热岛防控，以及污染扩散的关系。特别是规划滨海城市时，当工业、商业或生活居住的功能区邻近布置时，应考虑海陆风影响下的污染物的时空分布特点，避免工业和仓储的污染源对生活、办公区的影响。同时，结合不同季节的盛行风风向，合理进行路网结构规划，在满足交通功能前提下，使道路路网的形式与方位能满足导入海陆风的要求[158]。

在国土空间规划中，滨海城市大都采用沿岸线带状分布模式，应科学进行功能分区。除了布置一定的生产与生活岸线外，应结合河川入海口、滩涂湿地和候鸟栖息地等，进行陆海统筹，划定生态红线，留出一定的生态廊道，保护滨海生态环境，为优质风源产生区提供生态保障。同时，应避免交通设施、港口以及工业区等占据大部分岸线的现象。

在城市道路布局方面，滨海地区宜采用道路垂直和平行于海岸线的道路系统规划；在海湾型城市，应形成放射式的路网布局，使之充分利用海陆风，起连通纵深方向次级风道的作用。同时，通过绿带、河流等廊道连接城区，提高城市绿网连接度。

滨海城市沿岸自然风光优美，往往伴随而来的是近岸高强度的开发与建设。因此，在国土空间规划中应优化城市竖向布局，控制滨水界面的开发强度，将城市天际轮廓线布置成中间高两边低的形式，形成由上风向到下风向依次升高，城市中心最高，然后渐次降低的格局。

在街区规划层面，应避免在近岸区域布置封闭的街坊格局。街区应保证一定的开口率和底层架空率，采用通透的建筑群布局，控制适当的建筑迎风面积比，同时，建设从海面渗透到陆地的通风廊道，使海陆风能渗透街区和城区，形成滨海景观视廊以及多层次的城市景观界面。

在建筑群规划层面，近海岸地区宜采用高低错落的建筑布局，避免规划和建设成片的高大建筑群，将高层建筑适当远离近岸区域分布，以免形成“风墙”阻碍滨海气流与城市之间的气流交换[160]。同时，在海陆风的主要风道入口 200 m 范围内，建筑宜采用点式建筑组群布局；如采用板式建筑，宜采用斜向并列的布局形式，且建筑间距应能满足通风需求[161]。

环翠邨高层住宅群是结合海陆风布局的一个实例。该建筑群位于我国香港的柴湾区，为导入来自海面的东北风，规划将临海向内陆深入的柴湾道设置为主要风道，风道两侧建筑多平行布置，使东北向的盛行风导向城区内部。同时，为起到良好的导风作用，在柴湾道与东区走廊交汇处，高层建筑群采用了阶梯状建筑组合，形成连续斜置方式，住区开敞空间巧妙结合风环境设计，使高层住宅群本身能得到有效的通风，又达到引导海陆风深入柴湾区城区内部的目的（图 4-16）。

与之相似的是滨江建筑群的布局控制。江湖、河流水系往往是城市重要的天然通风廊道，因此，滨水建筑布局必须预留一定的通道，使之满足夏季盛行风流通，并且能够有效地引导水陆风通过沿岸外部空间和建筑群开口进入城区内部。在滨水区域，需要严格控制建筑布局形式、建筑立面和高度分区，保证滨水建筑群与外部空间之间有适当的开敞度，在滨水地段一定进深范围内，建筑应以中低层为主，配合适当多层建筑，尽量避免板式高层建筑的出现。此外，应控制滨水建筑的迎风面面积的大小，以形成良好的景观渗透效果[161]。

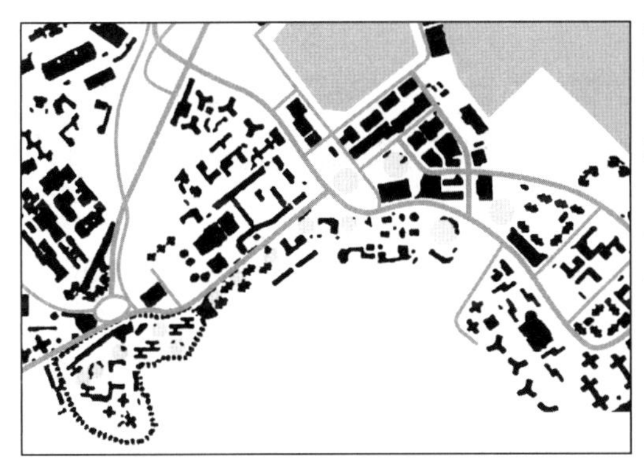

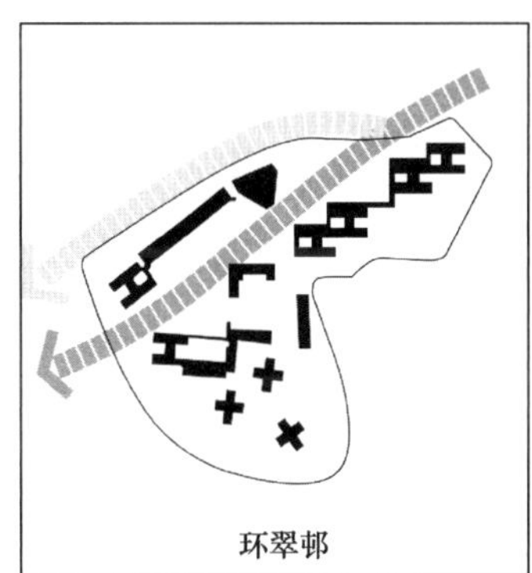

图 4-16 环翠邨外部空间与风道示意

（资料来源：参考文献［162］）

4.3.3.3 热岛环流与城市风环境规划策略

（1）热岛效应的形成机理与城市风效应

城市热岛效应是指城市中的气温明显高于外围郊区的现象。在生态学视野下，可以认为：“热岛效应是自然生态系统在城市人工生态系统强烈干预下，在城市范围内，引起热环境失衡所产生的局部温升的现象”。

热岛效应的时空分布表现出“周期性＋空间分布不均＋密集区集聚＋分时性”的特征：①周期性——热岛强度存在日变化（即昼弱夜强）、季变化（即夏弱冬强）的规律；②空间分布不均——热岛分布与城市空间结构体现出同步性、一致性，具有由单一热岛中心向多个热岛中心演变的趋势，水平分布特征主要分为单中心式、多中心式、条状、辐射状、格网状 5 种形式；③密集区聚集——人口和建筑密集区多为热核中心分布区，特别是老城区、机场、火车站、工业区、商业区等场所；④分时性——由于下垫面性质的不同，城市地表温度具有分时性，即在白天，热表面温度由高到低为：工业区＞商业区＞机场＞居住＞公园；而夜晚时分，热表面温度由高到低为：商业区＞居住＞公园＞工业区＞机场（表 4-25）。

不同城市功能的下垫面功能属性、特征及热效应　表 4-25

下垫面功能属性	下垫面特征属性	热源分布与热效应
居住用地、商业用地、公共设施用地	以公共建筑和居住建筑为主，人口、建筑密度、容积率大	人为热量释放多，生活耗能集中，热量受建筑阻碍不易扩散，具有增温作用
工业用地、仓储用地	以工业、仓储厂房为主，建筑密度高，容积率较低	工业能耗集中，厂区热源（发电厂、钢铁厂）加大热力强度，具有明显的增温作用
道路交通、广场	以硬质铺地、不透水路面为主	车辆行驶散发热量，具有增温作用
绿地和水域	以绿化植被以及大面积水体覆盖为主	城市冷源，通过蒸腾散热，形成低温廊道，平衡城乡能量与热量交换，规模化后有降温作用

资料来源：笔者自绘

城市热岛环流是因城市热岛效应的影响引起的一种局地环流。城市夜间温度往往比周围的乡村高，因此会形成从周围的乡村往市区吹的一种局地环流。

1）热岛效应的形成机理

从城市热岛形成机理来看，它受自然环境要素、气候要素和人工环境要素的影响[141,163,164]，同时，三种影响要素之间的相互作用也与城市热岛效应关系密切。图 4-17 是人为因素影响下的城市热岛效应形成机理分析图。

其中，人工环境因素对城市热岛效应的影响最为显著[165]。这也就解释了热岛效应是一种人工与自然两种生态系统不和谐所导致的城市局部升温现象。

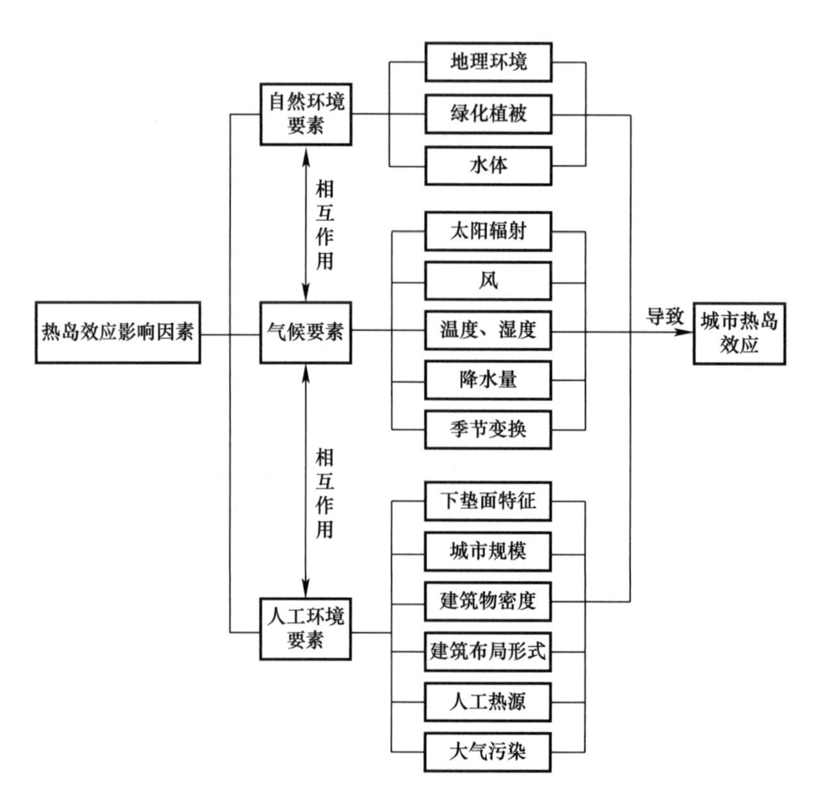

图 4-17　城市热岛效应形成机理

（资料来源：笔者自绘）

热岛强度在时间上呈现一定的周期性，季节变化则在不同地域略有区别（表 4-26）。同时，由于受气候、雨量、云量等相关因素的影响，热岛效应的强度也存在一定的非周期性。

不同气候地区热岛强度随时间变化特征　　表 4-26

城市	气候特点	气候区	地形特征	热岛季节变化特征	热岛强度
北京	夏季高温多雨，冬季寒冷干燥	温带季风气候	平原城市	夏季＞秋季＞冬季＞春季	0.7～1.0 ℃
上海	夏季高温多雨，冬季低温少雨	亚热带季风气候	滨海城市	秋季＞冬季＞春季＞夏季	0.5～1.4 ℃
广州	冬季温暖少雨	热带、亚热带季风气候	平地与丘陵	秋、冬季＞春、夏季	0.4～0.8 ℃

续表

城市	气候特点	气候区	地形特征	热岛季节变化特征	热岛强度
南京	夏热冬寒，雨量充沛	亚热带湿润气候	平地与丘陵	秋季＞夏季＞春季＞冬季	0.5～3.5 ℃
西安	夏季炎热多雨，冬季低温少雨	暖温带半湿润大陆性季风气候	平原城市	冬季＞春季＞秋季＞夏季	
重庆	夏季高温多雨，冬季低温少雨	热带季风性湿润气候	山地城市	春、夏季＞冬季	

2）城市热岛强度的时空演化趋势

近年来，随着城市的发展，一些城市热岛强度逐年增强，热岛效应空间分布不断扩大，上升的速率有一定的增加趋势[166]。一些城市老城区热岛效应基本稳定，但城市新区热岛效应却急剧增强。经研究证实，热岛分布与城市的空间发展同步（图 4-18）。

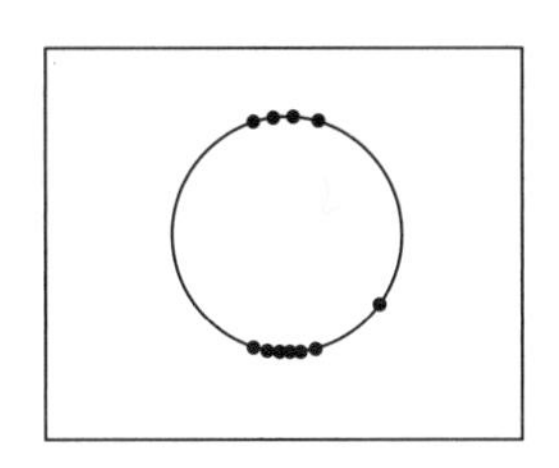
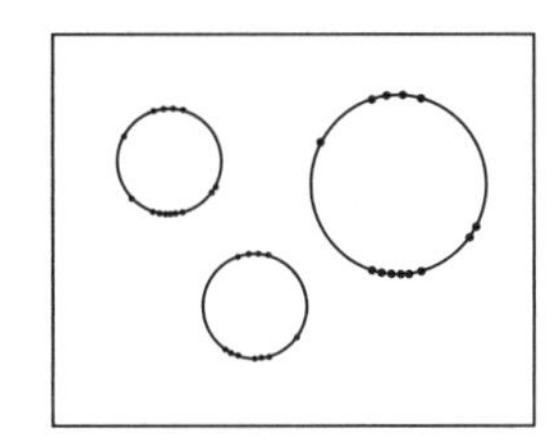
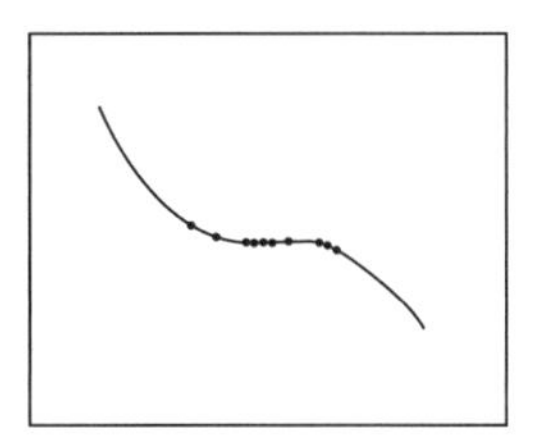
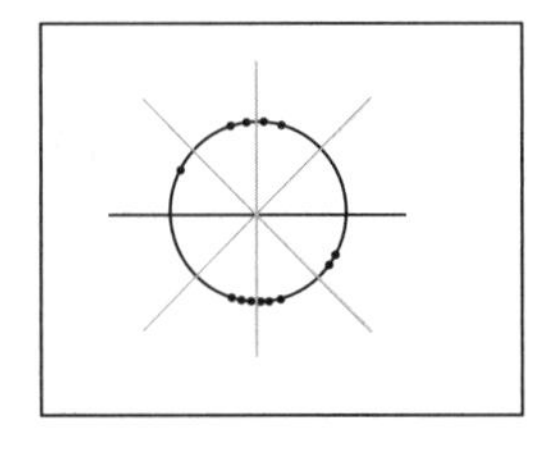
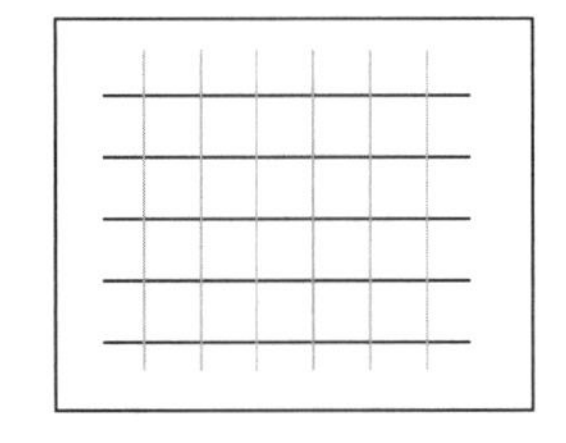

图 4-18　城市热岛水平分布特征
（资料来源：参考资料［11］）

同时，城市和郊区之间的热力通风主要是由热岛效应产生的。当大气环流比较微弱时，由于城市温度比郊区温度高，城郊之间产生空气压力差，形成通风。城市热岛效应越明显，热力风速就越大。从城市热岛的水平分布特点来看，它与城市用地结构类型基本保持一致，随着城市开发强度的加大，一些城市出现新的热岛中心，有从单一热岛中心向多个热岛中心演变的趋势，包括许多大小不一、强度有别的小热岛群。不同热岛类型分布位置也有所区别（表 4-27）。

城市热岛垂直空间分布　　**表 4-27**

热岛类型		位置
空气热岛	城市边界层热岛	建筑物顶层到边界顶层
	城市冠层热岛	地面到建筑物顶层
地表热岛		地表
地下热岛		地表以下

资料来源：参考文献［11］

另外，由于城市风的影响，处于城市下风向处的温度比上风向处要高，出现所谓“城市热羽”的现象。在风速小于 3 m/s时，通常会在城市下风向处出现城市的强热岛中心[167]。研究结果表明，热岛出现频繁的地区多集中在城市人口密集、建筑物密度大、工商业最集中的地区[168]。

尽管城市热岛效应的时间、空间分布均有一些普遍的规律和特征可循。然而，不同城市因地形地貌、城市功能、城市结构、建筑物的密度、类型、建筑材料等条件的不同，显示出不同的城市热岛特征。我们应该根据不同地区的具体情况，有针对性地对城市热岛现象及其伴随的城市环流进行分析。

（2）城市热岛环流特征与作用机理

1）城市热岛环流特征

城市热岛环流是一种重要的中尺度环流，它是由于城市下垫面的动力和热力性能的不同而产生，在静风型或无主型区域，城市热岛环流往往控制着城市风环境，并制约着中距离大气污染状况。

城市热岛环流的作用机理表现在：在大气环流影响较小（地面风速＜3 级）时，在城市热岛效应的影响下，出现城市的热空气上升，在城郊下沉的现象，形成城市与郊区局部的热岛环流。此时，热岛环流成为影响城市风环境的主要因素。热岛环流使郊区的气流不断向城市补充，形成风速为 1～2 m/s、风向为乡村吹向城市的“乡村风”。

从城市内部来看，在季候风影响较弱时，城市的热岛环流也会产生向心运动的气流。这是由于城市中心有大量高密度建筑群，在夜间它比周边密度较低区域降温慢，两者之间的温差导致空气从低密度区域流向中心区高密度区域，填补中心区上升的热空气，从而形成热岛环流。

热岛环流风不是连续均匀流动的，而是有明显的间歇性。另外，如规划布置不当，将工厂布置在热岛环流流向城市的通道附近，由于城市热岛环流的出现，就会造成大气二次污染，致使城市的空气污染更加严重。

2）适应热岛环流的风环境规划策略

热岛环流并非一无是处，特别是对于一些静风频率高的城市。但要充分利用这一局部环流，首先要避免其负面影响，处理好城市污染源的布局关系，避免将污染源布置在主要风道附近。同时，应避免团块式的城市结构和圈层发展的模式，宜采用网络状的城市结构和组群式城市布局模式，并通过连接边缘区与城市内部的楔形绿地系统，结合城市环流的流向，将新鲜空气导入城市内部，达到改善城市通风的目的。

其次，应处理好城市边缘区与自然的过渡衔接关系，保护城市近郊冷空气生成区。城郊是城市和乡村的气候过渡区域，也是局部气流在城市中心与郊区的循环通道。应充分利用市区紧密相连的河流、湖泊水系等微气候调节系统，结合大型景观绿地以及防护绿地的规划布局，连接形成自然通风网络，以加大城市绿地调节气候的有效范围[169]。同时，应充分利用城市内部的局部环流，形成城市内部冷源和富氧空气生成区，改善微气候环境。

城市的富氧空气生成区主要由具备气候调节功能的市区绿地和湿地系统组成。这些绿地和湿地的规模越大，富氧空气生成量就越大。规划设计中要尽量保障这些绿地和水面的有效面积，形成相互交织的生态网络；应保护河湖水系的水质，防止污染源靠近城市富氧空气生成区，提高城市的自我气候调节能力，为创造良好城市环境，提供生态保障[170]。此外，在城市绿地的点、线、面结合的绿地系统中，混合种植针叶树与阔叶树，形成引风、导风通道或阻风的屏障，并提高碳汇能力。

4.4 “源”的低碳引导——控流、控量与控污的富氧风源保护策略

为保证导入城市的气流质量，对优质风源的保护和对大气污染源的防控尤为必要，应根据城市地理与气候环境特点以及城市功能布局，划定其风源保护的核心区、控制区的空间位置和范围。

从保护内容看，多层级风源空间的生态保护与控制的对象包括：城市风源产生区、富氧补偿区、城市风源物理参量（如风速、温度）的调控区、城市主要风道入口所在地，以及风道沿途的区域。

从保护原则来看，首先应顺应与强化风源引导策略，即顺应大气环流与季风来向，强化河流、道路和开敞空间对于风的引导，保持通风口的开阔，提升城郊生态冷媒区凉爽气流的渗入速度；其次要充分利用城市道路的开敞性，强化夏季大尺度自然主导风源的引导与利用，将这些主要风源引入市区内部，并结合地形特点布置城市功能分区，形成湿地、河流和滨海相互交错的界面，并将海陆风等中尺度局地环流有效地引入城市高温区域，利用城市内部的冷空气生成区和城市热岛的温差形成的局地环流，实现“降温、排浊”目的；最后，充分利用城市肌理与街谷形态，充分利用市区内部紧密相连的河流、湖泊水系等微气候调节系统，如利用河流、湿地等温差特性，产生冷热对流，并创造冷巷风、庭院风等局部小尺度环流，形成市区多类型的风源利用。

从保护规划步骤看：第一，控制风源的流向。风源的保护与控制应结合大气环流以及山谷风和海陆风流向，研究城市周边山林、河流、湿地、农田、绿地和开敞空间特点，进行风源产生区的环境评估，提出优质风源和富氧发生区周边的保护控制规划，布置好城区入风口，合理规划城市通风系统，并划定通风廊道控制区[171]。

第二，控制优质风源保护区的面积。风源需要有一定的用地规模，才能汇集气流和改善空气质量。城郊是城市的气候缓冲区和风源质量调控区，因此，应通过在城乡边缘地带设置生态绿地和环城绿带，为优质风源的导入与质量调控提供可靠的保障。可以在城市建成区外围的风源流经地和风道主要入口周边，设置一定空间范围的风源保护核心区以及控制协调区，在风源空间内，禁止大规模开发建设。合理利用包括河川湿地、农田林地等自然生态要素，整合城区内的绿化与道路系统，将原有的块状分离式绿化转化为网络与线状布置，建设城市绿网，合理设计绿网的规模，将有效发挥城市生态绿脉的降温增湿功能并提高碳汇能力（表 4-28）。

城市绿网的规模建议 **表 4-28**

构成要素	等级	宽度或面积比例
水网	沿河沿江	500～2000 m，平均 1500 m
	重要湖泊	200～1000 m，平均 300 m
	主要河道	20～100 m，不低于 50 m
	一般河道	5～20 m，平均 10 m

续表

构成要素	等级	宽度或面积比例
山体	重要山体	绿地率不低于 70%
	一般山体	绿地率不低于 50%
道路	主要道路	绿地率不低于 30%
	次要道路	绿地率不低于 20%
	一般道路	道路两侧宽度不低于 3 m
	高速公路、铁路	两侧宽度不低于 50 m
城镇组团	组团周围	1500 m，保证内部宽度 200 m 的动物栖息空间
	组团内部	内部廊道宽度不低于 15 m

资料来源：笔者自绘

第三，划定生态保护红线。为保障进入城市内部的新鲜气流不受干扰，应为调控风源质量的山林、大型绿地、生态湿地和农田等自然要素，制定严格的保护策略，划定生态保护区域与生态保护红线。

第四，合理控制大气污染源。即从源头治理和预防控制工业污染源、交通污染源和生活性污染源等。在城市总体规划中，应注意风源空间的污染防控，严禁污染性企业或设施进入；同时，要尽量避免在风道两边布置污染性的建筑物。

4.5　本章小结

本章探讨了风环境中风源的构成要素，城市风环境的主导性气流是大气环流和季风，也包括山地风、海陆风和热岛环流三种局部环流。同时，本章介绍了气象学和建筑学中，两类重要的风气候区划的内容；针对季风区、主导风向区和静风区三类典型风向气候区，结合不同的风向和风频特点，归纳并提出了城市功能区布局原则；分析在低风速和准静风的区域中，导风排污的低碳规划对策。本书结合不同的建筑气候分区，提出避风防寒主导型、导风与避风兼顾型、导风驱热防沙型、导风除热与驱湿型等低碳生态风环境优化策略；还结合不同局部环流如山地风、海陆风的特点，提出低碳目标导向下城市功能布局的规划应对策略；最后，提出风源空间的保护策略。

在低碳—低污的“源—流—汇”风环境系统中，除了考虑风“源”子系统的低碳适应外，还需考虑如何在城市中布置气流通道以降低城市污染，即低污风道规划布局的问题。它涉及如何在城市空间中利用风道导入外界的空气流，如何通过风道高效合理运送气流到城市各功能区，如何根据不同的城市风汇区通风、排污或降热需求，规划设计出不同层级、不同走向以及不同宽度的城市风道，科学分配气流等问题；以及如何结合国土空间规划与管控的手段，通过不同的建设时序，将风道规划落实到实际规划工作中等诸多问题。

5.1 “流”的传输通道——城市风道概念、意义及研究现状

城市风道是城市风环境气流的传输通道，也是实现控制、引导气流的重要手段。当前，对城市风道的研究已成为规划领域重要的热点。

5.1.1 城市风道的概念与研究意义

5.1.1.1 城市风道的概念及低碳内涵

城市风道是指由城市里的开敞空间（如公园、广场、林地、水域、空置地和道路交通空间等）组成的具备一定通风能力的自然与人工廊道。

城市风道承担着城市空间通风的任务。构建城市风道的必要性在于它是建立于城市空间和区域之间、不同城市片区之间的空气传递走廊，充分利用城市风道空间和风的流体特性，可以有效缓解城市中不良热环境区域的通风问题，及时驱散城市内部 CO_2 等温室气体以及 $PM_{2.5}$ 等空气污染物，实现低碳、节能和排污的目的（图 5-1）。

5.1.1.2 狭义风道与广义风道的相关概念

狭义的风道是指单一的道路交通廊道、绿地廊道或河道等构成的风道，这些线性空间可以完成空气的交换和热量的传递。然而仅靠这些通道无法达到城市风道的宽度要求。根据城市风场的计算机模拟实验，只有当风道总体宽度达到 150 m 左右时，才能实现比较好的通风排热效果。为了在城市空间中节约土地，这就要求充分利用其他城市空间，与道路、绿廊等狭义风道进行综合布局，使之达到整体宽度要求，提高通风效率[172]。因此，在城市风道实际规划中，除了道路、绿廊等线性通道外，有必要整合城市主干道，以及相邻的广场、绿地、水域和低密度、

低强度的开发区域，在分析城市气象的基础上，作为一个整体风道系统进行规划，即本书要研究的广义风道。①

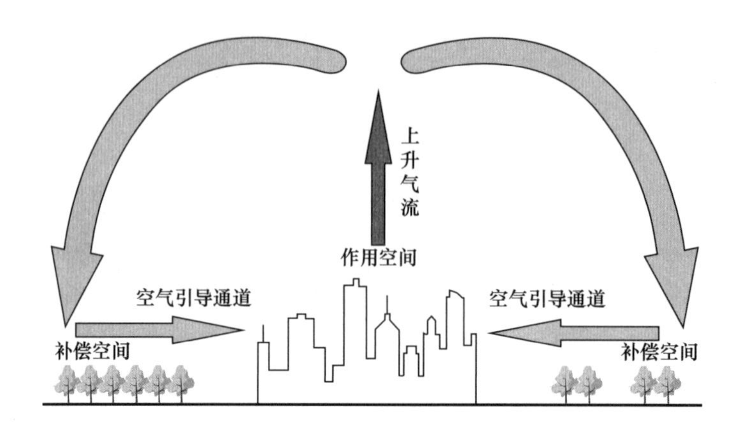

图 5-1　城市通风廊道理论示意图

（资料来源：笔者根据参考文献［171］改绘）

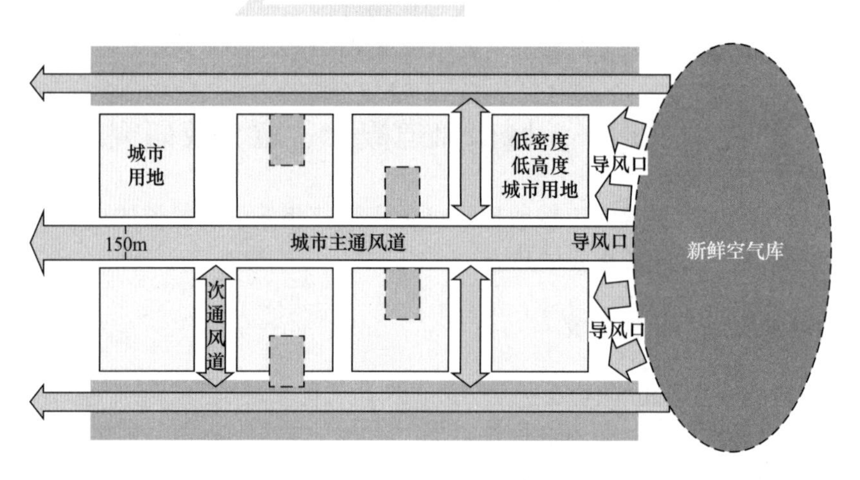

图 5-2　广义通风廊道空间模式示意

（资料来源：参考文献［173］）

广义风道（图 5-2）的规划将城市中的人工廊道（道路、铁路、广场等）、自然廊道（林地、水域、苗圃等），以及廊道的地面空间和城市冠层空间进行耦合布局，通过在风道中结合绿地、水域等，发挥综合通风效益，增强城市风道整体的通风降温效率[71]。同时，距离地面越远风速就越大，并且影响范围也随之扩展，将地面和城市冠层空间有机结合作为风道使用，将有利于驱散城市上空的污染物。因此，必须在对城市区域气象模型的分析基础上，从城市生态规划、城市总体布局、用地功能组织、竖向高度分区和道路系统设计等层面进行规划，打造综合性的广义城市风道。

① 下文所述风道如无特别说明，统指广义风道。

5.1.1.3 城市风道的作用及实际意义

缓解城市热岛效应和雾霾天气，需强化空气对流，即将城市外部的新鲜凉爽空气导入城市内部，稀释城市内部受污染的热空气。通风廊道的设置为上述过程的完成提供了条件，是城市内外空气对流的重要媒介和物质承载空间。

城市风道的作用具体体现在下述四个方面：

第一是传输作用，通过传输城市郊野的冷空气和新鲜空气进入城市内部，并将城市中的热空气和空气污染物传输到城市外部，从而实现城市与区域的空气交换。

第二是切分作用，通过城市风道切分城市热场，缓解城市环流的不利影响，消除城市热核中心的热场辐射，减轻城市热岛的规模效应及叠加效应[174]。

第三是散热作用，通过引入冷空气，起到散热降温作用，达到有效改善城市热环境的目的。

第四是排污作用，通过导入城市外部新鲜空气，稀释和驱散城市生活和生产过程中产生的空气污染物。

5.1.1.4 城市风道研究的理论意义

将城市风道研究与国土空间规划理论相结合，通过分析城市风道的特点、类型、作用规律等，在国土空间规划中适当结合风道空间布局，从利用风道改善城市微气候的角度出发，提出城市功能和空间总体布局、城市及片区空间设计、街坊建筑及环境设计的相关要求和管控措施，可以增强风道理论的实际应用，丰富国土空间规划的内涵，增强国土空间规划的科学性，实现城市的低碳—低污发展。

在实际建设中，城市风道一般由自然的和人工的生态廊道，以及低密度开发带等多种空间形式组合。在规划中，需详细研究城市本身及周边环境和气象条件；同时，结合用地布局、绿地系统规划、道路交通系统规划、五线控制以及建筑高度、建筑密度、街道界面围合度等控制指标设置，使风道空间在城市的功能布局和空间设计方面得到落实[174]。

将城市风道理论应用于国土空间规划设计，还需要解决许多实际问题，如在城市空间布局中，夏季通风要求可能会与冬季挡风和日照的需求产生冲突。因此，在规划过程中，为应对类似问题，须遵守两项原则：一是优先解决极端性气候条件的问题。如夏热冬冷的地区尽管冬季寒冷潮湿，但与夏季高温气候条件相比，是一个次要问题，因此该地的风环境设计应重点考虑夏天通风降温。二是在应对不同季节中城市空间有不同需求这一方面，应尽可能选取差异化的设计方案，通过不同环境和空间要素的合理组织，以协调不同季节不同需求可能发生的矛盾[175]。

此外，风道布局在国土空间规划中，面临新区和旧区不同的建设方法，应采取不同的策略。如在城市新区建设中，可以结合城市总体规划或分区规划，对风道的空间布局和指标控制进行提前谋划和设置；对于城市旧有建成区，则应采取循序渐进的方法，逐步调整城市风道空间。

城市风道的研究还可以为城市建设带来一些新的思路。由于它是多学科的综合研究，从环境生态学、气候学等多学科交叉视角，探索城市功能布局和空间设计，将城市微环境改善作为城市空间布局不可或缺的目标之一，这为规划学科的发展提供了一种新的研究视角。

5.1.2 城市风道研究现状与存在的问题

5.1.2.1 城市风道研究现状

目前，城市风道的研究正得到国土空间规划学者的重视，一些学者选取德国斯图加特、日本东京、中国香港和武汉等具有典型气候特征的城市，以应用研究为切入点，研究城市风道的建设实际问题；也有一些学者从城市形态与城市风道的关系的角度[132]，研究不同风向条件下，不同高宽比、不同几何形态、不同疏密程度的街道风环境特征，并从单体建筑与城市风环境相互关系的角度，研究不同建筑平面形式及高层建筑群形成的风影区、狭管效应等不良风速区的特性[176]；还有一些学者基于城市风环境系统与不同地形的关联耦合特征，探索山地、盆地等典型地貌区的通风廊道建设思路和营造模式[56]；更有一些人通过城市风道与城市重点地区模拟，从营造良好的风环境与缓解城市热岛效应的角度，研究如何合理地建设城市风道。

城市风环境的研究内容包括：建构基于人体舒适度的风环境评价体系，分析风环境与城市空气污染的问题，认识城市街谷的空气污染物扩散的机制，从街谷形态、街道植被、交通形态等影响因子，归纳影响污染物扩散及分布规律；以及从定量化风环境分析方法的角度，研究城市下垫面粗糙度，通过最小成本路径及断裂点密度分析，进行城市风道建设的科学研究。如任超等人利用GIS技术，通过分析香港城市中的迎风面面积指数，利用最小成本路径分析方法，并考虑了城市风道与城市热岛等的关系，在此基础上，确定主要通风廊道（图5-3）。此后，又有不少学者运用这些方法，研究北京、济南、合肥等地的城市通风廊道建设问题。这些都为城市通风廊道的建设奠定了相应的理论基础。

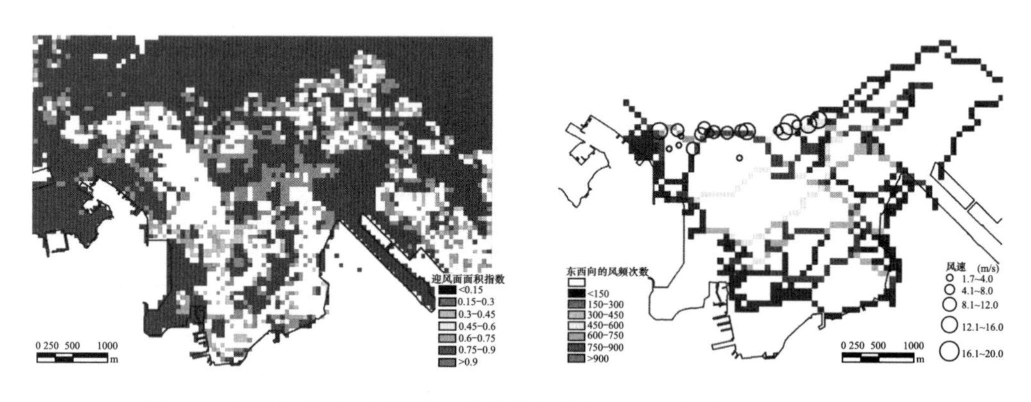

图5-3 利用迎风面面积及最小成本路径分析方法确定香港的城市通风廊道

（资料来源：参考资料［177］）

5.1.2.2 城市风道研究存在的问题

尽管目前城市风道的研究取得了一定的研究成果，但由于它是一门新兴的学科，受研究基础和研究人员学科背景所限，目前的部分研究仍存在着一些问题，比如：（1）风道的类型和等级划分标准较为单一，局限于风道截面宽度划分，缺少对城市通风环境改善的有效指导；（2）忽视了对季节差异性的研究；（3）忽视了对地域差异性的研究；（4）缺乏对风道的系统性研究；（5）缺少对风道建设的过程性研究，事实上随着风道周边建成区建设的推进和发展变化，对风道的需求会不断变化。以上问题需要在新的规划视角下，通过理论创新和实践探索，提供有效的解决途径。

5.2 "流"的系统层级——城市风道系统的多尺度低碳—低污构建准则

城市风道的规划设计是关系到"流"能否有效到达城市风汇的作用区，影响城市通风效率的问题。

在具体设计中，风道规划包括廊道的层级与网络系统的设定，提出各层级廊道的长度、宽度、断面与走向的控制指标，廊道两边的控高、界面特点，设计风道的开口位置及周边的建筑形式等内容。

限于篇幅，本书对区域级风道不作详细讨论，重点讨论城市级风道、片区级风道及街坊级风道等内容。

其中，城市层级的通风廊道的规划与控制应考虑其与国土空间规划中其他要素进行协调与衔接。以城市级风道为例，需在总体规划阶段收集城市的地形地貌和气候信息；片区级、街坊级风道的设置必须从城市尺度出发。

风道规划往往结合绿道系统建设进行。区域性绿色通风廊道对区域的生态环境保护有重要意义，应保证区域间绿化型风道的主线通畅；城市绿化型风道依托于城市级绿道建设，是连接城市重要功能组团以及组团之间的通风廊道，应顺应城市主导风向，形成深入城市组团的通风廊道。关于城市通风廊道规划与控制内容可参见表 5-1。

城市通风廊道规划与控制内容一览 表 5-1

控制内容	控制要素	主通风廊道	次通风廊道	规划阶段
通风廊道控制	风道宽度	≥150 m	≥80 m	控规层面
	风道走向	应与主导风向平行或夹角不大于 45°		总规层面
	开敞空间	风道内建设用地的比例≤20%	风道内建设用地的比例≤25%	总规层面
地块指标控制	廊道内建筑状况	建筑密度≤25%；阻风率≤0.6	建筑密度≤30%；阻风率≤0.7	控规层面
	相邻界面	开放度≥40%，高宽比≤0.5	开放度≥30%，高宽比≤1	控规层面

资料来源：笔者基于参考文献［45］整理

5.3 "流"的体系构建——城市风道规划低碳—低污设计的方法与步骤

通常城市级风道的确定需在城市总体规划中提前布局，这就要求城市级风道与城市绿地系统、城市开敞空间布局相结合，除依靠风玫瑰图进行城市整体布局，确定城市通风廊道的等级、位置、功能，还应科学评估城市热负荷大小，分析整体通风与散热能力，将其作为土地开发强度控制和相应控制指标确定的依据。任超[132]和梁颢严、刘沛等学者提出风道规划具体步骤及内容：

第 1 步：掌握当地城市气候特征，评估拟规划城市的风环境特点。具体技术流程为收集数据，包括气象站 30 年历史气象记录、遥感影像、建筑高度和建筑密度等，其中重要的是收集背景风环境特征，解析迎风面面积指数，研究目标城市周边地区的大气环流、城市热岛的时空分布特征，以及建成区行人高度的潜在风场等因素。

以识别高温区与低温区、确定风源区与风汇区等为例，其具体工作内容是根据遥感卫星反演的城市地表温度数据来区分高温区和低温区，来识别城市风源区及城市风汇区。城市风源区作为城市的低温区，通常由山体、水系及大型湿地等自然区域构成。城市风汇区是城市通风的作用区，包括各种市民生活和工作的城市功能区，其中，城市中心区是热岛效应的核心区域，城市地表温度最高，是热污染和空气污染最严重的区域，也是通风需求最迫切的区域。

第 2 步：提出城市通风廊道规划设计的大纲。它包括提出城市通风廊道的规划原则、开发建议以及初步管控措施。具体来说，包括如下的规划内容：

① 科学整合内外部山水资源，依托城市风源区的山水格局，综合考虑外部山水资源，尊重地形地貌因素，建构城市的广义通风廊道系统设计框架；并根据城市风源区与风汇区的分布，构建城市潜在的通风廊道框架。

② 根据城市主导风向，预留出城市中与夏季主导风向平行的开敞空间。该开敞空间可由城市绿地、滨水绿化、低密度开发用地组成，形成包含富氧空气源的通风覆盖面，起到通风、排热、降污的作用。

③ 根据城市不同的高温区域，确定城市热岛的时空分布区域，设计主次级的通风廊道系统，起到分区、分级、精准切割城市热场的作用。其中，主要通风廊与城郊的山体、湖泊、河流等相连，起到降低城市主要热核和疏导大范围的污浊空气的作用；同时，建构与通风主廊道相连的次级通风廊道，达到切分城市功能片区局部热岛的作用，解决分布于城市各片区次热岛的温度调节问题。

其中，城市级的风道往往结合城市河流、湖泊、公园等构成，形成生态型廊道，总宽度可达到 200～350 m；次级风道宽度约为 50～80 m，可与城市绿道及步道结合，作为城市生态休闲带和功能带的主要通道。[178]

第 3 步：制定具体的规划设计和管控措施，包括结合城市功能区的特点，创建作用区和补偿区域的规划，提出重点区域的布局方案，制定分区规划及管控系统。

在这一阶段，应根据通风廊道所连接风源区及风汇区的不同特征，确定该通风廊道的主要功能，如通风、排污、降温或联通等功能，制定管控措施，并确定通风廊道下垫面的内容。

在通风廊道的规划步骤中，为了保证盛行风可以沿着廊道和主要街道达至城市中心，可以通过适当连接开敞空间，创造广场和道路交口，降低两侧建筑高度，拓宽与主干路相连的次干路等技术手段实现这一目的。同时，根据城市通风廊道内及周边建设用地，分析城市通风廊道经过的局部地段对通风廊道的影响，考虑会造成温度上升还是降低、风速比增大还是减小、空气质量改善还是恶化的效果，并针对主要通风廊道汇聚的通风节点及潜在降温层进行控制。对于已建成区，应采取措施对其下垫面粗糙度进行改善，如铺面做渗水化材料处理，或者增加局部水域绿化斑块。新建区则采取控制容积率、建筑体量及相邻界面的控制方法。

5.4 “流”的规划管控——城市风道的低碳—低污规划控制指引

为了提升城市风道的通风效率，城市风道采取定性与定量相结合的城市设计控制指引进行管控，其中包括城市风道的宽度、走向、绿化空间、建设用地、建筑间距和间口率等方面内容。

5.4.1 长度、走向与断面形式的控制

城市通风廊道作为带状的开敞空间，应有一定的长度和宽度。其宽度和长度作为衡量城市风道的直观定量化指标，具有重要的意义。同时，城市风道的走向、表面粗糙度及风道内的障碍物数量和尺寸等会影响风道内风速，均应作为控制风道的重要指标。

现有的城市风道研究和风道实践成果众多，其中对城市风道的长度、走向、断面形式及控制内容均有各自的规定。其中德国学者 Kress 认为，风道长度需达到 1000 m 以上，风道宽度达到 50 m 以上，风道内部的障碍物应小于风道宽度的 10%且高度应限制在 10 m 以下；尽量避免在风道内兴建任何建筑物或种植高大的树木[179]。

武汉市的风道规划提出城市一级风道的宽度为 500～1000 m，二级风道宽度为 100～300 m 的建议。《长沙市城市通风规划技术导则》规定：城市组团级风道宽度为 50～100 m，次风道宽度不小于 30 m。[180]

笔者通过研究整理，将城市风道分为 4 个层级，并对其宽度进行定量化的规定（表 5-2）。

不同等级风道的构成与宽度要求　　表 5-2

风道等级	服务范围	构成	风道宽度	风道长度
区域级风道	某一区域内城市群	不同城市间的生态区域，多为自然形成	500～1000 m	
城市级风道	城市内沿该风道的各片区	城市片区间的交通廊道、公园广场和生态区域	100～500 m（最窄处不低于 80 m）	1000 m
片区级风道	城市片区内沿该风道各街区	片区内的主次干路或绿地、水域	50～100 m	500～1000 m
街坊级风道	街坊内沿该风道两侧建筑群空间	支路、街巷、小区（街坊）绿地、建筑间开敞空地	30～50 m	

资料来源：笔者根据相关文献总结

城市风道由于占地面积较大，无法规划独立的用地进行建设。其建设通常依托线形的城市功能区进行，它包括绿化系统、河流山谷、道路系统及宽度为 100 m 以上连续性低矮建筑空间。根据依托的城市空间范围不同，城市风道的宽度与长度也有所区别。以《武汉市城市总体规划 2009—2020》为例，依托城市河流的风道通常较宽，通常范围可达 150～2000 m；依托城市绿地系统建设的风道宽度次之，宽度为大于 300 m；依托道路建设的风道宽度大约为 60 m。

在实际建设中，由于城市建设用地的紧张，城市风道的构建往往无法达到上述标准，风道的宽度往往由高层建筑群体界定。对于城市级和片区级的风道，为保证有效的城市通风，风道的宽度至少应达到两侧建筑迎风面宽度之和的一半，并应控制建筑群体迎风面宽度，使之小于或等于街道宽度。同时，随着高层建筑高度的增大，风道的宽度也应随之增加，当高层建筑高

度大于3倍街道宽度，且建筑长度大于10倍街道宽度，建筑群迎风面的宽度不超过街道宽度一半时，才能保证有效通风[162]。

城市风道的方向与通风效率紧密相关，当它与主导风向平行时，通风效能最好；当它与主导风向夹角控制在30°以内时，对整体风环境的营造有利[181]。因此，在风道走向方面，通风廊道应沿盛行风的方向伸展，引导海陆风和山谷风等其他局部环流吹向城市中心区。同时，应尽量使主要通风廊道与夏季盛行风向平行，城市发展走向应尽量与主导风向的垂直；在道路布局方面，应尽量使道路、街谷等人工型风道与夏天的主导风向平行，并与主导风向的夹角不大于30°，尽量避免走向与主导风向呈直角[182]。

风道断面是保证通风效率的重要因素，它与位置紧密相关。对位于城市中心区的风道来说，为有利于污染物的排放，应确保相对的开敞度，控制城市主干道与风道交叉点的建筑体量与高度。由于风道内障碍物会影响风道通风效能，其高度应控制在风道宽度的10%及以下[181]。同时，垂直于气流运动方向的风道内建筑宽度应小于风道总宽度的10%，高度不超过10 m，相邻建筑物水平间距应大于高度的10倍，两排树木的水平间距应大于高度的5倍[180]。

5.4.2 用地性质与建筑密度的控制

城市风道周边范围内的建设用地应严格控制规模和建筑容量。城市风道两侧的用地性质应结合城市风道的目标定位进行规划。例如以导风驱热为主要目标的城市风道，其两侧的用地性质应尽量避开热源大、有潜在热污染的工业用地、城市活动强度较高的商业服务业设施用地，以及道路与交通设施等用地；以除污防霾为主要目标的城市风道，其两侧则尽可能避免有严重空气污染影响的工业用地。在以自然风源为主的城市中应保持主要风道的开敞度，一方面保证通风的顺畅，另一方面避免附近地块对风道中气流的污染。在距离自然风源附近的城市主要风道500 m范围内，除了道路、绿地和广场以外，其他建设用地的比例不宜大于20%，在距离城区内部主要风道150 m范围内，建设用地的比例不宜大于25%。

5.4.3 绿化布局与种植方式的控制

在实际建设中，城市风道常常是依托不同级别的绿地廊道构成的。一些学者认为，对吸收环境中的有害气体而言，狭窄的街头绿地效果甚微[183]。为取得良好的生态效应，必须保证一定的绿带宽度，并且绿地渗透到一定空间范围。

绿地廊道按照布局形式的不同，可分为轴线式、绿岛式以及曲折式。轴线式绿地廊道是最常用的城市设计手段之一，绿岛式则多用于重要的公共设施用地的开敞空间，曲折式多因山地或其他限制因素而作为组织城市绿化景观的手段[184]。

在城市风廊的交汇处或与街道的交叉口，应该设置多个开敞性扩散与缓冲斑块，以软质景观为主，其面积大于400 m×400 m，使绿色界面延续通透，以保证风能流畅地渗透到城市内部，通过设置开阔外部空间，使之成为气流疏导集散的导风斑块[185]。

绿地通风廊道要想达到较好的通风效率，有两个技术要点，第一是顺应本地区的主导风向，保持30°～60°的夹角，保证风在内部街区更长时间、更好的流动，达到良好的区域通风效果。第二是保持风源与城市绿地廊道的连通性，尽量与郊野绿地、水系等开放空间直接连通，形成贯穿城市内部的有机整体。

种植方式方面，绿化与植被对风环境的功能具有导风、防风两个作用。对风环境的控制而言，植物种类和种植方式的不同，对气流的作用完全不同，并将产生不同的效果。例如，高度约 1.8 m 的绿篱将极大地影响行人高度的风环境，而高大乔木对地面风环境的影响较小。因此，运用绿化来改善局部地段风环境时，应因地制宜地采用不同搭配和种植方式。

从导风的角度来看，绿地系统种植方式不宜过密，过密会阻挡风流动。在树种类别上，提倡针叶林与阔叶林混合种植，保证冬季林地的空气调节功能，以及不同季节植物的导风与防风作用。风道两侧应种植灌木和树冠小的乔木，避免种植树冠宽大、成片的高大乔木产生涡流，减低风速，影响导风能力。对于一些利用干道与街谷结合形成的城市片区级风道，两侧应种植稀疏、低矮的植物，设置宽度 20～30 m 的密林带。在风道内，则应种植草坪以及粗糙度较小的地被植物。同时，在湿热地区，应避免植物种植方向与主导风向垂直，而形成不利于气流流动的挡风墙[172]。从防风和防止大气污染的角度来看，绿地系统种植方式宜密，特别是靠近污染源的部分应紧密，迫使进入绿地的污染性气流向上穿越树冠，以达到净化效果[186]。

5.4.4 风道的界面连续度及形态控制

一般意义上的城市风廊多依赖道路、河流与街道作为气流通道，但一些既存街区道路和街道走向有问题，宽度不够或障碍物较多，造成风速达不到应有的速度。因此，巧妙利用低矮连续的建筑群地带组织通风，形成广义的立体化风道十分重要。

依托街区建设的城市风道不仅要关注平面形态，而且需要对其进行立体化思考，对不同高度（如 1.5 m 人行高度及 10 m 高度）处风道进行控制和规划。由于气流离地面越高，风速就越快，稀释空气污染的效果越明显，立体化风道的构建对于驱散城市高层区的污染物将十分有利。

在城市立体风道的塑造上，风道两侧的建筑应合理布局，尽量避免采用筒状结构，而应控制街道的高宽比，建筑高度控制采用阶梯状退台的形式，设计“U”形立体开敞空间，增加 10 m 高度处的风道有效宽度（图 5-4），这种建设手段可以应用于高密度及旧城街区，解决其达不到风道宽度要求的问题。

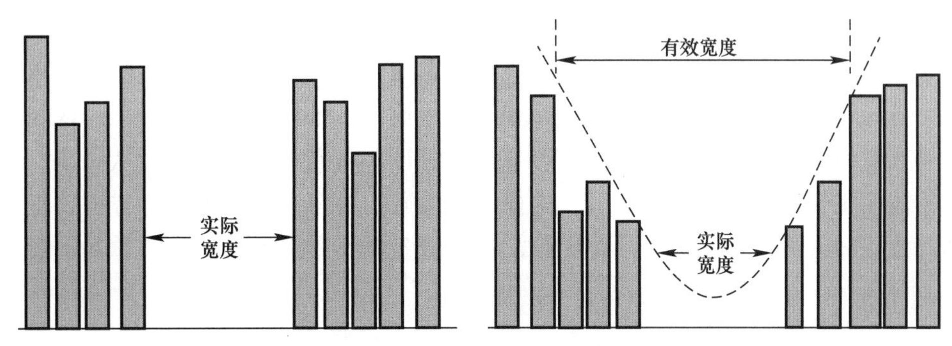

图 5-4 街道布置：高楼直立型街道（左）与“U”形街道（右）

（资料来源：参考文献［61］

高层建筑物的裙房是影响街区通风的主要因素，为保持对风汇区内部通风环境良好，应控制沿街裙楼的形式，适当加大建筑之间的间距，减少建筑物表面凸出物，保持城市主风道的畅通度；风道两边的高层裙房应保证一定的开敞度和通透性，如采用逐步退台的布局方式，并保证沿线适当的界面连续度率，避免长距离不开口布局。为有利于稀释街区内部的空气污染，可采用低层架空的手段，从建筑底部将风引入街区内部，以创造良好的通风环境[45]。

为保证风源在城区的渗透率，避免过长的挡风界面，一些学者提出：在自然风源附近，主通风廊道 500 m 范围内，两侧建筑的界面连续度应保持在 60%～70%；在城区内部，主要通风廊道两侧 150 m 范围内，场地的界面连续度应保持在 50%～60%。从建筑布局来看，宜采用斜列式和并列式相结合的形式。同时，主风廊两侧建筑的平均高度不应超过风廊宽度的一半，片区级风廊两侧建筑的平均高度应小于风廊的宽度[45]。

此外，应对风道两侧的建筑贴线率加以控制，实现对风道横截面宽度以及立面平整度的控制，保证风道内气流的高效流通。建筑贴线率是指建筑外墙线与建筑控制线的重复度。重复度越高，临街预留空间越少，越不利于风的流通。即贴线率与通风性成反比，贴线率越小，通风性越大。结合建筑形式，贴线率可以进一步分为裙楼贴线率 $T_{裙}$ 和塔楼贴线率 $T_{塔}$。

通风影响要素的贴线率规划控制指标 **表 5-3**

$T_{裙}=(L_{1裙}+L_{2裙})/L$，$T_{塔}=L_{塔}/L$

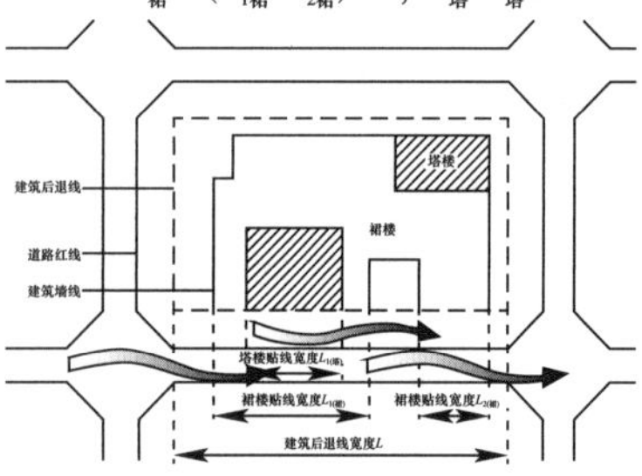

建筑后退线
道路红线
建筑墙线
塔楼
裙楼
塔楼贴线宽度$L_{1(塔)}$
裙楼贴线宽度$L_{1(裙)}$
裙楼贴线宽度$L_{2(裙)}$
建筑后退线宽度L

贴线率	控制范围	界面形象	通风效果	适用地块类型
高	80%以上	基本无预留空间	低	商业、办公
中	50%～80%	有一定的预留空间	较低	办公、居住
较低	30%～50%	有较多的预留空间	中	居住、公共服务
低	30%以下	完全开敞的预留空间	高	公共服务、绿地

资料来源：参考资料[187]

5.5 本章小结

本章探讨了低碳—低污导向下的多尺度城市通风廊道系统的规划控制方法。首先，辨析了城市中狭义风道与广义风道的概念，研究了城市风道的作用及实际意义，并探讨了以往部分城市风道研究与规划设计中存在的问题，在此基础上，提出了区域级、城市级、片区级等多尺度的城市风道系统构建原则；其次，提出风道规划的具体步骤和内容；最后，从长度、走向与断面形式、用地性质与建筑密度的控制，以及立体化风道的界面连续度把控等方面，提出了规划设计原则，并从廊道两边的高度、界面特点、开口位置以及布局形式等方面，归纳了建筑形态控制内容。

第六章 “汇”的优化——城市空间与风场的低碳耦合策略

在低碳—低污的“源—流—汇”风环境系统中，基于风“源”的适应、“流”的布局，最终应考虑“风汇区”城市空间与风场的低碳耦合策略。

影响城市风环境的因素可分为大尺度的自然因素和中小尺度的人工因素。大尺度的自然因素如大气环流、太阳辐射、地形地貌等因素，奠定了城市整体通风情况的基调，这些大尺度的自然风环境影响因素很难改变。我国正处在城镇化高速发展时期，许多城市正在筹划新城和卫星城的建设，因此，有必要研究如何适应大尺度的自然因素，根据不同的城市所处的气候分区以及各种城市风汇区类型，提出适宜的城市的总体形态和发展布局模式。

在城市环境中，城市规模、功能布局、建筑密度和高度、街道走向和宽度、绿化和广场的布置等都是城市风环境的中小尺度影响因素[188]。城市天际轮廓线和外部空间的形态、城市道路走向、街道与建筑群布局形式，以及街道肌理等因素将影响城市下垫面粗糙度和迎风面面积等[185]。同时，由于城市各功能区结构、形态和布局等的不同，对风的速度、强度大小需求亦不同；此外，由于城市本身以及内部各功能区形态的差异，风在这些不同层级的城市空间中运动规律也不同。分析这些不同层级的“作用汇”的结构与形态特点，归纳风环境的运动规律，提出适宜的优化策略有助于实现城市低碳—低污发展的目标。

本章将研究城市层级、街坊层级和建筑群层级的“作用汇”的风环境特点和需求特征，以及城市结构、城市形态及不同功能区与风环境的耦合关系，进而提出在城市、街坊及建筑群等层级中风环境的低碳优化策略。

6.1 “汇”的城市层级——结构、形态影响下的风环境低碳耦合优化

城市层级的风汇区特点分析，主要包括对城市规模、城市结构、城市形态、城市密度以及竖向分区要素与风环境的耦合关系分析，以及针对该层级风环境的低碳优化等内容的研究。

6.1.1 “汇”的结构关联——功能结构对低碳—低污风环境影响分析

城市结构指的是城市内部各组成要素及要素之间的各种组合关系及相互作用的形式和方式，它是城市社会结构和经济结构的空间投影。从影响风环境与构建低碳—低污城市的角度看，城市结构主要涉及城市的土地布局结构、空间形态结构、产业结构、交通结构和能源使用结构等内容[73]。

产业结构和土地布局等的不同，将导致城市需要不同的风环境与之适应，同样，由于各地风向、风频和风速的不同，为了实现节能减排、防控污染的目的，城市的空间结构以及各功能区的空间位置关系也应不同。

6.1.1.1 影响微气候的城市功能结构分析

低碳—低污目标导向下，影响微气候的城市功能与结构性要素包括空间结构、规模结构、职能结构、功能结构以及交通和能源结构等内容。

（1）城市空间结构：城市空间结构的表现形式有建筑密度、空间布局和城市形态。城市空间结构可分为内部空间结构和外部空间结构两方面。城市外部空间结构主要表现为城市与其他城市，以及与周围乡村之间的相互关系，并表现在城市扩张和发展方式，城市边界与周围地形相关适应关系等方面；城市内部空间结构主要反映在密度、肌理、路网形式、建筑高度等方面[189]。这些结构特征影响到城市的下垫面粗糙度、风道断面形式等。

（2）城市规模结构：城市规模结构主要由城市首位度、城市系数、城市规模中位值等内容组成。这些系数体现了不同地区城市规模结构的异质性。从城市规模结构来看，城市规模越大，城市对通风的要求也就越高；另一方面，城市规模越大，建筑物越多，风流动时的障碍物越多，风在城市内流动的路线越长，所遇阻力也就越大。

（3）城市职能结构：城市职能结构是在一定经济区域内，城市在社会发展中所承担的主要功能。职能结构体系可分为行政中心体系、交通中心体系、工业中心体系、旅游中心体系（表6-1）。

城市职能结构分类　　表6-1

城市职能结构	城市类型或等级	代表城市
行政中心体系	第一级	北京
	第二级	哈尔滨、济南、武汉、广州
	第三级	青岛、宁波、九江
	第四级	县级市
交通中心体系	铁路枢纽城市	北京、石家庄、郑州
	港口城市	厦门、天津、武汉、南京
	航空交通城市	广州、北京、上海、桂林、厦门
工业中心体系	能源工业城市	大同、椒江、宜昌
	石油化工工业城市	大庆、东营
	冶金工业城市	密云、攀枝花、邯郸、莱芜
	机械电子工业城市	北京、哈尔滨、长春、洛阳
	轻加工工业城市	兰州、呼和浩特、乌鲁木齐
旅游中心体系		桂林、丽江、大理

资料来源：笔者根据相关文献总结

从城市职能结构来看，不同职能的城市对风环境的要求也不一样。总体来说，在行政中心体系中，城市等级越高，城市在社会经济发展过程中地位越重要，人口也就越多，通风要求也就越高。在工业中心体系中，重工业城市由于污染较重，对通风要求较高；轻工业城市污染较轻，通风要求相对较低。在旅游中心体系中，城市的旅游业越发达，城市对风环境的舒适性要求也就越高。

6.1.1.2　功能结构对城市微气候影响分析

土地利用结构和方式与城市微气候密切相关，也影响着城市低碳生态发展模式[190]。不少学者研究土地布局对热岛效应的影响，如 Rosenfeld[191] 与 Emmanuel[192] 均提出了减少热岛的政策以及控制土地使用来缓和夏季城市热岛不利影响的低碳设计策略，热环境的改善也会影响风环境的时空特征，影响城市通风方向、强度和效率，从而影响城市的能源消耗、CO_2 等温室气体以及 $PM_{2.5}$ 等空气污染物的排放或稀释等。

城市不同功能区如居住区、商业区和工业区的建筑高度、密度和开发强度不同，其体量、平面布局形态和建筑类型各异，产生的热效有很大区别，导致了城市风环境特点不同。

例如，工业区能耗高，CO_2 等温室气体和 $PM_{2.5}$ 等固体颗粒物的排放量巨大，该区域具有明显的增温效应；仓储区周边承载的交通量巨大，也会排放大量的热，同时，大体量的建筑群对区域的通风不利。因此，沿铁路线布置的工业区和仓储用地，往往会出现热岛核心密集的现象。污染物的多少和城市热岛的贡献率往往取决于产业类型。如该地区重工业密集就可能产热量大，并易出现局部高温区域，同时将排放大量污染气体，如 NO_x、CO_2、粉尘和煤灰以及气溶胶微粒物，这些微粒在城市中积聚，当风速较小时难于被稀释和驱散，将形成雾霾并增加城市大气的吸热能力，进而加剧热岛效应[73]。

由于商业区周边的交通流量大、人流和建筑密集、通风困难、空调设施多，能耗巨大，极易形成热岛中心。住宅区则生活用能多，为节约土地，居住区的开发强度不断增大，空间形态不断向高密度和高容积率的趋势发展[193,194]。城市绿地对城市气候有较大的正面影响，如植被对热辐射的吸收作用，并能在光合作用下产生 O_2 等。因此，应根据不同城市性质，合理确定各功能区的比例和位置关系，根据风汇区的功能特征，优化功能组合方式，达到提升通风效率的目的[73]。

6.1.1.3　交通与能源结构对低碳风环境影响分析

在城市中，能源、交通和工业能耗多，对城市微气候的影响较大，是形成热岛效应的重要原因，也是造成大气污染的主要来源[73]。目前，我国一些城市有较多高耗能和高污染产业，如有色金属、钢铁、制造业与重化工等工业，这些企业是城市风环境低碳规划和大气污染防控须重点考虑的因素。

例如，河北唐山市的产业结构以高耗能、高污染和高排放的钢铁、化工、水泥、煤炭等重工业为主，这些企业排放出大量的高温废气和悬浮物，造成大气环境的恶化和城市热岛效应。太原在 2000—2006 年间发展了高耗能的产业，虽然工业用地的扩张范围并不大，但造成城市热岛温度的上升；而 2006—2010 年间，尽管扩张的建设用地范围更大，但由于主要发展的房地产和高新技术产业，对热岛效应影响反倒较小，可见产业结构对城市微气候的影响之大。

能源结构是指消费的能源类别及比例关系，这也是对城市热环境与风环境布局影响较大的因素。一直以来，煤炭在我国能源结构中消费总量最高，其次是原油。这种消费结构的后果是热能利用效率较低，且排放出大量废气，造成大气环境污染并产生“温室效应”。

交通结构指交通组织方式、使用交通工具种类及其构成等内容。交通产生大量温室气体是导致全球气候变化的重要因素之一。因此，应重视轨道交通和其他公交运输方式的发展，尽量降低小汽车使用量，实现交通结构的低碳转型。

在城市交通规划中，路网布局也是影响城市微气候的一个重要因素（表6-2）。例如，在山地城市中，道路坡度大、曲线多，汽车在行驶中，频繁上下坡和转向行驶，会消耗大量的能量，并排出了更多的汽车尾气和废热。另一方面，道路系统也是城市风道的重要构成内容，路网格局、密度和方向等直接影响城市通风效能[72]。

不同路网的功能特征与微气候适应特点　　表6-2

路网形式	功能特征	通风特点与效率	气候与地形适用性
方格网式	方向性强、建筑布局规整、土地使用效率高	较适应于主导风向或季风区，通风效益较高	适应平原地区，避免用于山地城市，需注意道路与盛行风的夹角
中心放射式	交通效率低、纪念性强、易产生三角地	主导风向或盛行风向区适应性差	适用静风频率大或无主导风向型的区域，避免用于山地和水网城市
环形放射式	易形成三角地，用地效率低，放射型交叉口易交通拥堵	主导风向或盛行风向区适应性差，难于进行微气候优化设计	适用静风频率大或无主导风向型的区域，可用于地势平坦的大中城市，不适用于湿热地区
自由式	交通效率低，用地布局灵活但占地面积较大	有较强的微气候和地形风的适应能力，通风效益高	适用于地形复杂，地形风、海陆风丰富，主导风向影响小的地区

资料来源：参考文献［73］

6.1.1.4 基于城市结构优化的低碳风环境设计策略

城市层级的风汇区结构优化，应从城市宏观布局入手，探索城市结构及功能布局与风环境的耦合关系，同时深入探讨工业区、商业区等不同功能结构影响下的热负荷特点，研究这些功能区对不同风环境需求的问题，进而从微气候形成机理和风循环流动的角度，探讨工作和居住环境的舒适性问题；并从城市布局模式出发，研究基于城市空间规划的风环境低碳优化模式，解决大气污染与城市热岛效应问题。同时，从城市宏观整体尺度出发，改善城市风环境。即通过城市形态、城市空间结构的适宜布局，为城市微气候环境的改善创造有利条件。

在功能结构的优化方面，可根据风向要求，将污染大的工业迁出母城，移至周边的卫星城，可有效缓解主城区的大气污染及城市热岛效应。同时，强化不同城区之间的自然分隔，建设母城和卫星城间的城市绿带，起到调节生物气候、缓冲城市空间的作用；可以改善城市外部空间结构，营造有效的通风道来优化城市空间布局。例如，选择能增加城市与郊区气候的接触面的形态，通过城市与乡村边缘地带的交错，如指状交错、楔形渗透等形态，缩短城市风道的距离，增加通风面积。

我国地域辽阔，气候变化复杂，在快速城镇化阶段，面对种种城市问题，难于用单一的城市结构，适应我国城镇外部空间扩展需求。因此，需要厘清不同结构形态和气候特征的关系，寻求一种因地制宜的结构形态，通过结构调整，实现低耗能、低污染和低排放的绿色低碳发展方式；使蔓延式发展的城乡空间结构，转变为均衡、集约、有序的紧凑型发展结构[73]。

6.1.2 “汇”的形式作用——城市形态对低碳—低污风环境的影响分析

目前，关于城市形态的概念还没严格、统一的定义。从国土空间规划和建筑学角度来看，城市形态主要表现为城市平面和立面的组织表现形式，是城市结构的整体形式，包括城市肌理、路网、建筑物和构筑物布置方式所呈现的组织构成；从地理角度看，城市形态是城市用地范围内的空间结构体系，包括空间肌理、城市总体空间的表现形式和载流空间。本书主要从国土空间规划与建筑学的角度，探索城市形态与风环境的低碳—低污耦合关系。

6.1.2.1 城市形态的构成与风环境耦合机理

城市形态包括城市自然环境构成形态和城市人工环境构成形态两方面。人工环境构成形态包括城市水平与竖向布局的几何特点、道路与街道的走向与形式，以及建筑密度与高度分区等，这些是风环境规划中的可控性要素。对城市风环境的优化，主要是指通过这些要素的规划设计，达到适应当地气候环境，创造良好的微气候的目的。

（1）城市形态的构成要素分析

城市形态可分为平面形态和竖向形态。城市平面形态是指城市各要素在二维平面上的组织特征及相互关系。

平面形态包括平面几何特征、城市轴网关系、开放空间分布、街区平面形态、建筑密度关系等内容。城市平面几何特征，表现为城市外围形状、城市面积大小等；对于城市平面整体的空间发展态势而言，又可形成城市轴线关系，如环状放射形、指状放射形、方格网形、带形城市；平面形态的细部特征也体现在开放空间分布、建筑密度等方面[73]。平面形态还包括城市密度与街道肌理等内容。城市密度是表征单位面积上某一要素密集程度的指标，涉及建筑和其他规划要素覆盖地面的大小和比例问题，包括人口密度[195]、建筑密度等[196]。

平面形态决定了城市与周围自然环境相互接触与相互渗透关系，这些城市平面形状体现了城市利用或规避周围气候因素的能力。如沿海岸线分布的带形城市比集中型城市更能利用海风资源，而集中型城市比带形城市更能规避台风的影响等。竖向形态体现了城市要素在竖直方向上的分布状况，包括高度变化趋势、下垫面粗糙度和天空可视度等关系[197]。

城市竖向形态主要包括城市高度趋势、竖向开敞与封闭度、街道峡谷形态，以及建筑群围合关系等内容。它表征城市竖向的形态特征、拓展趋势及高度限定。城市高度趋势方面，包括天际线形态、城市高度分区、竖向形态等内容；在竖向开敞与封闭度方面，包括迎风面密度、空间孔隙率、天空可视度等；在街道峡谷形态方面，包括迎风面密度、空间孔隙率、天空可视度等方面的内容。这些都是衡量城市竖向物理参数的重要指标，影响着城市风场特性及热环境的特点（表 6-3）。

城市形态构成与微气候影响要素分析 **表 6-3**

形态类型	结构关系	物理参量	形态特征	典型微气候环境效应
平面形态	平面几何特征	表面系数 聚散系数 形态凹凸比	同心圆形态 扇形与带状 星座与网络	城市层面的通风与散热效率
	城市轴网关系	路网密度 方位角度 通达与关联	方格网 放射式 自由式	城市与街道层面的通风能效与交通能耗
	开放空间分布	空间面积 均布系数 基本形态	点状散布 面状均布 带状连续	影响到风环境的均质性

续表

形态类型	结构关系	物理参量	形态特征	典型微气候环境效应
平面形态	街区平面形态	形态特征 规模大小	开放式 封闭式	影响到街区的通风效能
	建筑密度关系	建筑密度 人口密度 开发强度	高密度 低密度 混合密度	街区层面的日照与通风性能，人工热量强度
竖向空间形态	城市高度趋势	天际线形态 高度分区 竖向形态	马鞍形 漏斗形 孤岛与群峰型	城市层面的日照与阴影状况，通风效率大小
	竖向开敞与封闭度	迎风面密度 空间孔隙率 天空可视度	开敞式 封闭式 立体透空型	街区与建筑群层面日照状况、阴影覆盖率、通风能效
	街道峡谷形态	街道高宽比 街道长度 天空可视度	断续与连续 对称与不对称 峡谷与台阶式	街道与建筑群层面的日照状况、阴影覆盖率、通风能效
	建筑群围合关系	竖向开口率 建筑表面系数 吸热与反射系数	散点围合 多边围合 周边围合	街区层面的日照状况、通风能效与空气龄大小

资料来源：笔者自绘

城市形态及建筑密度会导致城市风环境与微气候的差异，如建筑的高密度布局将影响迎风面面积的大小，进而影响到通风效能，人口密度则与该地块能量消耗的多少和排热的大小有关。城市密度越高，城市对通风要求就越高，然而城市内风速却越低，同时空气污染就越严重[198]。例如，在夏季主导风向方向逐渐升高的建筑高度分布形式，有助于夏季风深入城区，减弱热岛效应。

在这一方面，香港的一些学者研究了高密度地区建筑形态、布局和密度等与空气渗透率的关系，明确了密度与空气污染的关系[199]。因此，城市应根据所在地区的气候条件、地形地貌等合理确定城市密度，以确保城市通风，减少污染物集聚的可能性。

(2) 城市形态与风环境耦合的研究视角

在认识城市形态与城市风环境的关联耦合性时，应首先考虑三个方面的内容：一是认清城市形态、功能结构等相关要素对城市风环境的影响规律，明确国土空间规划和建筑设计的研究视角，进而掌握城市风源、风道与风汇区的规划策略，提出典型街区的良好自然通风、改善局部大气质量的低碳设计策略（表 6-4）；二是由于城市风环境优劣的评判标准不仅涉及节能、环保方面的内容，也与人们在美观与舒适度等方面的感觉有关，必须建立科学多因素的评价标准；三是必须借助先进的物理实验和数字模拟的技术手段，分析城市空间形态与自然通风效率之间数理关系，认识和把握城市空间形态与城市微气候的内在规律，建立科学的研究框架，提出有关优化风环境的城市形态的指标和评价标准，研究城市形态性能优化，探索优化通风环境、改善空气质量的设计手段，建立改善城市风环境的规划对策和管理控制体系。

城市发展模式成因及形态特点 表 6-4

布局模式	形成原因	形态特点	中心与各功能区布局特点	发展模式	实例
单一圈层布局	多出现于城市形成初期或平原	呈圆形、方形或其他多边形	中心布局相对较小、用地紧凑，特大城市有多中心现象	“圈层式”或沿主要交通走廊辐射	东京、北京
中心圈层—多片区布局	特大城市或受到河流、山体等地形阻隔	小体块环绕大体块的多种复杂形态	由市中心区和若干有一定绿化、河流或山体间隔的功能片区构成	以市中心为核心的“辐射轴”发展模式	莫斯科、武汉
带状布局或串珠式布局	由于山地、河谷或滨海狭长地块阻隔而形成	呈现长条形，断续状的线性团块	有全市性政治、文化、商业中心外，也有分区中心	沿主要交通线或河谷发展	深圳、兰州
多中心网络布局	由于河网、适应资源分布而形成	形成有间隔的星状与网格状组合体	有主要的中心与网络分布的组团中心	沿网格节点生长变化	连云港、淄博

资料来源：笔者自绘

6.1.2.2 城市总体形态对风环境影响分析[73]

从城市形态演化模式来看，邹德慈教授将城市空间形态分为集中团块型、带型、放射型、星座型、组团型和散点型六大主要类型。本书根据这一分类，探讨城市形态与风环境的耦合关系。

（1）集中团块型。城市的长轴和短轴之比小于 4∶1，其子型有方形、圆形、扇形等。集中团块型城市一般建于平原地区，在建设之初往往就是集中型形态。城市通常以圈层式发展模式向外扩散。集中团块型城市的城市中心一般位于平面的几何中心，路网也比较规整。集中团块型城市的道路与风向的关系比较密切，例如，当路网顺应风向时，城市通风较好，当路网与风向夹角较大时，城市通风性能急剧下降。

（2）带型。城市的长轴和短轴之比大于 4∶1，其子型有 S 形、U 形、L 形。带型城市一般处于峡谷或沿河地带，由自然环境决定了城市的形状，或是处于交通干线两侧，由交通干线引导的城市，还有一些带型城市是由带型城市理论发展而成的。带型城市规模一般较小，城市路网比较简单。城市除一个主中心外，会形成几个副中心而呈现多元化空间结构。带型城市对风比较“敏感”，当带型城市的长轴与风向平行时，风进入城市的渠道较少，而且风在城市中流动路线较长，风能损失较大，因此城市内风速较小。当带型城市长轴与风向垂直时，城市内风速较大。

（3）放射型。这种形态有一个主中心，沿主中心向外有三个以上的明确发展方向，其子型有星形、雪花形、花瓣形等。这种城市形态一般分布在平原地区，城市初始形态一般为集中型，随着经济、社会、交通的发展，由城市中心向外放射出城市干道，并在干道末端发展成城市副中心。这种城市形态由于主副中心之间保存了大量的楔形绿地，与自然环境接触比较充分，城市气候环境一般比较好，容易引导风进入城市。

（4）星座型。这种形态由一个主中心和围绕主中心的若干个副中心组成。因其形态像星座而得名“星座型”。这种城市形态一般由国家首都或特大型城市发展而来，在主城区外围建立若干个卫星城，并用快速干道连接主城和卫星城。主城和卫星城之间保留的建设空地是风进入城市的主要通道。

（5）组团型。这种形态是由若干个相对独立的城区组成，各城区之间联系比较紧密。这种形态一般是由较大的河流或其他地形原因将城市分割成几个主要部分而形成的，各城区有自己相对独立的路网。如布局合理，规模适中，这种布局形式可形成较好的生态环境。这种布局形态由于山、水不同热物理性能的下垫面存在，具有产生局地环流的资源条件。

（6）散点型。这种形态由几个规模相似的团块组成，团块之间没有明显的主次关系。这种形态主要是由资源分布比较分散的矿业城市发展形成的，也可能是由距离较远的规模相当的城镇发展而来的。

从城市发展形态和模式来看，笔者也可以将它归纳为单一圈层布局、中心圈层—多片区布局、带状布局或串珠式布局，以及多中心网络布局等类型（表 6-4）。

这些城市结构与形态体现的是与周边环境接触面的状况与特点，以及反映城市与区域气候契合度和风环境的适应性，它涉及利用气候方式、对不利气候的规避能力等问题（表 6-5）。例如，可以在污染多的城市采用带状布局，它更有利于通风并稀释大气污染；利用同心圆城市结构有效地抵御台风，防止寒冷气流的影响等。

不同城市结构的优缺点比较 **表 6-5**

城市结构	城市形态	优点	缺点
单核心—圈层型	团块形态	集聚经济的效应明显，基础设施利用效率高	超过一定规模，城镇发展便呈现出高碳化
沿轴扩展型	线性形态	公交利用效率高、有利土地与交通的结合的低碳布局	需适度控制城镇规模与轴向扩展长度，不适宜大城市发展模式
跳跃发展型	点状形态	适应于复杂的地形和复杂条件下的功能布局	新老区间联系不易把握，中心城区规模难以控制
星状与指状型	零散的点状形态	城市结构易于与水网结合；轴线间便于发展绿化，保证低碳化运行	功能区连接轴交通压力大；公共服务设施布局易失衡；绿楔易被占用，变为中心团块型的形态

资料来源：笔者自绘

另一方面，热岛效应会随着城市规模的增大而增加，同心圆的巨型城市不仅热岛效应明显，而且很难组织通风，因此必须探索城市适宜规模，研究合理尺度，控制单个城市规模，建立分散式、多核心和网络状的空间结构，优化城郊气流组织模式，减少进入城市内部的风阻系数，从而达到优化微气候和改善城市通风性能的目的。应在认识城市不同总体形态的基础上，从城市规模的合理控制、城市形态与自然环境的生态融合等方面，实现城市结构的低碳化和微气候优化的目的。

6.1.2.3 基于城市总体形态调整的风环境低碳优化策略

城市生长格局与总体形态的优化是风环境低碳优化的重要内容。它包括：调整城市生长格局的气候适应性，考虑平面与竖向布局的集约化与生态优化，以及改善下垫面风环境的物理性能等内容[73]。

(1) 有机分散的单核心—圈层型城市形态低碳优化对策

"单核心—圈层型"的城市结构是一种集中发展模式下产生的结果(图 6-1)。

一些学者对城市扩展模式与近地层风场相关性的研究结果表明,圈层城市对盛行风的流速影响最大,城市中心会逐渐减弱。在中等偏小的圈层城市,盛行风尚能流经城市建成区,当圈层规模扩大时,近地面层盛行风则会在城市中部或下风向的地方逐渐静止。其中,城市热岛中心分布与城市结构呈现出一定的关联性,即在城市中心,热岛呈现强度大、分布集中等特点[72]。

为了避免城市集中发展造成热岛效应不断强化,应采取有机分散的城市发展策略,选定生态阻力较小的方向,在城市内部引入"生态绿楔",减少建筑与人口的密集区,增加城市与绿化的接触面,使城与绿融为一体。

例如,采取有机分散的策略,优化单核心—圈层型城市,将圈层发展改为"指状"向外密集发展方式。即依靠放射或走廊式的交通,联系次一级中心,疏解一部分城市功能,将它分散到周边卫星城;充分利用水体、开敞空间和楔形绿地,形成自然风道,将风导入城市内部。这种模式可以形成由开阔绿地包围具有适宜规模和良好服务设施的城市单元,并对城市中心区的环境污染和"热岛效应"起到缓减作用[72]。

因此,应在特大城市周边适当发展卫星城,构建多中心组团式发展模式,疏散中心城市人口,减小中心城市的热负荷,并在片区与组团间保留适当的水体、农田、林地生态廊道,增加风道入口,减少气流进入城市的障碍,提高城市风道的微气候调节能力[182]。

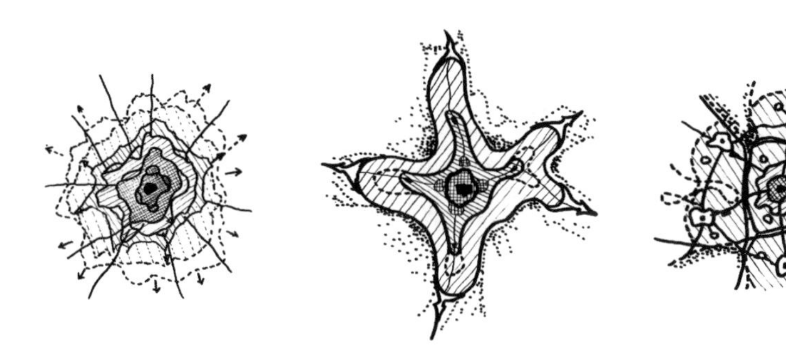

图 6-1 单核心—圈层型城市的演变模式

(资料来源:参考文献 [200])

(2) 协调共生的跳跃发展型城市模式低碳优化策略

跳跃发展型城市和星状与指状型是一种常见的发展模式,它指在中心城市外围,通过放射型交通,发展次一级城市中心,将城市功能分散布置,拓展到周边卫星城的一种布局模式。这种布局模式具有先天的优势,可以利用楔形绿地、水体、开敞空间等形成天然的廊道,便于风进入城市内部。同时,这种模式的优化有助于形成规模较小、绿化良好、服务设施的周围由开阔绿地包围起来的城市单元,对引风降温与导风排污具有独特的优势,并可通过建设通风廊道系统,减轻城市中心区的"热岛效应",缓解污染[72]。

(3) 结合环境的沿轴扩展型城市形态低碳优化方法

当盛行风与城市的轴向拓展方向垂直时,主导白天的城市风场是盛行风,主导夜间风场的是城市热力环流；当盛行风平行于城市发展方向时，随着城市发展轴加长，它对城市风场的影响将逐渐减弱。对于组团状发展的城市，城市通风效果与规模大小呈负相关，当组团间有山体、绿带和河流等自然生态要素分隔时，组团间将有良好局部环流，有利于保持良好的城市环境。

沿轴扩展的带型城市形态具有多中心和较强方向性的特点。这是因地形条件限制产生的一种城市结构，该城市形态与自然结合紧密，城市与乡村自然交互面多，当长边与主导风向垂直时，较小的纵深使自然风易于到达城市中心。因此，在城市规划布局时，应考虑主导风向、日照及自然山体、河川和绿化等的关系，使周围的自然风和新鲜空气有效渗入市区，达到改善城区气候环境的目的[72]。

6.1.2.4 基于微观城市形态优化的风环境低碳设计策略

城市平面形态的封闭或开敞是由不同方位的城市平面几何特征所决定的，当城市周围的地形比较复杂时，围合度对城市微气候的影响更大。为增大郊区风进入城市内部空间概率，应考虑开敞、围合度低的城市形态，充分利用河道、山谷滨海岸线等，结合夏季盛行风考虑城市的通风廊道和合理确定道路网方向，利用空阔的外部空间位置，布置城市天际轮廓线等设计内容。通过调整城市的疏密度、围合度及起伏度，达到影响和调节城市热岛效应的目的（表 6-6）。

城市形态、城市肌理对城市通风与降低热岛效应的影响 **表 6-6**

分类	因素	因素类型	评价指标	影响条件	作用对象
城市实体形态空间分布	疏密度	定性描述	疏/密	风/湿度	城市热岛/城市通风
		定量描述	覆盖率		
	围合度	定性描述	封闭/开敞	风	城市热岛/城市通风/排污
		定量描述	平均高度/面积		
	起伏度	定性描述	天际线	风/日照	城市热岛/城市通风
		定量描述	平均高度		
城市肌理	城市路网	定性描述	格网/辐射/不规则	风/日照	城市热岛/城市通风/排污
		定量描述	天空可视度		
	建筑组合模式	定性描述	点式/院式/行列式	风/日照	城市热岛/城市通风
		定量描述			

资料来源：笔者根据相关资料整理绘制

6.1.3 “汇”的密度影响——城市肌理对低碳—低污风环境影响优化

6.1.3.1 密度的概念与高密度城市的发展背景

“密度”在不同的研究领域有不同的定义。在规划领域主要包括人口密度与建筑密度。建筑密度指标包括容积率和建筑覆盖率。在快速城镇化发展阶段，如何通过优化容积率、建筑覆盖率等建筑密度指标，从而实现城市低碳—低污发展的目标，成为城市建设面临的重要问题。

6.1.3.2 不同密度城区特点与高密度风环境特征

所谓高密度城区一般是指容积率、建筑密度、人口密度、建筑高度都比较高的功能片区。

高密度城区的空间形态，体现在粗糙度、街谷空间高宽比、建筑密度等要素中。如街谷空间是城市主要风道，也是城市风环境控制的重要内容之一。在街区与建筑群层面，高层建筑的布局对建筑风环境舒适度有决定性的影响。

建筑密度对风环境有很大的影响。建筑密度越大，就意味着风在城市中流动时遇到的障碍物也就越多，使风的流线更加复杂，容易产生涡流、静风等不利风场。总体来说，建筑密度与风速呈反比，即建筑密度越大，风速越小。而且气象观测资料表明，与其他影响城市风环境的因素相比，建筑密度主要影响的是人行高度的风环境。因此，控制建筑密度是进行风环境优化设计的一项主要内容，表 6-7 是 Oke 提出的基于不同密度区粗糙度及高宽比的城市局部气候区。

Oke 提出的基于不同密度区粗糙度及高宽比的城市局部气候区 **表 6-7**

城市气候区（UCZ）	城市形态	粗糙度	街谷高宽比	建筑密度（%）（不透水地面）
1. 高度开发的城市区域。以高层建筑为主要建筑形式，建筑紧密布局，土地利用率高，例如：城市中心区		8	＞2	＞90
2. 高度开发的城市区域。以 2～5 层的多层建筑为主，建筑互相联系或紧密布局，多为砖石建筑，例如：旧城中心区		7	1.0～2.5	＞85
3. 高度开发的中等密度的城市区域。联排或是单体的住宅楼，商店、公寓等为主，例如：城市住宅区		7	0.5～1.5	70～85
4. 高度开发，中低密度的城市区域。以 2～5 层的多层建筑为主，大型低层建筑、铺地停车场，例如：大型商场、仓库		5	0.05～0.2	70～95
5. 中度开发，低密度郊区，以 1～2 层的低层建筑为主。例如：郊区住宅区		6	0.2～0.6 有树时或大于 1	35～65
6. 功能混合区域、开放区域的大型建筑群体，例如：大学、研究所、机场等		5	0.1～0.5 与树高有关	＜40
7. 半农村的开发，零散的房屋位于自然区域或农业区域，例如：农场、庄园		4	＞0.05 与树高有关	＜10

注：■建筑 植被 ▬不透水地面 ----透水地面
资料来源：笔者转引自资料［162］并重绘

根据北京市气象资料显示，北京市的风速分布情况基本和建筑密度分布趋势一致，风速等值线呈同心圆式向内依次减小。城市外围风速较大，越往城市中心区风速越小。而在城市中心区，青年湖、天安门、天坛地区风速更小，原因是这些地区建筑密度较高。

高密度城市的空间特征为其风环境带来直接的影响，高容积率、高建筑密度、高建筑层数导致下垫面粗糙度较高、街谷空间高宽比较大，使得各种气流变化较多，风环境更加复杂。

同时，高密度对城市热岛效应有一定影响，建筑密度越高、开发强度越大，越容易形成热力聚集，形成热岛中心。据研究，建筑覆盖率每提高 10%，城市气温约上升 0.14～0.46 ℃；容积率每提高 10%，城市气温约上升 0.04～0.10 ℃。

有学者指出，风速在 1 m/s 以下的时候，城市热岛强度与建筑密度大致呈线性关系，其计算公式为：

$$\Delta T_{ur} = 0.95 + 0.16X \quad (6\text{-}1)$$

式中，ΔT_{ur} 是城区与郊区气温的差值，X 为观测区 100 m^2 范围内的建筑密度。如果建筑密度增加 10%，城乡温度差将增加 0.16 ℃[201]。

因此在居住区规划中，建筑密度一般不宜超过 40%，根据不同的气候分区，住宅建筑净密度推荐指标见表 6-8。

不同气候区住宅建筑净密度推荐指标（单位：%） 表 **6-8**

住宅建筑平均层数类别	建筑密度最大值			
	Ⅰ、Ⅶ	Ⅱ、Ⅵ	Ⅲ、Ⅴ	Ⅳ
低层（1～3 层）	30	30	35	40
多层Ⅰ类（4～6 层）	25	25	28	30
多层Ⅱ类（7～9 层）	25	25	28	30
高层Ⅰ类（10～18 层）	20	20	22	22
高层Ⅱ类（19～26 层）	18	18	18	20

资料来源：笔者整理

高密度城区空间变化较大，风速差异明显，主要原因是街道的宽度、大小、走向以及沿街建筑的不同，造成得热不同，局部的温差在静风或低风速的条件下，在城市内部形成了局部的热力环流；同时，盛行风在城市内受到建筑物的阻挡，产生气流升降等现象，使局部的风环境复杂化。高密度中心区风环境存在的主要问题是平均风速小，风向不规则。风在城市中受到地面摩擦力比郊区大，一般来说风速要小于盛行风速，且在建筑阻挡下，产生了局部的漩涡。而出现在高大建筑周边的强风，会危害行人安全，并造成建筑物及环境的破坏。

由此可见，针对高密度城区复杂的风环境特征，需要通过 CFD 模拟等技术手段，总结不良风速风压区域分布规律，分析不良风环境产生的原因，进而提出利于改善风环境的高密度城区空间优化策略。

6.1.3.3 高密度城区的风环境低碳优化对策

高密度城区由于地块的容积率高，外部空间局促、建筑的热负荷大，因此，对于湿热地区的城市来说，导风除热与驱湿型的风环境低碳优化策略尤为必要。它主要包括以下的内容：

（1）在城市层面，应尽量采用多中心、网络式城市结构；在片区层面，应考虑分布式高层建筑群布局模式，避免高密度积聚的团块式空间结构。

（2）高密度城市中，采用中间高两边低、过渡自然的城市天际轮廓线，避免洼地式的竖向空间布局，控制高层建筑群在城市空间中的分布，科学布置高度分区，形成高、中、低的立体化的通风廊道（图 6-2）。同时，通过建筑群高低错落的布局和建筑的高度变化，使气流下降到行人高度。在裙房的处理上，阶梯式的裙房设计有助于通风。

（3）合理组织高密度城区的通风廊道系统，通过合理组织高密度街区中绿化与开放空间，形成主风道、辅风道与微风道相结合的风道网络系统。大尺度街区缺乏促进气流渗透的“毛细血管”，为增大高密度街区通风效率，应避免应用大街区模式，多采用小街廓、密路网的街区布局，增大路网与街谷形成的密集气流通行网络。

(4) 由于高密度城区的通风主要依赖于道路、广场、绿地等公共开敞空间，应控制建筑与道路朝向，使之与主导风向有一定夹角，避免大面积板式建筑与夏季主导风向垂直。

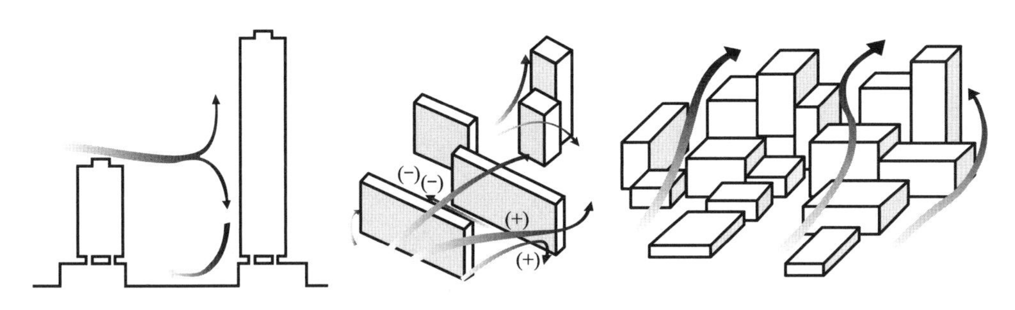

图 6-2 高、中、低建筑搭配的立体通风策略

(资料来源：参考文献 [136])

(5) 尽量采用点式高层布局方式，避免长宽比过大的板式高层建筑出现，在建筑层面上，多采用流线型的高层建筑平面形态，可以减少角隅效应，避免漩涡的出现；同时通过形体优化的方式，合理布置建筑，使建筑长边与主导风向平行或两者夹角控制在 0°～30°，在同等密度和容积率的条件下，有效减少迎风面面积，降低高层风影区面积，显著提高外部空间的通风效率。

(6) 尽量避免设计成围合式的裙房；将高层裙房长度缩短，宜采用岛式建筑群布局，增大高层建筑群低层平台层处的开口率，提高人行高度通风渗透率，同时增加街区内部风的可达性。

(7) 高密度城区中的外部空间往往是人群活动的密集场所，因此可以在认识高层建筑与风环境的耦合规律的基础上，通过外部空间周边高、低层建筑的科学搭配，即在外部空间的上风向布置低层、下风向布置高层，同时通过挑檐、裙房等建筑或构件，有效将高层气流导到高密度人群的活动场所，提高外部空间的通风效率，增加微气候的舒适度，起到导风降温与排污的目的。

6.1.4 “汇”的竖向关系——高度分区对低碳—低污风环境影响分析

6.1.4.1 城市竖向形态与风环境关联耦合特点分析

城市竖向形态影响了风影区分布、形态和风渗透率大小。例如，高度各异的建筑相互遮挡，使该区域日照辐射率和热场分布不同；而建筑群竖向布局不同，也影响采光、通风和日照等微气候环境。一些学者的研究表明，高度均一的高层建筑群不利于通风，这是由于风的垂直方向的动能不足，无法下渗到街峡中。[202]

城市粗糙度是城市单位面积上建筑体积与迎风面面积的比值。城市冠层粗糙度与高层和低层建筑布置方式密切相关，也与建筑物或人工铺面所覆盖形式有直接关系，它将改变城市平均风场的分布，并产生不同局部涡旋和湍流的形式。

城市粗糙度高表明城市三维立体化程度高，它直接影响太阳辐射的吸收率，对风速也有极大的影响——粗糙度越高，则城市风速越低。草地、水体等地表粗糙度较低，灌木、林地和城市建筑等地表粗糙度较高，前者比后者有更强的通风潜力。因此，通过调控建筑高度、建筑覆盖率和城市冠层粗糙度，可以有效影响城市通风性能。另外，城市粗糙度越高，表明在城市街谷中，天空的可视度越低，它将使建筑表面和地面的长波辐射难于扩散，并使地表积聚的热量难以排出，从而导致热岛效应强化[73]。

6.1.4.2 风环境规划中高度分区的低碳布局优化原则

城市竖向设计要结合地形变化，利用自然地形变化形成良好的风环境。

例如，我国传统建筑和城市选址在“背山面水”的地方，夏季风从南向吹来，经过水面冷却，吹入城市中，给城市带来凉爽的空气；冬季，北部的山体阻挡寒冷的北风，降低城市内部风速。现代城市规划中也应用数字地形模型，在研究城市粗糙度的基础上，形成城市“通风地图”[203]。

对于寒冷地区的城市，要通过选择背风坡地，合理组织城市空间形态，创造紧凑、围合度高的城市结构。面向冬季盛行风方向，采用相对封闭的城市布局，形成遮挡作用；利用地形与地面高差，用高大建筑物避风，有效地防止冷风的长驱直入。同时，尽量减小高层建筑群间的峡谷效应的不利影响，并通过种植植被等手段降低城市空间中的风速，提高冬季城市空间的舒适性。

对于湿热地区的城市，天际线应随夏季主导风向由前向后逐渐升高。我国大部分地区受季风气候影响，夏季流行东南风，冬季流行西北风，因此城市天际线宜由东南向西北逐渐升高。这种布局方式可减小夏季主导风吹入城市时受到的阻力，并阻碍冬季寒风吹入城市。建筑高度的增高将显著增大建筑的迎风面面积，在建筑背面形成大面积风影区，大大降低风速。将高层建筑布置在城市西北部，有利于城市夏季通风，并减小冬季寒风对城市的影响。

在竖向形态布局方面，中间高周边低的城区比中间低周边高的城区散热效益高。如北京市夏季市中心通风不利，热岛现象严重，与呈内凹形的城市空间布局有很大的关系。因此，为有效提高城市风速，改善城区热环境，在城市夏季主导风向上应保证一定的开口率，即保留没有建筑或高度较低建筑构成的气流入口；而在冬季多风地区应考虑主导风向方面的城市的封闭度。

在高温和湿热地区，应避免将高层建筑群布置于城市的夏季上风向位置，以防止阻碍自然风向城市内部的渗透，并避免高层建筑周边形成漩涡，影响人行高度的风环境的安全。而良好的城市高度布局，将引导上部空气向地面运动，它有利于气流流动，强化自然风向城市内部的渗透，改善行人高度的风环境。

同样，在滨水地区，水陆风是创造良好微气候的重要局部环流。为了有利于创造良好的景观格局，促使气流由水面向陆地的渗透，必须控制滨水区域建筑高度分区，形成由滨水向城市内部逐步提升、有层次的天际轮廓线，打通滨水景观的视觉通廊，提高城市内部的视线通透性。

合理的竖向分区与良好的建筑高度布局，能有效避免冬季寒风的影响。同时，城市冠层的建筑形态相同且建筑间距较小时，往往能够避免建筑顶部气流的不良影响。这是因为当来风遇到一排排高度基本相等的建筑时，风会变成两股气流，一股气流沿密排的建筑屋顶略过，而不进入城市底部空间，这一部分气流占来流的大部分，另一部分气流是风与建筑摩擦产生的分支气流，产生下降的紊流[204]。

以与风向相对位置为依据，高层与低层建筑的位置关系包括：高层位于上风向、高层位于下风向，以及高、低层建筑并行布置三种方式（表 6-9）。

高层与低层建筑的相关关系及应对 表 6-9

位置关系	风环境效果	规划应对办法
高层位于上风	低层建筑处于风影区，对气流有遮挡作用，风场分布不规律	合理选择建筑基本形式及朝向，错位布置，采用流线型的高层建筑形式，以降低高层建筑两侧角流和风影区
高层位于下风	高层下行风与地面的水平向气流混合，将在高低建筑之间形成强烈的湍流	选择合适的建筑平面，避免流线型形式，保持适当的建筑间距，或高低建筑的错位布置；利用高层迎风面的裙房或篷，缓冲下行风，减弱高、低层建筑间的湍流
高、低层并列	高层建筑角流影响低层建筑，并排间区域产生峡谷效应，导致风速过快	选择合适的建筑平面，并保持高、低层建筑之间的适当距离

资料来源：参考文献［162］

高层建筑迎风面的下行风是一种非常不利的气流。下行风吹到地面时，与地面流场混合后的混乱风场，会使行人十分不适，而且当来风风速较大时，下行风会对对立面水平构件产生较大的风荷载，甚至会吹落立面构件砸伤路人。针对高层建筑下行风的应对策略是：高层建筑底部设置裙房，使下行风在裙房顶部受到限制，减少对地面的不利影响。裙房顶部还可以开洞，引导下行风进入，增加裙房通风效果，并且对高层建筑背面风环境也是有利的。

缓减“高层风”对低层及行人高度风环境影响的优化策略有：采用符合空气动力学原理的高层建筑的形体设计，以减少其产生不良气流；同时，相邻建筑的高度采用适宜变化值，使之不超过相邻建筑高度的 2 倍。使建筑前后气流沿着主导风向逐渐增高，引导大部分气流通过建筑的屋顶，以减少风对街道的影响（图 6-3）。在寒冷地区，建筑高低转折的中线宜设在街区的中央。当相邻建筑的高度相差较大时，应在建筑的迎风或背风面的 6～10 m 高度，设计突出平台，避免高层形成的下行气流影响到室外的人群。

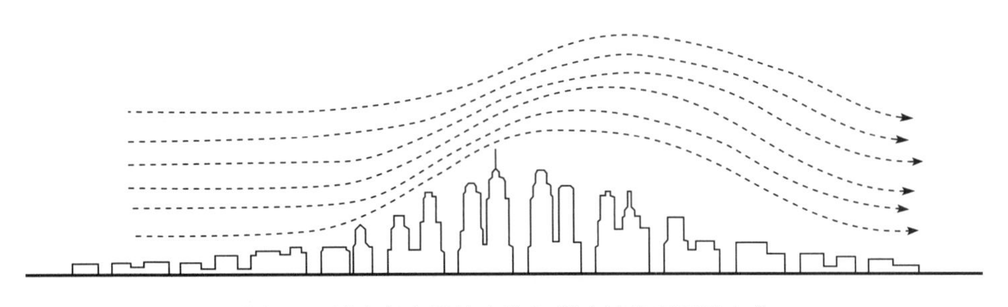

图 6-3 城市竖向设计应使相邻建筑高度渐进变化

（资料来源：参考文献［205］改绘）

6.2 “汇”的街区层级——基于街道布局的低碳—低污风环境耦合优化

街区层级的风汇区是城市风环境设计的重要内容。城市风环境既受制于街区形态和街道布局等，反过来，城市风环境又将强烈地影响城市街区空间，影响城市街区的空气流通、气体和固体小颗粒等污染物的稀释、人体热舒适的改善等。在这一层面，主要分析不同的街坊平面风环境特点，探索街谷形态、街道走向与风环境的耦合机理，考虑基于不同气候特点条件下最佳的布局方式。

6.2.1 不同街区形态的风环境特点分析

街区形态包括平面、建筑密度和高度，以及街谷形态与走向等内容。在城市中，街道、建筑高度与布局的不同，城市风环境会发生很大的变化。因此，街区尺度的风汇区设计，必须根据街区布局的形式、街道走向、街道肌理等特征，决定风环境的优化布局方式。

6.2.1.1 街谷形态对风环境作用机理分析

城市街谷由道路路面、街道两边建筑物及其所围合的空间组合而成。街谷是人们室外活动的重要场所，也是风在城市中流动的主要场所，街谷中风环境的优劣，直接影响人们室外活动的数量和质量。

在街区中，当风吹过建筑物时，建筑两侧和顶部会产生较高的风速扰流，这就是角隅效应。风速在角隅效应作用下，会形成角隅强风区，其阵风风速可达来流平均风速的 2～3 倍，因此，当来流风速较大时，在角隅区将产生危险[206]。

同理，迎风区建筑的背风面会形成“风影区”，该区的风速明显低于迎风面。风影效应会在建筑物后延伸很长的距离，造成街区局部气候差异。因此，建筑群应错落布局，以减轻风影效应的影响。在风向和街道走向相垂直的条件下，两排房屋之间会出现漩涡和升降气流和产生风影区，街道上的风速由于受到建筑物的阻碍将会减少。

因此，为形成街区良好的风环境，街区级的风道宜从外到内设计成阶梯形断面，使风道通风界面尽量平滑，并尽量降低建筑密度，风道口或街区中在盛行风方向迎风面的建筑宜采用点状布局，保证一定的通透性。

6.2.1.2 街道走向与宽度对风环境的影响

街道走向是影响风环境的关键因素，当街道走向与风向相同时，街道将成为“风道”，会带来所谓的“狭管效应”。该效应导致风速变大，对降低空气温度、缓解城市热岛效应，以及驱散街道内汽车尾气是有利的，但风速过大时，会影响行人活动；当街道走向与风向不一致时，会引导风向偏转，街道内风场比较稳定舒适，对行人活动影响较小，且街道两侧建筑通风效果较好（表 6-10）。

街道走向对风的影响 **表 6-10**

街道与风向的关系	街道内风速	不良风场	街道两侧建筑通风	风舒适度
街道与风向平行	较大	易形成狭管效应	较差	较差
街道与风向呈一定夹角	适中	无	较好	较好
街道与风向垂直	较小	静风区较大	较差	较差

资料来源：笔者自绘

街道走向决定了街道受到太阳辐射能量的多少，也影响了建筑的布局、水平面和垂直面的阴影形式。街道空间内的风向与来流相对于街轴的入射角有关，较小的入射角关系有助于城市通风。总的来说，东西走向的街道区域比南北走向的街道区域的温度略高，因为其接受太阳辐射的时间更长。同时，街道空间的热环境还与当地的主导风向有关，街道同主导风向夹角越小，则通风效果越好，热岛效应越不明显。

当街谷走向与风向平行或夹角较小时，街谷对风阻碍作用最小，风向基本沿原方向流动，但这种情况下，建筑两侧难以形成有效气压差并促进室内通风；而当街谷走向与来风风向垂直时，街谷内风速和风向受街谷走向影响最大，街谷内风速大大减小，形成许多涡流区，导致风场紊乱，而且这种街谷走向也不利于室内通风；当街谷与来风风向夹角为 30°～60°的时，街谷对风的阻碍作用较小，风速基本不变，风向也基本压沿街道走向运行，建筑两侧能产生有效风压差，促进室内通风。

街道的宽度、走向、两侧建筑的形式，以及路网的疏密度等，均会影响城市通风的均匀度。总体来说，街道宽度越宽，街道内风速越大；街道宽度越窄，街道内风速越小。因此，对于冬季防风要求较高的寒冷地区城市，应将街道控制在一定宽度内；同时，在街道规划中，也要避免低风速条件下的交通尾气污染[207]。

6.2.1.3　不同街谷形态影响下的风环境特性

街谷形态是指街道两侧建筑物及其形成的狭长空间。街道高宽比是街谷形态的最重要参数，它表示街谷两侧建筑高度与道路宽度的比值。不同街道高宽比其街谷内气流情况有较大差异。

从街道峡谷中风流动机制来看与风向和街轴的夹角有很大的关系[208]。例如，当主导风向与街轴相垂直的时候，因街道高宽比和沿街建筑长高比不同，将形成 3 种不同的气流结构：独立粗糙流、尾流干扰流和掠过式流动。这些流动是由上风向和下风向的建筑后部湍涡的相互作用所产生。

如表 6-11 所示：①当街道高宽比较大时，上风向建筑的后部，气流将在建筑物上部边缘分离，并产生一个低压涡旋，同时在下风向墙壁处也分离而产生一个涡旋[209]。②在这种孤立粗糙流中，在碰到下风向建筑物前，会恢复为上风向气流流动的状况，且两个湍涡间相互作用很小。如果街道高宽比适中，下风向的建筑就会影响到湍流，在流场未恢复前，两个湍涡将有可能发生相互作用而形成尾流干扰流。③如果街谷的距离更窄，上部气流难以进入街道内部产生稳定的涡旋，就将会产生掠过式的气流。同时，当气流与某一角度斜向进入街谷时，街谷内会形成螺旋形涡流[209]。

街道峡谷气流及流动机制　　**表 6-11**

街道峡谷高宽比	街道峡谷中气流机制	流动机制示意图
大	孤立粗糙流	
中	尾流干扰流	

续表

街道峡谷高宽比	街道峡谷中气流机制	流动机制示意图
小	掠过式流动	

资料来源：笔者根据参考文献［209］整理

另外，一些学者对主干道和街道峡谷的空气龄进行量化研究。研究结果表明，当街道的两侧建筑高度与街道宽度之比等于1时，主要街道的空气龄最大。随着街道长度与街道宽度之比的扩大，街道内空气龄不断加大。同时，城市天际线变化对街谷内的通风条件也有很大影响，相邻建筑物高度不均匀性越大，街谷中空气龄越短；同时，较高建筑物迎风侧的空气龄较小，而背风侧的空气龄较大。[210]

一些学者通过数值模拟的结果表明，街道的交叉口横向开口大小、位置及高宽比等形态特征与街谷中风场特点密切相关。由于街道的一部分空气是通过屋顶进行垂直交换的，街道长度与面宽的比例越小，空气质量就越好。同样，街道中开口或交叉口大小及位置对街谷中的气流有重要影响，当街道宽度相近时，影响尤为明显。街道连续性比率表示街道连续性。它与街道的开口和对称性有关，并通过中央街道的横向开口影响空气流动和污染物扩散。研究表明，街道中车辆排放的污染物容易积聚在街道的下风向区域。在街道宽度较大、建筑平面密度较低的情况下，由于街道通风较好，污染物浓度也相对较低。[211]

6.2.2 基于风环境低碳—低污耦合优化的街区布局与形态设计

6.2.2.1 优化街道空间布局

在寒冷地区城市，风环境优化的主要任务是冬季防风。因此，街坊应沿冬季主导风向规划为进深较大的形态，这样冬季寒风在街坊中运行路线较长，使风速逐渐降低，使大部分街坊区域处于低风速区域。对于炎热地区城市，风环境优化的主要任务是夏季通风，因此，城市街坊形状应缩短沿夏季主导风向长度。这样冷空气风在街坊中运行路线较短，使风能顺畅地穿过街坊，保证街坊内的通风。而对于夏热冬冷地区的城市，冬季防风和夏季通风同样重要。因此，街坊形状沿冬季主导风向方向应较长，沿夏季主导风向方向应较短。

街道两侧建筑应考虑到朝向及通风相关性的问题，东西走向街道两侧的建筑不宜采用多层或高层条式，建议采用点式或条式低层布局。围合式布局夏季通风较差，适当将东、西和南面的条式建筑底层架空，有助于改善局部风环境。

街道与两侧建筑形成的开敞空间最好呈“倒梯形”，可以采用建筑退台的形式，减少广告牌的使用，这样有利于风的流动，同时利于街道中污染物的扩散。在建筑材料和体型选取时，应避免选用过于粗糙的材料和过于频繁的体型变化。

从高度布局来看，应合理利用地形，建筑宜南低北高，为避免在街坊内部形成很大的风影区，尽量不采用中间低四周高的方式。北面临街建筑可采用条式多层或板式高层，同时，结合街坊的外部空间布局，有规律地“高低错落”的处理方式，室外场地宜设置防风林、绿篱或防风墙等构筑物，在不影响日照间距和提高容积率的前提下，优化冬季风环境。

同时，在城市街谷模式规划中，应考虑建筑群和植被对通风的影响[212,213]。

6.2.2.2 调整道路与街谷走向

道路系统布局与街道的走向对城市风环境影响极大（表 6-12）。一些学者研究了不同形态路网与通风效率的关系，认为污染不太严重的中小型城市方可采用中心放射式路网，原因是该路网的整体通风效率不高；而自由式路网对不同方向的通风需求适应性好，适用于无主型风向且地形风、水陆风等局部环流较丰富的地区[214]。

不同路网形式及通风性能　　表 6-12

路网形式	通风性能	适用地区
规整型路网	较好	污染大的城市
环形放射式路网	较差	寒冷地区城市
自由式路网	适应性强	局部环流丰富的城市

资料来源：笔者自绘

同时，应尽量用适当的街道与路网布局，以适应全年的风向变化。其规划原则是：保证在不同季节中，均能合理调控进入城市内部的风速和风量，因此，一般主要街道保持与夏季盛行风向平行，或与夏季盛行风向的轴线成大约 20°～30°的夹角，它有利于建筑内的自然通风[215]。尤其在街谷宽度较小的地区，应避免长条形的建筑布局，以防止阻碍通风。主要街道与冬季盛行风最好成直角。

在寒冷地区的城市，主要街道走向应与冬季主导风向尽量垂直，这样可以减少冬季寒风进入城市；街道网络应使用不连续的组织，使冬季寒风在街道内流动受阻，降低城市部风速；“T”字形路口可以减缓或阻断进入街道的寒冷气流。

在炎热地区的城市，城市主要街道走向应与夏季主导风向平行或保持较小的夹角，当街道走向与夏季主导风向呈 20°～45°的夹角时，风进入街道后后仍可保持良好的通风，而且街道两侧建筑前后会产生风压差，有利于建筑内部通风。在条件允许的情况下，应将主要街道沿东西向布置，次要街道沿南北向布局。因为东西走向的布局更能适合冬季采暖和夏季制冷的需要，能最大限度地满足冬季从南面采光的需求，避免夏季东边和西边低射进的阳光。而南北走向的街道中，大部分临街建筑的长边呈南北向布置，在冬季日照条件差；在夏季，建筑物东西向门窗又直接受到东西晒，不利于节能。

在干热地区，街道布局应考虑利用建筑相互遮挡，最大限度降低沙尘的影响。因此，宜采用狭窄弯曲的街道网络，尽量减少建筑和行人受日光的曝晒。狭窄的街道可以防止白日外部强烈的日光照射，并阻挡上部的热空气与下部冷空气的对流，能保持相对凉爽的气候，在夏日为行人提供舒适的室外步行空间；到夜间，建筑的外部降温较快，气流自街巷内向外部流动，有利于形成“冷巷风”。

对于夏热冬冷地区的城市，夏季通风和冬季防风同样重要。由于该地区冬季主导风向是大都为北风，而夏季是东南风，宜采用与冬天主导风向相垂直的东西走向的街道，并尽可能将街道与夏季主导风向布置成45°，这种布局在冬季将极大地减少北风的影响，而在夏天则能保证街道和沿街建筑较好的通风效果。

在控污防霾为主的风汇区，更应重视道路网对风环境的影响。道路网密度与通风效果呈正相关，即道路网密度越高，风速就越大，城市通风就越好。因此城市道路网密度应根据城市所处气候区和城市性质确定阈值。例如寒冷地区的城市在满足交通功能的情况下，适当拓宽道路，降低道路网密度，以减少寒风渗入城市内部；同时，为防止交通尾气的污染，应处理好街道、建筑等与盛行风的关系，提高通风效率。

6.3 “汇”的建筑层级——基于组合方式的低碳—低污风环境耦合优化

街区内的建筑布局方式、建筑密度、容积率、平面形式、建筑高度和绿化等都直接或间接地影响着街区内的风环境。研究建筑群的空间形态与风环境的内在关联，揭示其对微气候的内在关联，充分利用建筑形态与风环境的相关效应，评估不同的建筑平面组合对风环境的影响，优选良好的建筑组合形式，有助于减少建筑的风影效应，提升环境的通风散热效益。

随着绿色社区概念的提出，人们日益注重行人高度的风环境设计问题。如多伦多、波士顿和旧金山等城市，在项目审批时，均要求利用风洞实验或数值模拟的方法，评价项目建设对行人高度风环境的影响，并要求在设计中对潜在的不良风环境加以改善[216]。

6.3.1 建筑组合模式与风环境耦合特点分析

在城市建筑空间布局与组合模式中，应首先利用气候学原理对基地进行微气候分析，充分利用基地周边有利风力资源，规避不利风场，营造良好的风环境。例如对我国大部分城市而言，夏季流行南风或东南风，冬季盛行北风或西北风，因此建筑布局时，在东和南两个方向上的建筑应尽量保持相对低矮，并以开放的形态强化夏季通风；在西向和北向上，则保持高大、封闭的形态，以阻挡冬季寒风。

表6-13是基于建筑布局方式与风环境关系的分析。

建筑布局方式与风环境的关系　　表6-13

<table>
<tr><th colspan="2">不同布局模式</th><th>风速</th><th>风场特征</th><th>适用地区</th></tr>
<tr><td colspan="2">点式</td><td>最大</td><td>边角风</td><td>炎热地区</td></tr>
<tr><td rowspan="3">行列式</td><td>正行列式</td><td>最小</td><td>风影区大</td><td>寒冷地区</td></tr>
<tr><td>错列式</td><td>较小</td><td>通风效果好</td><td>—</td></tr>
<tr><td>斜列式</td><td>较小</td><td>通风效果好</td><td>—</td></tr>
<tr><td rowspan="2">围合式</td><td>全围合式</td><td>最小</td><td rowspan="2">角部易形成静风区</td><td>寒冷地区</td></tr>
<tr><td>半围合式</td><td>较小</td><td>—</td></tr>
<tr><td rowspan="3">混合式</td><td>点式、行列式混合</td><td>较大</td><td rowspan="3">视具体情况而定</td><td>夏热冬冷地区</td></tr>
<tr><td>点式、围合式混合</td><td>较大</td><td>夏热冬冷地区</td></tr>
<tr><td>围合式、行列式混合</td><td>最小</td><td>寒冷地区</td></tr>
</table>

资料来源：笔者自绘

6.3.1.1　建筑朝向及布局对风环境的影响

建筑布局对城市风场的影响极大，在城市空间中，高密度建筑群会阻碍市区空气的流动，尤其是板式高层建筑极不利于城市通风，它使大部分气流从建筑顶部掠过，难于进入街区的近地层的外部空间。因此，为给城市通风创造良好的条件，宜把高层建筑布置在城市中心的下风向位置，同时，应把高层建筑集中分布在城市中心附近，而越靠近城市的边缘区，建筑密度应越低[170]。

在建筑群设计时，应首先按气候学原理，分析建设基地的特定地形和气候特征，利用其有利气候因素，优化建筑风环境，减弱或消除其不利影响[217]。由于当前的建筑形态以正方或长方形建筑为主，在寒冷气候区，当冬季风向与建筑主立面垂直时，建筑后面形成大面积风影区，这对寒冷地区利用建筑互相阻挡寒风非常有利。而在炎热区域的规划布局，可将建筑总体布局呈南低北高布置，使建筑长边与风向保持较小的角度，提高城市通风效率。昆・斯蒂摩[218]分析了6个不同建筑模式所形成的城市肌理对微气候的影响，研究结果表明，在连续开放且与风向平行的街道中，观测介质最快被清除干净，表明此类型街道通风效率最高。当采用板式建筑组合方式时，交叉气流会增强或减弱局部通风效果，即风向与建筑走向呈90°时，湍流会加强清除速度，夹角为0°时，会削弱通风效果。其中，通风效果最佳的组合方式是塔式建筑组合，并且风向在垂直或平行于建筑朝向时，通风效果都不错；当风向与建筑朝向夹角为45°时，由于湍流作用，比垂直或平行于风向时的通风效果更佳，而封闭式的院落布局和连排布局组合方式通风效果最差。

事实上，传统的地域建筑具有良好的气候适应性，如在非洲干热气候环境下，采用紧密排布且带有内院的建筑组合模式，利用建筑阴影产生温差，增强通风效果，这些都是可以借鉴的布局手法。

众多学者通过试验手段研究建筑布局与自然通风的关系，分析了并列式、斜列式、错列式和周边式四种建筑布局的通风效果。结果表明，并列式、斜列式和错列式风场效果较好；同时，一些学者基于不同风向，模拟城市街区风环境作用下污染物的扩散情况，总结出当使用行列式建筑布局，主导风向与建筑呈斜角时，街区内风速快，而导致污染物浓度较低[207]。

6.3.1.2　建筑群对风环境的影响机理

国外一些学者在研究不同外形的高层建筑对气流的影响时发现，塔式建筑可使大部分来流风风向发生改变，当风吹过塔式建筑时，但部分风转向建筑两侧，并在建筑两侧形成紊乱涡流，很小一部分风沿建筑迎风面向上或向下运动。越过屋顶风也不会形成上升气流。随着塔式建筑迎风面加宽逐渐变成板式建筑时，沿建筑迎风面的上升和下降气流比例逐渐加大，越过屋顶的上行风会在建筑屋顶形成强劲的上升气流。建筑侧面和背面会产生与塔式建筑类似的涡流区，但范围更大。由此可见，影响建筑侧面气流结构的主要因素是建筑高度，宽度是次要影响因素。此外，迎风面凸出可以将更多的气流引向建筑两侧，并且减弱建筑两侧的涡流作用，而内凹的迎风面则将更多的气流引导成上行风和下行风，这时高层建筑底部需设置裙房，以减小下行风对人行高度区域的干扰，但高低层建筑之间受紊乱气流影响较大[204]。

建筑所产生的风环境变化表现在如下几个方面：使建筑角部的风速增加，在近地面层出现的涡流；形成建筑正立面的反向气流；建筑背面和侧面出现紊流；由建筑形成的狭窄地带，如街谷、通道、走廊间，出现狭管效应，这些都会造成不良风场和风速变化率过大的现象。

关于建筑周围风环境影响机理可以总结如下：

（1）风压：从风压分布来看，建筑的迎风面将出现正压，侧面出现负压，背风面则会产生涡流。因此，应根据所处地区的主导风向和风速，设计合理的建筑间距。[219]

（2）风影区的长度及特点：研究表明，当风与建筑的最大迎风面呈 90°角时，建筑阻风效果最强，将形成长达建筑高度 10～15 倍的风影区，该区内的风速将会大为减少，并出现紊乱风向。风影区大小与建筑的平面形状、面积大小、长宽比、高宽比等相关。而建筑平面流线型的形式可引导气流平滑流过建筑，大大减小风影区，同时风在越过建筑后风向基本不发生改变。[220]

（3）上行风和下行风：研究表明，当风遇到板式的高层建筑时，风会在建筑 2/3 高度产生剥离，一部分向下吹，称为“下行风”，下行风越往下吹风速越大，与地面水平气流混合后，会产生紊乱风场，影响行人室外活动。向上吹的那部分称为“上行风”，上行风在往上爬升后将越过屋顶，并在建筑背风面形成漩涡区；当后面建筑密度较大时，因气流难以下降，则会进一步加大建筑背面风影区。高层建筑平面形式、迎风面凹凸对上行风和下行风影响较大。上（下）行风在板式建筑迎风面最大，塔式建筑次之，流线型建筑最小。此外，建筑迎风面凸出也会减少上（下）行风，迎风面凹入则会加强上（下）行风。

（4）边角风效应：边角风效应是风在吹过高层建筑尖锐的边角时产生气流剥离、风速突然加大的现象。据研究，边角风的风速可达原风速的 3～4 倍，因此，边角风对建筑边角处构件的防风加固要求很高。高层建筑的平面形式对边角风影响很大，流线型平面可引导气流穿过建筑，避免边角风出现。

（5）压力传递效应：当风吹过排列的多个建筑时，风作用的效果强弱与建筑高度、建筑之间距离有关系，建筑高度越高、建筑间距离越小，效果越明显。此外，规整的建筑布局模式也会加强效果。

（6）风洞效应：风洞效应其实是漏斗效应的一种形式。高层建筑在规划时，底部会留有消防疏散用的门洞。风垂直吹过这个门洞时，风速会加大到原来的 3 倍，引起行人不适[220]。

6.3.1.3 不同高度的建筑组合方式对风环境的影响

沿主导风向依次变化的建筑高度可有效将风引到城市底部，不规律变化的建筑高度也可将风引到城市底部，但高度基本相同的建筑形态不易将风引入城市底部。

高低建筑相互组合方式对风环境的影响比较复杂，会产生复杂多变的湍流风场。体量巨大的高层建筑，还会形成角流区及长长的风影区；同时高、低层建筑的不同布局方式也会产生各异的风场。以来流及建筑的位置来看，高低层建筑之间位置关系可分为 3 种。各类位置关系及其风环境效果与规划应对办法详见表 6-9。

6.3.2 低碳—低污导向下建筑群布局的风环境优化

6.3.2.1 建筑群体布局与低碳—低污通风优化

合理的建筑群体布局能有效提高通风效果。在设计中，应根据当地的主导风向或盛行风向等进行合理布局，当采用错位、并列等多种方式组合时，由于建筑对气流的作用，可以减少建筑风影对后面建筑的影响，将更多的新鲜空气导入，并改善建筑群中外部空间的通风效果。同时，建筑朝向与主导风向成一定角度，可以减少涡流区，改善建筑群的风环境。

为了减轻高层建筑周边不良气流的影响，阿伦斯（1982）提出了以下优化设计方法：避免板式高层建筑布置在盛行风的上风向；避免将重要的人行道和行人出入口布置在高层建筑迎风面；利用环形或多棱角的建筑和水平出挑构件，削弱或减少下沉气流，以及在人行道上种植茂密的树木以吸收不良气流等。

同时，适当利用高层建筑布局，可以改变垂直主导风向街区微气候环境；在形态设计方面，通过建筑边角圆润化处理，可以削弱“角隅效应”，并可通过形体的扭转和切割，或采用迎风面为外凸的平面形式，化解迎风面的涡旋；利用低层架空的立面布局，减小建筑物风影区；可以通过形态优化和风能利用的策略，如利用导风构件和轴流风机转化风能资源。

基于风环境优化的建筑群设计手法包括如下内容：

（1）优化群体布局，包括竖向分区调整与平面布局优化，如对高层建筑位置的优化，对建筑群组合模式的优化等[221,222]。（2）通道与洞口的风环境优化设计，即通过调整围合建筑的开口位置、改变洞口率或裙房形态，实现不同的围合效果，进而改变建筑群的风环境。

在城市中，上下风向的建筑群高度的变化，将改变建筑群顶部的水平方向气流的运动。通常，寒冷地区的高层建筑迎风面的下沉气流和侧面的高速紊流会产生不良影响，如卷起灰尘和树叶，令人感觉寒风刺骨并影响路人的行走等；同时对建筑自身也会带来一些问题，如产生噪声、导致迎风面和背风面楼层的雨水渗漏。高速紊流还会破坏植物、导致烟团和排风道的气流下沉，而无法排出有害气体[204]。

由于高层建筑体型高大，它比起其他建筑对城市风环境的影响更大。在城市中，若未考虑竖向空间的整体布局，盲目建设高层建筑，可能带来一系列的问题，如高层建筑形成成排的风墙，不仅对周边日照和光环境等造成不利影响，而且会阻挡城市中自然风的流通。

如按照气流的运动规律，通过合理改变建筑间的高度差，利用高层建筑作为竖向的导风槽，改变气流方向，使顶部新鲜气流向下运动，可起到改善地面人行高度通风效果的作用。例如，在湿热地区，当地块内高层建筑远高于周边建筑时，高层的下降气流可以为低矮建筑群创造更好的通风条件，降低交通造成的空气污染并提高微气候的舒适度。

在建筑组群布局方面，建议除在重要地段布置高层、超高层建筑外，其他地段采用低层和小尺度居住建筑为主，保证居住建筑朝向良好的条件下，避免在垂直夏季盛行风的方向设置大型而密集的建筑群，尽量使建筑与盛行风有一定的偏角，并将偏角控制在30°之内，适当提高迎风面的建筑开口率，并使建筑之间的间隙与夏季盛行风的风向成直角布置，以提高通风效率[223]。

我国南方城市夏季湿热，这类城市的高低层建筑宜分区布置，形成大开大合式布局。这种布局方式使得某一区域内建筑高度基本相同，城市冠层比较平滑，对风速影响较小。但这种布局方式，应结合城市主导风向布置，否则其通风效果将大打折扣。而对于我国北方城市，宜采用高低层建筑混合且均匀布局方式。这种布局方式使城市冠层的粗糙度较高，可以显著降低风速。

6.3.2.2 基于气流组织的构件与细部设计

（1）减少高层建筑下沉气流的设计策略

利用高层建筑迎风面水平方向凸出阻挡下行风。例如将建筑物设计行成由下往上逐渐退台的形式或利用阳台等水平构件，再把迎风面与低矮建筑群成一定角度，可有效减轻下行风对地面行人的影响[224]；在高层建筑底部设置裙房，裙房可以阻挡来自上空的下沉气流；建筑采用从下往上逐渐收分的体型，这样既可以避免下沉气流，又能减小下风向风影区。

（2）减弱边角风影响的设计策略

将建筑边角圆润化。圆润的边角可以平滑引导气流，避免边角风现象出现；当边角风不可避免时，可在建筑物边角处设置挡风板，以阻挡边角风。

（3）城市中的构筑物和公共设施的合理设置

自行车棚、公交站亭、雕塑等构筑物和公共设施虽然对风环境影响较小，但是其布局和形式比较灵活自由，且多在人行高度处，因此充分利用这些构筑物和公共设施对改善城市风环境也是十分有利的。

6.4 本章小结

本章针对城市空间与风环境耦合机理的问题，从城市、街区以及建筑层面，探索了多层级风环境“作用汇”对气流组织的功能需求特点与低碳—低污规划设计对策。

在城市层级，分析了影响微气候的城市功能与结构性要素，研究了功能结构、产业结构、交通与能源结构对风环境关联耦合关系，探索了城市形态的构成要素与风环境耦合机理，总结了城市密度、高度分区等规划要素的优化布局原则，并提出了不同城市发展模式的风环境优化策略。

在街区层级，研究了街道走向与宽度对风环境的影响，分析了街谷形态对风环境作用机理，探索了不同街峡形态、路网结构和走向影响下的风环境特性，并提出了基于风环境优化的街区布局与形态设计方法。

最后，从建筑层级，探讨了建筑布局与组合模式对风环境影响机理，研究了不同高度的建筑组合方式、建筑群体布局与通风优化，以及基于气流组织的构件与细部设计方法。

低碳—低污视角下的天津市“源—流—汇”风场分析与CFD模拟研究

天津市地处环渤海经济圈的中心，是北方最大的沿海开放城市。改革开放以来，天津市的社会经济进入了快速发展期，成为我国近几十年来城镇化快速发展地区之一。当前，中央提出了京津冀一体化发展战略，同时，天津市作为宜居城市，对微气候环境的改善也提出了更高的要求。

正如前文所述，对天津市城市微气候的分析和风环境的优化，必须深入研究天津市的宏观自然环境、城市形态、城市结构等相关要素，对天津市“源—流—汇”系统的风场进行分析，即从风环境地域特点与热工气候分区两个方面，分析天津市地区的风向、风速与风频等大尺度风环境要素，结合寒冷气候区等自然环境“本体与本源”的特点，从生态、低碳、低污和可持续发展的角度，提出契合天津市自然环境与地理特点的风环境规划策略。

同时，应结合天津市的城市建设实际，从低碳生态视角，针对大气污染和热岛效应等问题，分析天津市的生态节能要求，基于“流的载体”“流的层级”以及“流的导入和控制”方法，为建立城市风道系统提出科学的控制指标。

此外，应结合天津市的城市结构、城市肌理和高度分区等特点，研究不同的城市功能区的热负荷现状，从城市、街区与建筑群等多层级，研究风的“作用汇”的需求，探索对风环境改善与布局的有效方法，进而提出改善城市微气候环境、建设天津市生态宜居城市的规划策略。

本章将运用CFD的方法，对天津市中心城区的城市空间进行风环境分析，并基于风环境优化的角度，试从宏观（城市风道系统设计）、中观（街区地段空间布局优化）、微观（居住小区建筑布局）三个层次，对天津市中心城区不同层面的空间布局和管控方法，提出具有针对性的建议和较强可实施性的规划策略。

7.1 “源”的低碳认识——热工与风气候区视角下的天津市风环境基调

7.1.1 季风主导与局部环流影响下的天津市风环境格局

天津市地处华北平原东北部，海河流域下游、环渤海湾的中心，东临渤海，北依燕山。经纬度为北纬38°34′至40°15′，东经116°43′至118°04′。北边与首都北京毗邻；西、南部与河北平原接壤，战略位置显著；东临渤海，是海河水系入海地。

天津市地形地貌类型丰富，包括有山地、丘陵、平原和洼地，并有海岸带和滩涂等。市域范围95%的面积为海河冲积平原，大部分地区地势平坦，平均海拔在2～10 m；北部蓟县为山地丘陵区，海拔在100～500 m，九山顶是境内的最高峰，位于蓟县和兴隆县交界处，海拔为1078.5 m。全市总体地势为西北高、东南低，东南缓坡而下与渤海相接。

天津市所处的区域地形特征对其城市风环境有显著影响。华北平原北依燕山山脉、西靠太行山脉，秋冬季盛行风向恰好为西北方向，易为山脉阻挡，因此在华北平原西部、北部区域会出现大范围通风不畅地区，天津市便位于这一区域。从市域范围来看，天津市北部为蓟县山区。北部城乡的风环境具有山地气候和山地风场的特征。因此，在蓟县地区应考虑山谷风对城区的影响。

天津由于地处海洋与陆地的交界处，表现出大陆性季风气候以及海洋性气候的双重特点。另外，中心城区由于地处海河水系的九河下梢，水域面积辽阔，众多的湖泊湿地形成了城市边沿的生态冷媒与富氧区，对缓解热岛效应有一定的作用；从天津所处的区域地形特征来看，由于地处“北京湾”东部，受西部的太行山脉和北部燕山山脉影响，秋冬季经常会出现大范围通风不畅地区。从天津市域范围来看，风环境又呈现出“季风主导与局部环流双重影响”的气候格局。

7.1.2 避风防寒主导与引风防霾兼顾的风环境应对策略

天津市属暖温带半湿润大陆季风型气候区。它面对太平洋，受到季风环流影响显著，全年主导风向为西北—东南方向，4～10月份的风向多偏南风，其余各月多西北偏北风。如春季（4月）和秋季（10月）盛行西南偏南风，夏季（7月）为东南偏南风，冬季盛行西北偏北风。且在8～12月，市区静风出现的频率高达18%，容易形成雾霾天气。从风速来看，天津市区春季的平均风速最大；同时，天津市的大风天气（风速≥17 m/s为大风）全年多达40天，出现在每年的11月份到翌年的5月份。

从市域来看，内陆风速小于沿海风速，东部沿海向北风速逐步减小。从市区来看，中心城区风速小于郊区风速；春季风速最大，冬季次之，夏、秋季最小。天津市城区对局地风场的影响，不仅表现为风速的变化，而且表现在风向的改变上，它随着季节的变化交替更换[225]。

从热工气候特点来看，天津市属于寒冷气候区。中心城区冬季平均气温为−1.6 ℃，1月份日均最低气温为−8 ℃。天津市的寒冷的冬季是每年的12月到转年的2月，这三个月的平均气温均在0 ℃以下，为−4～5 ℃。其中1月份最冷，平均气温为−4～−6 ℃。而冬季风速较快、气温较低，防寒成为主要的风环境改善需求。

天津市6～8月的平均气温大都在24 ℃以上，其中7月份气温最高，达到27 ℃以上（表7-1）。

2013年天津市各月气象资料 **表7-1**

月份	平均气温（℃）	最高气温（℃）	最低气温（℃）	平均相对湿度（%）	日照时间（h）	降水量（mm）	一日最大降水量（mm）	平均风速（m/s）
全年	13.4	40.5	−19.8	57.0	2562.0	581.8	195.3	2.2
1月	−4.0	8.8	−19.8	45.0	184.2	4.8	9.1	2.4

续表

月份	平均气温（℃）	最高气温（℃）	最低气温（℃）	平均相对湿度（%）	日照时间（h）	降水量（mm）	一日最大降水量（mm）	平均风速（m/s）
2月	−1.3	14.1	−16.4	44.0	192.1	缺值	缺值	2.4
3月	7.5	30.4	−8.7	53.0	204.4	1.9	4.2	2.4
4月	15.5	33.0	−1.0	53.0	235.5	41.8	35.1	3.0
5月	22.0	36.0	8.3	53.0	260.0	20.9	27.9	2.4
6月	26.6	40.5	14.3	59.0	262.4	52.3	33.6	2.4
7月	28.3	38.2	19.6	79.0	184.9	238.6	195.3	2.2
8月	27.6	38.0	16.8	76.0	219.3	179.2	92.0	1.9
9月	21.4	34.1	5.9	59.0	231.2	17.3	19.4	2.0
10月	13.4	27.9	−1.8	53.0	242.3	12.1	19.3	1.9
11月	6.3	20.2	−5.4	67.0	164.9	10.8	9.6	1.6
12月	−2.0	11.2	−17.2	43.0	180.8	2.1	1.8	2.1

数据来源：中国气象数据网

另一方面，天津市静风频率高，尤其在秋、冬季节，天津市城市上空离地 1.5～2 km 处，常形成“逆温层”，往往加重大气污染。从区域的产业来看，由于天津被河北所包围，周边钢铁、石化产业等污染性产业众多，大气环境相对差。

从天津市中心城市 1981—2010 年累年月风向、风速表（表 7-2）中，可以看到有关风速的各种数据。

天津市风速数据统计 **表 7-2**

月份	区站号（字符）	月序	累年月平均风速（m/s）	累年月极大风速（m/s）	累年月极大风速的风向	累年月极大风速出现年份	累年月极大风速出现日	累年月最大风速≥5.0 m/s日数（天）	累年月最大风速≥10.0 m/s日数（天）	累年月最大风速≥12.0 m/s日数（天）	累年月最大风速≥15.0 m/s日数（天）	累年月最大风速≥17.0 m/s日数（天）	累年月最多风向频率（%，含静风）	累年月最多风向频率（%，含静风）	累年月最多风向频率（%，不含静风）	累年月最多风向频率（%，不含静风）
一月	54527	1	2.1	19.7	16	2009	22	11.5	17.	0.6	0.1	0	17	19	16	10
二月	54527	2	2.4	22.4	16	2007	13	12.6	2.1	0.8	0.1	0	17	15	16	11
三月	54527	3	2.8	21.0	16	2004	10	19.4	2.5	0.9	0.1	0	10	9	10	9
四月	54527	4	3.1	21.0	15	2006	19	21.7	2.8	0.9	0.2	0	10	13	10	13
五月	54527	5	2.8	21.9	15	2007	17	18.9	1.5	0.5	0.1	0	10	12	10	12
六月	54527	6	2.4	19.6	13	2008	23	14.9	0.5	0.2	0	0	6	10	6	10
七月	54527	7	2.0	19.2	13	2004	23	10.8	0.4	0.1	0	0	17	11	数据缺失	10
八月	54527	8	1.7	17.5	9	2006	4	7.2	0.3	0	0	0	17	17	数据缺失	9
九月	54527	9	1.9	18.3	11	2008	5	7.8	0.3	0	0	0	17	15	10	10

续表

月份	区站号(字符)	月序	累年月平均风速(m/s)	累年月极大风速(m/s)	累年月极大风速的风向	累年月极大风速出现年份	累年月极大风速出现日	累年月最大风速≥5.0 m/s日数(天)	累年月最大风速≥10.0 m/s日数(天)	累年月最大风速≥12.0 m/s日数(天)	累年月最大风速≥15.0 m/s日数(天)	累年月最大风速≥17.0 m/s日数(天)	累年月最多风向频率(%,含静风)	累年月最多风向频率(%,含静风)	累年月最多风向频率(%,不含静风)	累年月最多风向频率(%,不含静风)
十月	54527	10	2.0	19.3	3	2009	18	10.4	0.9	0.3	0	0	17	16	10	9
十一月	54527	11	2.1	20.7	16	2010	21	11.2	1.4	0.5	0	0	17	19	16	9
十二月	54527	12	2.1	20.7	1	2006	16	12.6	2.0	0.8	0	0	17	21	16	11

资料来源：中国气象数据网

1961—2009 年间，尽管天津市历年的平均气温有些波动，但总的趋势是在不断升高，从图 7-1 就可以清楚地看出这一点。

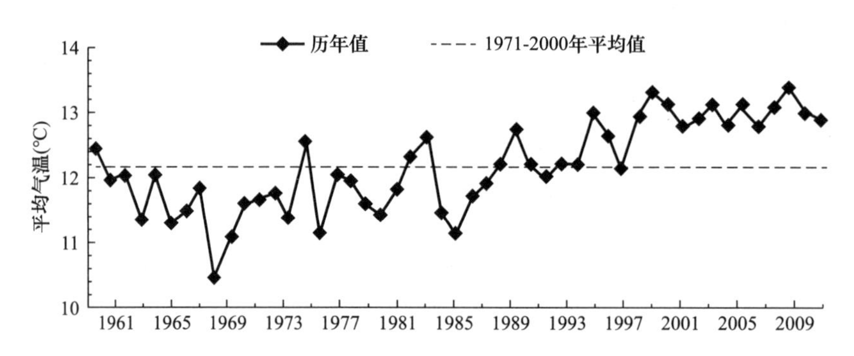

图 7-1　1961—2009 年天津市年平均气温变化图

（资料来源：中国气象灾害统计年鉴 2010 卷）

在快速城镇化进程中，天津市的城市人口规模不断膨胀，城市建设用地迅速扩张，城市热岛效应明显增强[226]，城市风环境亟待改善。

笔者认为，天津市地处寒冷地区，避风防寒是天津市风环境主导的规划策略；但是，天津市夏季风速较低、气温很高，且城区建筑密集，热岛效应严重，雾霾问题突出，因此，导风防霾是天津市风环境应兼顾的辅助性规划策略。

7.2　“流”的低碳—低污分析——基于海河水系的中心城区风道系统布局

7.2.1　契合夏、冬季盛行风特点的海河水系自然风道

天津市称“九河下梢”与“河海要冲”。流经天津市区的海河有子牙河、南运河、大清河、永定河以及北运河五大支流，使市内的河网密度非常高。海河蜿蜒 72 km，东流入海。在市区外围，又有子牙新河、永定新河、独流减河、蓟运河及潮白新河，这些水系自西向东，经塘沽入海。

从城市风环境的角度看，北运河和海河呈西北—东南走向，主要河段与天津市夏季和冬季盛行风向平行；加上东西走向的子牙河、南运河和新开河，形成了纵横交错、贯穿整个市区的最主要的通风廊道。

根据天津市夏季盛行风向为南风，冬季盛行风向为北偏西风（NNW）。这两个季节的盛行风向正好与海河的走向相符，可以说，海河既是贯穿天津市中心的主要风道，也是吻合夏季与冬季的季风变化特点的城市风道。

7.2.2　生态基底良好与系统协调性差的城区风道现状问题

7.2.2.1　“环、轴、楔”结合的生态廊道与富氧斑块密布的风环境基底

（1）“环、轴、楔”绿地影响下的风道规划基础

天津中心城区与滨海新区以海河为发展轴，形成了“一轴、两带、三区”的市域空间结构。其中中心城区呈现为放射式异形、路网走向复杂的同心圆结构。这种格局为解决发展轴上的高密度功能区带来通风降温的便利，而“南北生态”的规划布局，无疑在总体规划层面为保护天津的富氧风源基底和创建低碳生态城市提供了极佳的发展机遇。

天津中心城区周边环境有大量的湖泊、湿地，构成了“环、轴、楔”相结合生态廊道和富氧斑块的微气候环境基底，这些生态廊道与开敞空间是奠定天津风—热环境重要空间因素。

改革开放以来，天津市城镇化进程不断深入，市域内城市建成区面积由 1990 年的 335 km^2 增长至 2013 年的 605 km^2。其中，中心城区（外环线以内）面积为 371 km^2。

在城市不断发展的过程中，生态环境问题越来越成为制约发展的一项重要因素。天津市政府充分认识到了这一问题的严重性，《天津市城市总体规划（2005—2020）》确定了天津市作为生态城市的定位，并提出“二环、三轴、十一楔”的中心城区绿地系统布局战略，建设由外环线绿带、楔形绿地、沿河流及主干道两侧绿带和公园等多种绿地类型构成的绿地系统。其中，“二环”指结合中心城区外环线和城市快速环路建设两条绿环，“三轴”指以海河和北运河为城市绿化主轴线，从子牙河到新开河以及沿南运河为绿化副轴线，“十一楔”指侯台、梅江、柳林和南淀等风景区，以及刘园苗圃、程林庄苗圃、铁东苗圃、植物园、赵庄子公园和梅江南公园（图 7-2）。这些绿地走廊和开敞空间的布局，对天津市中心城区的环境改善起到显著的作用，也是天津市中心城区城市风道建设的重要环境依托。

（2）丰富的湿地资源支撑下的富氧风源本底

天津市域范围有滨海、农田、水库、湿地、山林等各种景观用地，自然生态要素众多。天津市位于海河流域的下游，境内有大量的滩涂、湖泊与河流，形成水库、河流与湖泊等为代表的陆地型湿地。如七里海古泻湖湿地、东丽湖、官港湿地、北大港湿地和团泊洼湿地等。天津市湿地资源丰富，据统计，天津市湿地总面积达 1717.8 km^2，约占全市陆地面积的 14.4%，构成了天津市的富氧风源本底。此外，北部的蓟县有良好山林生态植被条件，有八仙山自然保护区、盘山风景区、中上元古界自然保护区、九龙山国家森林公园和国家地质公园，这些不仅是天津市重要的生态屏障，而且是重要的旅游资源。这些湿地和山林资源形成了丰富的富氧斑块，是天津市环境保护必须考虑的生态要素，也是改善天津市城市环境的重要生态资源。

从中心城区外围生态条件来看，重要生态节点包括：中心城区以北，分布着潮白新河、大

黄堡湿地等；在城区以东，分布有七里海湿地、东丽湖自然保护区、黄港水库、北塘水库等；在城区以南，分布有独流减河、团泊洼水库、北大港水库、鸭淀水库等；在城区以西，分布着京津冀边界防护林带、王庆坨水库等。以上生态节点为天津市中心城区清洁风源提供了重要保障。

图 7-2 天津市总体规划——中心城区绿地系统规划图

（资料来源：天津市城市总体规划（2005—2020））

区域内通往中心城区以河道为代表的生态廊道包括：北部的北运河廊道、永定新河廊道，东部的海河廊道，南部的洪泥河廊道，西部的子牙河廊道、南运河廊道等。这些生态廊道为区域和中心城区的气流交换提供了重要的区域通道。

此外，紧邻中心城区边缘，是呈现环抱之势的郊野生态绿地（农林地），分别为北辰郊野绿地、东丽郊野绿地、津南郊野绿地、西青郊野绿地。这些郊野生态绿地是空气进入中心城区前的最后一环。大面积的天津市郊野绿地和良好的生态本底，将为中心城区风环境改善起到关键的作用。

（3）湖泊、湿地和公园为特色的开敞空间格局

城市开敞空间是构建城市风道系统的物质承载空间，天津市中心城区现状分布有形态不一、功能各异的大量开敞空间，充分利用这些现状开敞空间，通过增加、拓宽和内部提升等多种途径，使得这些开敞空间形成体系，并满足风道布局要求，是构建中心城区风道系统的重要基础。开敞空间主要包括线性和点状两种类型。

天津市中心城区的线性开敞空间主要包括河流、绿带、主次干路、铁路等，其中海河—北运河、子牙河—新开河是贯穿城区的河流体系；沿外环线分布着 150～800 m 宽度不等的绿地，是中心城区规模最大的绿带；外环线、中环线、津滨大道、卫国道、津涞道、京津路等都是路

幅较宽、长度和线型都能承担主要通风任务的道路开敞空间；西北—东南方向的铁路主动脉（京—津—滨海线路）及其与京沪线的联系线，是中心城区主要的铁路开敞空间。多种线性开敞空间常常组合出现，如紫金山路和卫津河并行组成的廊道、外环线与其防护绿带组成的廊道等，极大地丰富了空间形态并提高了其通风能力。

天津市中心城区有各具特色的点状开敞空间，包括湖泊、湿地（表 7-3）、公园、广场、苗圃、林园、交通站场等。

进入“中国湿地自然保护区名录”的天津市湿地　　表 7-3

保护区名称	地理位置	面积（hm^2）	保护对象	级别
团泊洼鸟类自然保护区	静海县	6000	鸟类、野生动物及湿地生态系统	市级
东丽湖自然保护区	东丽区	2200	水生生态和水生生物	县级
天津市古海岸与湿地自然保护区	宁河、大港、津南等五区县	48910	贝壳堤、牡蛎滩古海岸遗迹和滨海湿地生态系统	国家级
于桥水库水源保护区	蓟县	23557	内陆湿地、水域生态系统	市级

资料来源：笔者自绘

其中西青大学城的湖泊群、王顶堤湖群、水上公园湖群、梅江湖群、天塔湖、侯台湿地等，属于大型的湖泊或者湿地斑块，是降低城市热岛温度、增加城市空气湿度和含氧量的重要空间节点；西沽公园、北宁公园、水上公园、长虹公园、南翠屏公园、人民公园、迎宾馆绿园、桥园公园等，属于城市级公园类开敞空间；市文化中心广场、奥体中心广场、天津大学北洋园广场等是较大规模的广场类开敞空间；北仓苗圃、刘园苗圃、东丽跃进路苗圃、各类垂钓养殖鱼塘等属于苗圃、林园、都市农田鱼塘类开敞空间；天津站、天津西站、天津北站、天环客运站等属于交通场站类开敞空间。天津市中心城区的各类点状开敞空间为提升城市内部通风能力、构建城市风道系统创造了重要条件。

但是，天津市中心城区的绿化基础薄弱，距离生态城市的要求尚有一定差距，具体表现在：绿地面积相对不足，且在城市空间布局上分布不均。在天津市主城区，大型公园与绿地多集中在中环线周边区域；在城市中心区，建筑的密度高、绿化面积和开放空间较少。滨海新区由于土壤盐碱化和淡水资源缺乏等原因，绿化种植难度大，绿地率低。市域建成区未形成绿化生态网络格局。此外，天津市的工业区与居住区之间缺乏防护绿地，道路绿化建设速度相对较慢，保护能力薄弱，影响了环境质量。沿海河缺乏连续的绿色走廊，公共绿地不足。沿河散布有大小不等的工业区，居住用地与工业用地混杂，两岸缺乏景观联系，生态景观优势没有得到充分的利用。

7.2.2.2　外围贯穿与中心阻隔的中心城区非网络化的风道现状

为改善天津市城市风环境质量，对中心城区的风道系统提出优化策略，应建立在对现状风道布局存在问题剖析的基础上。因此，本书对中心城区现状进行了 CFD 风模拟实验（图 7-3），并结合风道的现状进行了梳理和分析。

根据《中国建筑热环境分析专用气象数据集》一书，天津市中心城区冬季室外的平均风速为 2.1 m/s，冬季室外最多风向为西北偏北（NNW），频率为 15%，其最多风向的平均风速为

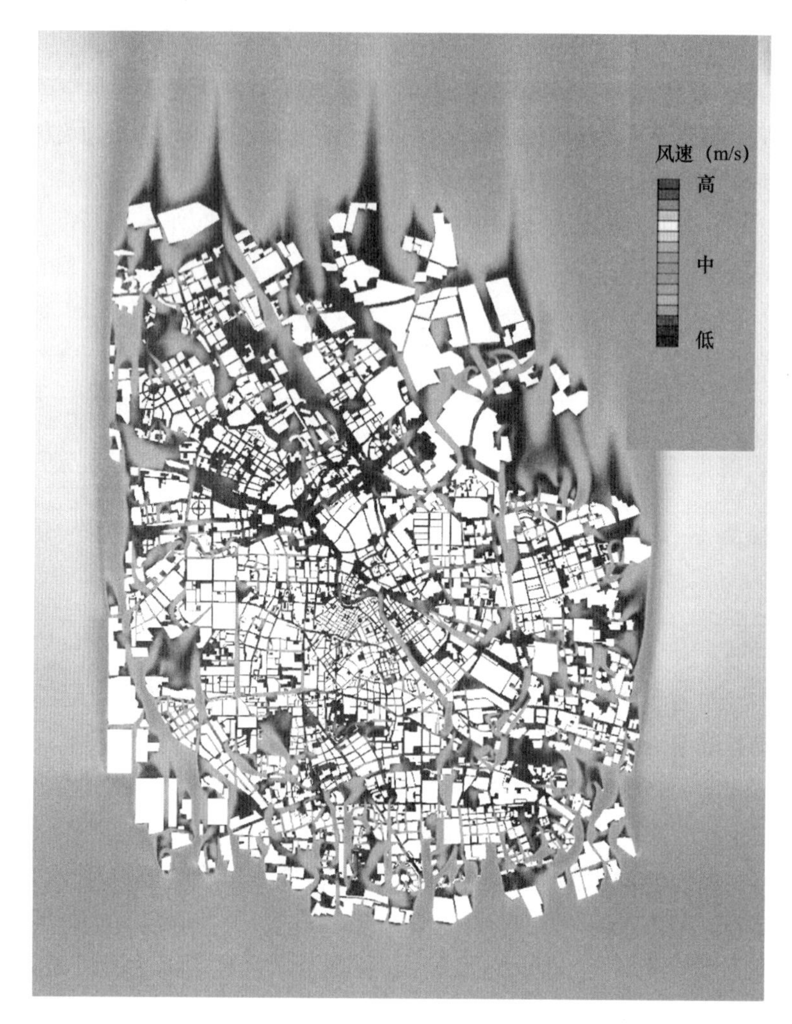

图 7-3　天津市中心城区夏季 10 m 高度风速模拟

（资料来源：笔者自绘）

5.6 m/s；夏季主导风向为南风（S），平均风速为 1.7 m/s[96]。

因此，为了在最不利的条件下，风环境仍能满足基本的要求，本书采用夏季平均风速为 1.7 m/s，冬季最多风向的平均风速 5.6 m/s 作为模拟计算的依据。

从现状来看，天津市中心城区城市级风道有贯通式（贯穿整个城区）和非贯通式（连接城市外部和城区内某区域，受街区建筑阻挡而汇入其他城市级风道或分解为次级风道）两种，天津市中心城区现状主要风道见表 7-4。其下垫面类型以河道、主干道路、铁路及其防护绿带为主。其中，宽度较大的风道一般分布于城区外围，如外环东路、外环西路、外环南路、外环北路—京津塘高速、海河下游靠近城郊段、子牙河西段、北运河北段等，宽度一般在 400 m 以上；宽度较窄的风道一般位于城市中心区，如红旗路北段、卫津路北段、友谊路北段、解放南路北段、铁路中段、卫国道西段、北运河南段等，最窄处仅 50～60 m，这种非网络化、协调性差的风道与其城市级风道定位不相符，影响了城市的整体通风能力。

天津市中心城区现状主要风道、作用空间一览表　　表 7-4

风道路径	风道等级（最窄，最宽）（m）	风道主要特点	风道长度（km）	风道方向	补偿空间（风源）	作用空间（风汇区）	风道节点
以外环西路为路径	450（280，850）	贯通式道路风廊	21.2	北—西南	北辰北运河和永定新河郊野绿地（北）、团泊湖—西青郊野绿地（南）	西外环两侧（北辰、西青）乡村、居住区、工业区、高教区等	刘元苗圃、子牙河北岸农田、天津园林花圃、曹庄花卉、叶子公园、侯台西绿地、王顶堤水产市场
以北运河—密云路—简阳路—陈台子排渠为路径	150（80，400）	贯通式道路河道风廊	22.5	北—南	北辰北运河和永定新河郊野绿地（北）、团泊湖—西青郊野绿地（南）	北运河、简阳路和陈台子排渠两侧（北辰、红桥、南开、西青）各类用地	子牙河堤岸公园、南运河、绿水园、侯台湿地公园、高教区北湿地
以红旗路—秀川路为路径	80（50，160）	非贯通式道路风廊	14.8	北—南	团泊湖—西青郊野绿地（南）	红旗路和秀川路两侧（红桥、南开、西青）各类用地	长虹公园、南翠屏公园、兰湖生态园
以卫津路为路径	90（60，260）	非贯通式道路风廊	12.8	北—南	团泊湖—西青郊野绿地（南）	卫津路两侧（南开、西青）居住区、高教区、城市中心区	天大体育场、天塔湖、老年活动中心、中石油桥绿地
以友谊路为路径	100（60，300）	非贯通式道路风廊	8.6	北—南	西青郊野绿地（南）	友谊路两侧（河西、西青）中心区、居住区	迎宾馆绿园、文化中心、电视大厦绿地、梅江风景区
以紫金山路—卫津河为路径	120（80，240）	非贯通式道路河道风廊	9.6	西北—东南	西青郊野绿地（南）	卫津河两岸（河西、西青）中心区、居住区	天塔湖、卫津河公园
以解放南路—津港公路为路径	75（55，100）	非贯通式道路风廊	15.2	北—南	西青郊野绿地（南）	解放南路两侧（河西、津南）中心区、居住区、工业区	卫津河公园
以北运河—海河为路径	220（110，480）	贯通式河道风廊	31.5	西北—东南	北辰北运河和永定新河郊野绿地（北）、津南海河中游绿地（南）	海河两岸（北辰、红桥、河北、和平、河东、河西、津南）各类用地	刘元苗圃、桃园、西沽公园、子牙河新开河河口、南运河三岔河口、古文化街北广场、海河中心广场公园、天津站广场、天津湾公园、天钢滨河开敞空间、柳林公园

续表

风道路径	风道等级（最窄，最宽）（m）	风道主要特点	风道长度（km）	风道方向	补偿空间（风源）	作用空间（风汇区）	风道节点
以铁路为路径	280（70，1200）	贯通式铁路风廊	29.2	西北—东	北辰郊野绿地（北）、东丽郊野绿地（东）	铁路两侧（北辰、河北、河东、东丽）各类用地	永定新河、北仓苗圃基地、北宁公园、十一经路桥如意园、月牙河
以昆仑路—月牙河—洞庭路—津港高速为路径	130（70，450）	贯通式道路河道风廊	21.3	东北—南	空港以北东丽郊野绿地（北）、津南郊野绿地（南）	昆仑路、洞庭路两侧（东丽、河东、河西、津南）各类用地	月牙湾公园、桥园公园、河东文化公园、海河、长泰园、江南领事郡高尔夫球场
以外环南路为路径	400（200，800）	贯通式道路风廊	14.2	西—东	西青郊野绿地（西）、津南郊野绿地（东）	外环南路两侧（西青、津南）居住区、工业区	梅江、卫津河公园、江南领事郡高尔夫球场、新家园路绿地
以卫国道为路径	110（70，260）	非贯通式道路风廊	9.0	西—东	空港以北东丽郊野绿地（东）	卫国道两侧（河东、东丽）各类用地	桥园公园、顺驰桥绿地
以南运河为路径	160（110，400）	非贯通式河道风廊	9.5	西—东	西青郊野绿地（西）	南运河两岸（西青、红桥）各类用地	烈士陵园、水趣园、仁和中学绿地、天津西站南广场
以京津路为路径	140（100，240）	非贯通式道路风廊	8.3	西北—东南	北辰郊野绿地（北）	京津路两侧（北辰、红桥）居住区、工业区	永定新河、北辰公园、滦水园、北运河
以津涞道—复兴河为路径	160（110，240）	非贯通式道路河道风廊	13.2	西南—东	西青郊野绿地（西）	津涞道、郁江道、复兴河两侧（西青、河西）各类用地	津涞桥绿地、天圆广场、复兴河海河河口
以外环东路为路径	320（110，750）	贯通式道路风廊	15.2	东北—南	空港以北东丽郊野绿地（北）、津南海河中游绿地（南）	外环东路两侧（东丽、津南）居住区、工业区、乡村、空港	垂钓园、空港、津滨桥绿地、惠民公园、东丽公园、海河
以津滨大道为路径	150（100，360）	非贯通式道路风廊	12.6	西—东	东丽郊野绿地（东）	津滨大道两侧（东丽、河东）各类用地	十一经路桥如意园、津昆桥月牙河、程林苗圃、津滨桥绿地、中国民航大学绿地
以外环北路（京津塘高速）为路径	500（220，1500）	贯通式道路风廊	20.2	西北—东	北辰郊野绿地（北）、空港以北东丽郊野绿地（东）	外环北路两侧（北辰、东丽）乡村、工业区	北仓公墓、天津职业大学、宜兴埠公园、新开河

续表

风道路径	风道等级（最窄，最宽）（m）	风道主要特点	风道长度（km）	风道方向	补偿空间（风源）	作用空间（风汇区）	风道节点
以子牙河—新开河为路径	240（130，600）	贯通式河道风廊	18.3	西—东北	子牙河郊野绿地（西）、东丽郊野绿地（东）	子牙河、新开河两岸（西青、红桥、河北、东丽）各类用地	堤岸公园、平津战役纪念园、天津西站广场、海河、北宁公园、金水公园

资料来源：笔者自绘

7.2.2.3　主干通畅、支脉阻塞、系统协调性差的现状风道问题

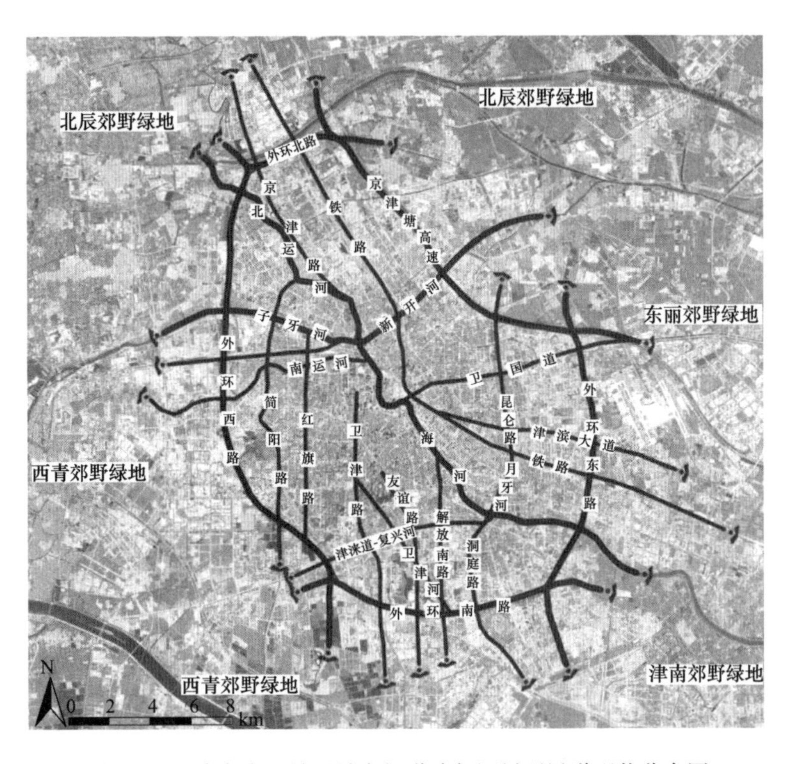

图 7-4　天津市中心城区城市级道路与河川型风道现状分布图

（资料来源：笔者自绘）

天津市中心城区现状道路与河川型风道系统（图 7-4）主要存在以下问题：第一，由于天津市传统的城市空间是沿海河发展，而沿海河的风道某些区段转向明显，与之相连的道路网布局不规则，使得风道线形曲折多变；第二，许多城市级风道无法贯穿城区，达不到引导风源作用于城市整体空间的效果；同时，一些城市级风道最窄地段不足 80 m，没有形成有效的廊道空间体系，无法有效地引导空气流动；第三，城市风道网络密度不均，使得城市不同区域的通风条件存在明显差异；第四，风道与风道之间（如红旗路与南运河、卫津路与海河、洞庭路与海河）、风道与节点之间（如紫金山路—卫津河与梅江风景区、卫津路与水上公园）、风道与风源之间（如金钟河大街与东丽郊野绿地、铁路与北辰郊野绿地、南运河与西青郊野绿地）存在许

多衔接不畅的地方，使得风道系统无法充分发挥联动效应，影响了城市整体的通风能力。

每一条现状风道由于其类型、级别、服务区域、周边现状建设条件不同，存在的问题也有明显差异。

（1）外环西路：贯穿城区西部，连接北辰和西青郊野绿地，风道两侧为城郊乡村、工业区、居住区和高教区等，开发强度普遍较低，道路两侧有较宽的绿带、农田、水塘等。外环西路及其绿带是阻止城市向西连绵扩张的屏障，同时形成了宽度较大的南北向风廊。外环西路风道的通风能力很强，但其界面破碎，两侧城市建设用地与农林绿地犬牙交错，不利于气流的引导和通风系统的组织。因此在风道建设中，应规范其两侧用地开发，形成较为连续的建筑界面，并在与城市内其他风道或风源相连接处形成开放空间节点。

（2）北运河—密云路—简阳路—陈台子排渠：贯穿城区西部，连接北辰和西青郊野绿地，风道两侧为北辰、红桥、南开、西青的各类城市建设用地，开发强度一般不高，风道宽度变化较大。密云路和简阳路一些区段，风道宽度仅 80 m，需要适当拓宽道路两侧绿带宽度；在密云路角度较大的折角处，可以考虑通过建设用地内开辟线性绿带，以提升其通风能力。

（3）红旗路—秀川路：北部止于子牙河，南部连接西青郊野绿地，是城区西南部的非贯通式风道，两侧为南开和西青的各类城市建设用地，多为中等开发强度，局部较高，风道宽度明显不足，最窄处仅 50 m，需要有计划地拆除遮挡建筑物，拓宽道路绿带。此外，该风道在城区内仅有两个开放空间节点（长虹公园、南翠屏公园），需要增加节点，优化与其他风道的衔接。

（4）卫津路：北部止于老城厢，南部连接西青郊野绿地，是城区中南部的非贯通式风道，两侧为南开和西青的各类城市建设用地，开发强度普遍较高，局部较低，风汇区通风需求较高，而风道宽度也存在不足的区段（最窄处约为 60 m），需要拓展风道宽度，以提升其通风能力。此外，卫津路风道北端未能贯通，也没有汇入其他主要风道，而是受阻于老城厢地块，未来需要通过地块改造，打通与其他城市级风道的联系。

（5）友谊路：北部止于围堤道，南部连接西青郊野绿地，是城区南部的非贯通式风道，两侧为河西和西青区的城市中心区和居住区，多为中等开发强度，局部较高，风道宽度变化较大，南段道路两侧绿带较宽，通风能力强，北段较窄（最窄处约为 60 m），且在围堤道以北宽度降为 30 m 左右，变为次级风道且无法贯穿城区。因此，需要拓宽风道北段，在围堤道以北联通其他主要风道和形成开敞空间节点。

（6）紫金山路—卫津河：北部止于天塔湖，南部连接西青郊野绿地，是城区南部的非贯通式风道，两侧主要是河西区的居住区，多为中等开发强度，局部开发强度较高。风道宽度基本合理，其中北段为卫津河和紫金山路并行的复合型风道，紫金山路东侧绿带严重不足，需要增加绿植，并控制建筑后退红线；南段为卫津河，两侧建筑排布密集，缺乏开放空间节点，应增加与梅江湖及其他主要风道的联系。

（7）解放南路—津港公路：北部止于海河，南部连接西青郊野绿地，是城区南部的非贯通式风道，西侧以居住区为主，开发强度较高，东侧以各类市场、待开发空地为主，开发强度较低；津港公路两侧多为工业区。风道宽度普遍较窄，并严重缺乏开放空间节点，未来应结合各类市场改造、工业用地更新和新开发用地建设，拓宽道路和绿带，增加公园广场等开放空间建设。

（8）北运河—海河：贯穿中心城区中部，连接北辰和津南郊野绿地，是最主要的贯通式风道之一，风道两侧建设用地类型丰富，开发强度变化较大。虽然风道宽度基本满足通风需求，但河道两侧带状绿地普遍较窄，中心区对河道挤占现象明显；由于河道存在几处角度较大的自然拐弯，弯道处出现了通风不畅的情况。未来需增加河道两侧绿带宽度，并在较大角度的河湾处增加线性开放空间廊道，便于气流通过弯道处。

（9）铁路（铁东路、新阔路、新泰路）：是贯穿中心城区中东部的铁路和城市主干路复合型风道，它（指沿铁东路、天津北站、新阔路的铁路主线，不包括沿西青道、天津西站的支线）连接北辰和津南郊野绿地，风道沿线包括各类建设用地。铁路河北区段有很多地方距离居住区较近，影响居住环境，也使得风道宽度较窄，需要在该区段增大铁路防护绿地宽度。

（10）昆仑路—月牙河—洞庭路—津港高速：贯穿中心城区东南部的河道和城市主干路复合型风道，连接东丽和津南郊野绿地，两侧用地包括居住区、棚户区、工业区和待开发空地等类型，开发强度变化较大。风道海河以北段与海河以南段衔接不畅，在洞庭路、复兴河河口、月牙河河口形成错位空间，未来应在海河、复兴河、月牙河的河口处建设大型开敞空间，形成风道节点。

（11）外环南路：贯穿中心城区南部，连接西青和津南郊野绿地，两侧用地以居住区、工业区、农村和空地为主，开发强度普遍不高。风道两侧绿带宽度较大，利于通风，需要保护控制，并在地块开发过程中保持风道界面整齐。应加强与洞庭路、友谊路、卫津路等风道衔接处的节点建设，确保系统的通风效率。

（12）卫国道：西部止于天津站，东部连接东丽郊野绿地，是城区中东部的非贯通式风道，东段两侧为居住和工业区，中等开发强度，西段深入城市中心区，开发强度较高。风道两侧建筑退线不足，尤其是西段，通风需求较高但风道宽度不足。西段与海河、铁路等主要风道的衔接不够通畅，需要拓展衔接处的开放空间节点规模。

（13）南运河：东部止于海河，西部连接西青郊野绿地，是城区中西部的非贯通式风道，两侧多为居住区、棚户区、待开发空地等，开发强度变化较大。风道主要问题是河湾较多，不利于气流通过，应增加河湾处开放空间节点或线性廊道。此外，一些区段建筑退线不足，造成河岸空间局促、风道与西青郊野绿地的衔接不通畅，需要增加相应的绿化宽度。

（14）京津路：南部止于北运河下游，北部连接北辰郊野绿地，是城区北部的非贯通式风道，两侧多为居住区和待开发空地，开发强度普遍不高。京津路与北运河几乎并行且距离较近，可考虑与北运河协调布局，结合北运河河湾建设横向通廊或开放空间节点。

（15）津涞道—复兴河：东部止于海河，西部连接西青郊野绿地，是城区西南部的非贯通式风道，两侧为居住区、工业区和许多待开发空地，开发强度变化较大。这是一条由道路、河流、铁路组成的复合型风道，宽度基本合理且变化幅度不大，问题是建筑退铁路距离不足，河道和铁路的防护绿带宽度不足，开放空间节点数量太少。未来应在外环西路、卫津路、友谊路、卫津河、洞庭路、海河等风道连接处，形成多处公园广场节点。

（16）外环东路：贯穿中心城区东部，连接东丽和津南郊野绿地，两侧用地以居住区、工业区、农村和空地为主，开发强度一般较低。道路中段（先锋路、津塘路附近）防护绿带宽度较小甚至没有绿带。此外风道界面较为破碎，需要在增加中段防护绿带的同时，规范新建地块的临街界面。

（17）津滨大道：西部止于天津站，东部连接东丽郊野绿地，是城区中东部的非贯通式风道，两侧为河东和东丽区各类建设用地，西段开发强度较高，东段较低。风道西段很多地方建筑与道路距离较小，道路防护绿带很窄，需要增加道路绿带宽度；与其他风道连接处的节点空间，如津昆桥—月牙河，需要增加开敞空间范围，提升纵横向风道间气流交换效率。

（18）外环北路—京津塘高速：贯穿中心城区东北部，连接东丽和北辰郊野绿地，两侧用地以工业区、农村、农田水塘和空地为主，开发强度普遍较低。两侧风汇区通风需求以疏散工业热量和废气为主，需要增加风道与风汇区的联系，保证风汇区内部风道网络与该风道衔接通畅。

（19）子牙河—新开河：贯穿中心城区中北部，连接东丽和西青郊野绿地，两侧既包含居住区、工业区、学校等各类城市建设用地，又有农田、棚户区、区域交通设施等，中段为中等开发强度，西段和东段开发强度较低。子牙河一些区段建筑距离河岸较近，滨水绿带宽度不足；子牙河与北运河、新开河与子牙河交汇的三河四岸区域，应形成大范围开敞空间，成为多条城市主风道的气流集散中心。

7.3 "汇"的低碳—低污研究——中心城区典型风汇区的数字模拟分析

7.3.1 放射式异形同心圆结构影响下的复杂风汇环境

天津市域与中心城区的风环境特点主要表现为：以海河为轴线的双中心的市域空间布局，中心城区放射式异形同心圆结构影响下的复杂风汇环境，以及南冷、北热、中心高温的城区地表温度现状。

7.3.1.1 海河为轴线的双中心的市域空间布局

天津市城市空间结构是在600多年的历史演进过程中逐渐形成的。其城市空间布局和空间形态发展，始终围绕海河水系逐步发展。海河是天津市城市空间和城市形态的发展的主轴线。从城市历史发展角度来看，天津市城市从明朝的漕运而兴，自"卫城"的而来。明清时期以三岔河口为中心，近代城市空间结构则沿海河呈西北—东南走向发展态势，逐渐形成的以海河为轴、串联中心城区和滨海新区为主副城区、环城四区与郊县环绕的城市空间布局。20世纪80年代开始，形成了"一条扁担挑两头"，即由高速道路和主干道形成的交通走廊，连接中心城区与滨海新区，形成"一主一副"城区的空间结构。

2008年，天津市制定了"双城双港、相向拓展"以及"一轴两带、南北生态"的空间发展战略，并将原来中心城区和滨海新区的主副地位提升，城市结构从"一条扁担挑两头"的空间布局，走向"双中心+多组团"的规划结构，形成了"一轴两带三区"的市域空间结构。《天津市空间发展战略规划条例》中确定了"双城双港、相向拓展、一轴两带、南北生态"的市域空间布局。

7.3.1.2 放射式异形同心圆结构影响下的市区风环境

从天津市的中心城区来看，在20世纪80年代，市区建立了以环状加放射形道路为特点的道路结构网。它由"三环十四射"所构成。"三环"即内环、中环与外环。"十四射"指的是自城市中心向四周发散的城市主干道。其中，内环环绕市中心的商业区，中环围绕城市主要居住区，外环则包含了市内的部分工业区，城市形态呈鸭梨状（图 7-5）。

图 7-5 天津市中心城区用地现状图
（资料来源：天津市总体规划）

总的来说，天津市城市格局属于放射式同心圆城市的变异，21 世纪以来，随着东北片区的工业园的建设，天津市的城市形态已从“鸭梨”向“土豆”转变[227]。目前，天津市中心城区形成三层的环状路网加十四条放射状主干道路网，城市空间结构呈现为团块状圈层式拓展模式——城市建成区围绕核心区域（即近代天津市的老城区，包含海河中游老城厢、和平路、天津站、小白楼等区域）层层向外拓展，形成以昆仑路、黑牛城道、简阳路等围合的中环圈层和更外围的外环圈层，现在城市建成区已突破外环，拓展至西青、津南、东丽、北辰等区域。城市主要交通骨架为环形放射状，津滨大道、大沽路、解放路、卫津路、金钟河大街、卫国道等主干路，这些道路由城市中心区向外穿过中环、外环，串联城市内外交通和环线交通。因此，其风环境特点可以在这一基础上讨论。除了河流、铁道和主要道路作为城市重要风道外，一些公园、外部开敞空间和低矮的建筑群的区域，也是构成城市风道的重要组成部分。

以往城市规划对城市风道问题考虑不足，未结合大气环流及盛行风风向，对城市主风道及次风道整体网络布局进行周密考虑。具体表现在一些有污染的工业建筑布置城市夏季或冬季主风道附近；同时，未能结合天津市的宏观气象特点，进行城市的高度分区规划，高层建筑布局相对凌乱，产生不少不良气流区域。而一些老城区既存居住建筑群，大都呈行列式加上周边式的布局，高度近乎一致，导致气流从楼顶掠过，产生很大的风影区。另一方面，老旧城区密度大，空地少，街巷相对狭窄，街道走向复杂，未能配合盛行风的流向；加上两旁高层建筑的裙房相连，形成深深的街谷，缺乏适当的透空率，使气流无法绕入建筑群内部，导致这些高密度外部空间夏季风速过小，降温能耗大，影响室外空间的舒适性，同时对引入新鲜空气不利[228]。

巨型的城市规模、团块式紧凑型的城市建成区布局模式、中心环放式的交通骨架结构，对天津市中心城区风环境带来了显著影响。这些城市形态与道路系统，也为天津市的城市风道系统的形成，奠定了空间基础。例如，天津市北部及其所形成的道路空间，尤其是天津市中心城区北部的铁路，占据面宽一百多米的开敞空间，一直延伸到天津东站，并向东南延伸，形成一个重要的冬季风道。而南北走向的主要干道如卫津路、红旗路、解放南路等，从外环线向市区中心延伸，构成了夏季的主风道。

天津市中心城区人口规模较大，生活和工业生产所产生的热量和空气污染物总量较高；加之城市空间集中紧凑布局，容易形成热量和空气污染物的集聚，且团块式城市空间对风源风力有较强阻挡作用，不利于外部气流导入和城市内部通风。因此，天津市中心城区热岛效应明显，并在静风或微风天气下易出现雾霾污染。值得指出的是：中心环放式的交通骨架结构是有利于城市外部气流沿放射型交通干道进入城市内部的。因此，充分利用现有干道系统，处理好放射型路网、河流等风道空间与风源的衔接，优化风汇区空间功能布局，完善风道网络系统，将是改善天津市中心城区风环境、满足较高的通风需求的重要途径。

7.3.1.3 多层建筑为基调的高度分区对市区风环境的影响

从城市的竖向高度形态来看，天津市中心城区大部分为以行列式为主的5～6层住宅建筑。20世纪80年代以来，天津市中心区盖了一些高层建筑。特别是在城市新区，高强度开发已成为一种发展趋势，高层建筑正成为建设的主体。

总的来说，天津市呈现多层行列式为基调，点式高层在城市中心区和主要商贸区相对集中，外围相对分散的竖向布局特点。由于大量居住建筑呈现多层行列布局，在满足冬季防风要求的前提下，一些居住区也出现夏季风速过小、空气龄过长的情况。特别是20世纪60年代前后建设的周边式布局住宅，更易形成夏季相对风速过小的现象。同时，天津尚未形成大规模、散布式的高层布局，这为未来形成多层次、立体化的风道建设，提供了可能性，也提出了尽早控制与规划布局的要求。

7.3.2 两心、一轴、多点的城区地表温度的遥感反演

为了科学掌握天津中心城区及周边地区的地表温度分布特点，本书选取了2001—2017年夏季的Landsat7 TM与Landsat 8遥感影像图，通过其地表温度反演，分析天津中心城区与滨海新区夏季地表温度及发展态势。根据多年遥感影像的地表温度反演结果，天津中心城区7～8月份地表温度一般在24～58℃范围内变化，从中心城区内部的温度场空间分布格局来看，地表高温区主要集中出现在大型商场或市场、工业、仓储、棚户区、商业街、体育场等区域（表7-5）。

天津市中心城区热岛分布 表7-5

下垫面功能类型	城市中心区地表温度高温区	空间形态
大型商场或市场	欧亚达、麦德龙商场、金海马家具商场、加宜家居、珠江灯饰城等市场群、钢材市场、大胡同市场、冷冻品市场、侯台南建材市场	低层高密度
工业、仓储	北仓化工厂、天津发电设备总厂、王庄工业园、柳滩工业园、机械配件厂、冷冻厂、前园工业园、造纸厂、盛名工业园、侯台北仓储区、第七棉纺厂、不锈钢厂、天针都市工业园、河东工业区、东丽汽修厂、上海烟草天津卷烟厂、汽车城、轮胎橡胶厂	低层高密度

续表

下垫面功能类型	城市中心区地表温度高温区	空间形态
棚户区	北运河东棚户区、新开河北棚户区、子牙河北棚户区、南运河畔棚户区、铁路旁棚户区、京津塘高速西棚户区	低层高密度
商业街	滨江道和平路商业街	低层高密度
体育场	河北工业大学体育场、南开体育中心体育场、天津大学体育场、二中体育场、城市职业学院体育场、八十二中体育场	人工开敞空间

资料来源：笔者自绘

从 2017 年的遥感影像反演图中可分析出，该地区形成了“两心”（中心城区与塘沽和开发区）、“一轴”（津滨发展轴）和“多点”（外围城区与工业区）的热场分布格局，并表现出城市热岛分布呈现多中心星座式组合形态，形成沿交通走廊扩散发展特征（图 7-6）。

此外，在中心城区的南面，即位于夏季主导风向来向的团泊湖、鸭淀水库等水面及农田，以及塘沽城区东南海面及南面盐田区域，形成了相对低温水域，其可作为位于下风向的中心城区降温的生态冷媒。

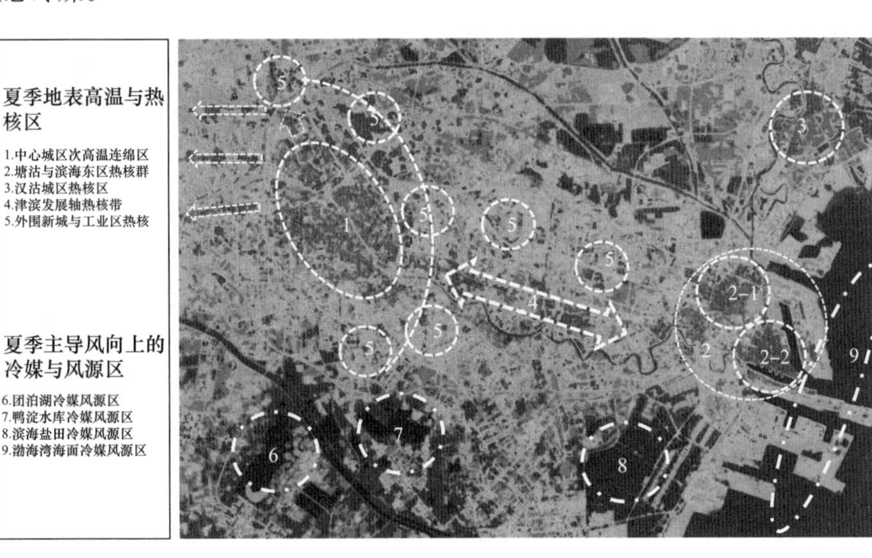

图 7-6 天津中心城区与滨海新区夏季地表热环境态势分析

（资料来源：笔者自绘）

从中心城区的地表温度反演中可以进一步分析出地表高温、次高温、中温以及相对低温区域的分布特点（图 7-7）。

从图 7-7 可以看出，天津中心城区的热核空间分布除体育场外，大多数为工业区和低层高密度棚户等区域，这些高温斑块面积相差较大。

（1）天津市中心城区热岛、冷岛分布及其下垫面成因分析

天津市中心城区各区均有热岛和冷岛分布，总体来看中部和北部热岛数量较多，南部冷岛数量居多。表 7-6 是基于遥感地表温度反演对中心城区典型热岛（具有较高温度且高温区面积较大）分布的总结。

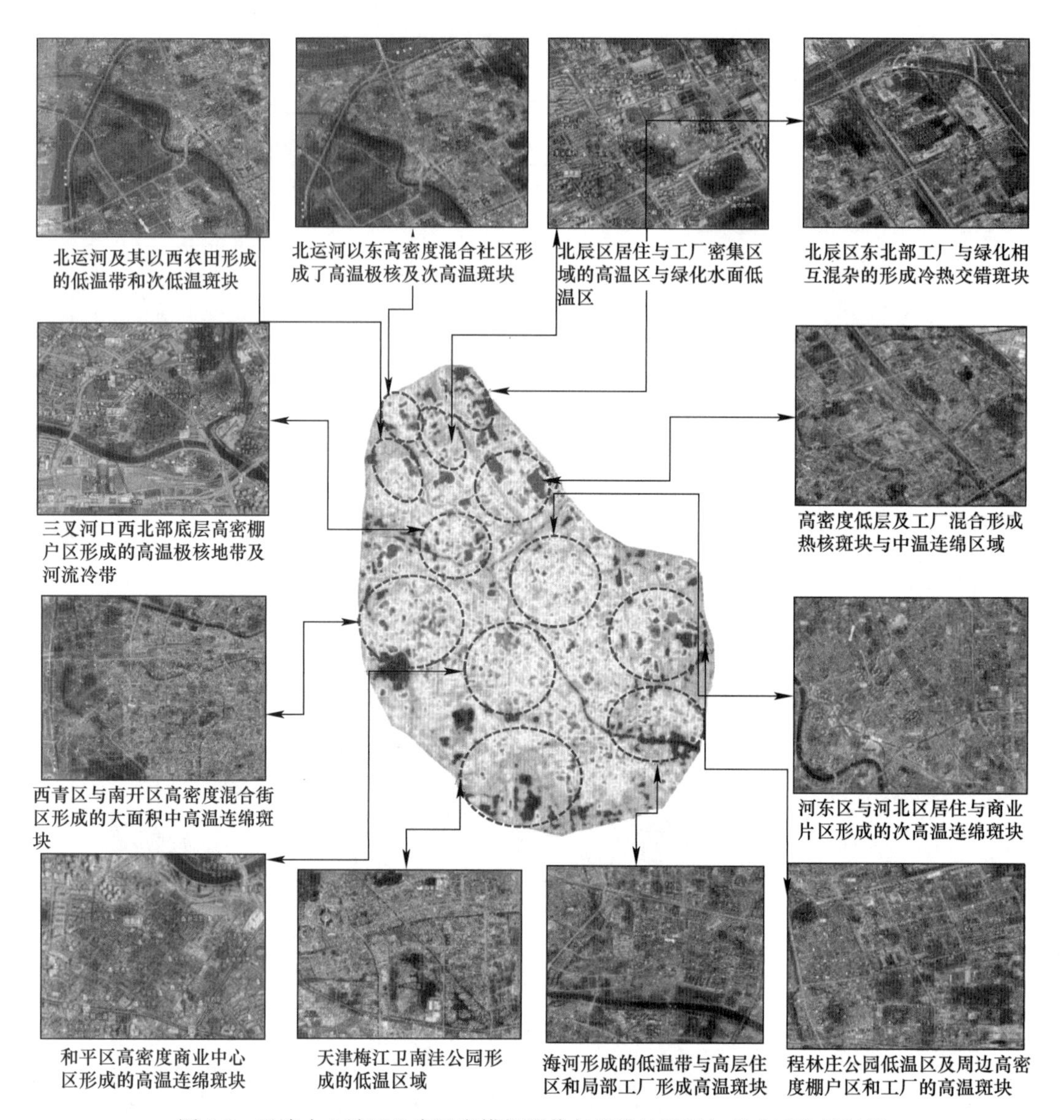

图 7-7　天津中心城区地表温度模拟影像与谷歌地图叠加的典型热场解析

（资料来源：笔者自绘）

天津市中心城区热岛分布　　表 7-6

热岛名称	位置	下垫面功能类型	下垫面空间形态
北仓化工厂	北辰区	工业仓储	低层高密度
天津市发电设备总厂		工业仓储	低层高密度
王庄工业园		工业仓储	低层高密度
柳滩工业园		工业仓储	低层高密度
北运河东棚户区		棚户区	低层高密度
机械配件厂		工业仓储	低层高密度
新开河北棚户区		棚户区	低层高密度
河北工业大学体育场	红桥区	体育场	人工开敞空间
子牙河北棚户区		棚户区	低层高密度

续表

热岛名称	位置	下垫面功能类型	下垫面空间形态
欧亚达、麦德龙商场	红桥区	大型商场	低层高密度
冷冻厂		工业仓储	低层高密度
钢材市场		大型市场	低层高密度
大胡同市场	南开区	大型市场	低层高密度
家具市场		大型市场	低层高密度
南开体育中心体育场		体育场	人工开敞空间
天津大学体育场		体育场	人工开敞空间
冷冻品市场		大型市场	低层高密度
前园工业园	西青区	工业仓储	低层高密度
造纸厂		工业仓储	低层高密度
盛名工业园		工业仓储	低层高密度
南运河畔棚户区		棚户区	低层高密度
侯台北仓储区		工业仓储	低层高密度
侯台南建材市场		大型市场	低层高密度
第七棉纺厂		工业仓储	低层高密度
滨江道和平路商业街	和平区	商业街区	低层高密度
金海马家具商场		大型商场	低层高密度
不锈钢厂	河北区	工业仓储	低层高密度
二中体育场		体育场	人工开敞空间
城市职业学院体育场		体育场	人工开敞空间
天针都市工业园		工业仓储	低层高密度
河东工业区	河东区	工业仓储	低层高密度
八十二中体育场		体育场	人工开敞空间
铁路旁棚户区		棚户区	低层高密度
京津塘高速西棚户区	东丽区	棚户区	低层高密度
东丽汽修厂		工业仓储	低层高密度
上海烟草天津卷烟厂		工业仓储	低层高密度
加宜家居	河西区	大型商场	低层高密度
珠江灯饰城等市场群		大型商场	低层高密度
汽车城		工业仓储	低层高密度
轮胎橡胶厂		工业仓储	低层高密度

资料来源：笔者自绘

从表 7-6 中可以看出，天津市中心城区热岛的下垫面基本为工业仓储、大型商场或市场、体育场、棚户区等功能，空间形态除体育场外均为低层高密度区域。这是由于工业区产热较多，大型市场和商场人流大量集聚，使得生活产热较高，而棚户区建筑密度较高，人口集聚度高且分布于地表，使得地表温度较高。冷岛分布规律则较为简单，主要为大型水面、公园、苗圃林地等自然开敞空间。

（2）天津市中心城区现状地表温度反映出的问题

从中心城区地表温度分布情况看，热岛和冷岛分布不均匀且彼此缺少连通渠道，如何在热岛集聚区域构建冷岛空间，并通过带状冷岛空间分割热岛区域，平衡区域地表温度，将是城市风道系统构建的重要目标之一。

7.3.3 基于CFD的高密度、高混合度市中心风环境研究

海河两岸地段是天津市中心城区典型的高密度中心区，从区位特征、高层建筑分布、各类城市功能混合度、空间类型多样程度，以及高建筑密度地块占比等，都具有较强的代表性，因此，本小节试通过对其进行CFD模拟和分析，为高密度中心区风环境优化，提供有针对性的策略。

7.3.3.1 高密度与高混合度的市中心复杂的环境现状

(1) 海河两岸中心地段的高混合度功能现状

海河两岸地段位于天津市中心城区（外环线以内）几何中心，北到老城厢以北、南至南京路，面积约15 km^2，包含了老城厢商业区和居住区、和平路滨江道商业街区、天津火车站、解放北路历史街区、大胡同市场、古文化街旅游区、意式风情区、津门津塔、小白楼CBD部分区域等重要的功能地段。

海河两岸地段现状功能布局混合度较高，集聚了居住区、商业区、金融办公区、历史文化街区、文化旅游区、大型交通枢纽及多处医院、学校等设施，商业类型多样（包含大型市场、商业综合体、步行商业街等），即使同一地块内，也融合了多种用地性质，如老城厢地块，包含了居住、商业、餐饮、文化娱乐、教育等多种用地（图7-8）。

图7-8 海河两岸中心地段的高混合度功能现状

（资料来源：侯鑫教授提供）

(2) 多样化功能构成制约下的海河两岸复杂空间特征

多样化、复合化的用地功能布局，直接决定了海河两岸的空间多样性。商务办公、公寓、新建居住区高层建筑较多，如南京路沿线、老城厢周围等地块；还有一些超高层建筑作为天津市城市的标志性建筑，如津塔等；小高层和多层住宅也十分常见，板式住宅建筑分布广泛；历史街区、文化商业街区、低层商业建筑等，则呈现为低层小体量建筑群，街道空间为宜人的步行尺度，建筑间距较小；火车站、大型商业综合体、大型市场则为体量庞大的建筑，层数不高但建筑密度较大。此外，还有由河道、各级道路、广场公园组成的多样化开放空间（图7-9）。海河两岸地段的空间多样性，使该地段的风环境较为复杂，庞大体量建筑阻挡后的气流、相邻

高层建筑间通过的气流、通过开敞空间作用于不同类型建筑的气流、通过建筑或街区角部的气流都存在极大的差异。

图 7-9　形态各异、高低错落的中心区建筑群布局
（资料来源：侯鑫教授提供）

7.3.3.2　地面粗糙度、风向、风速与 CFD 模型等相关参数选取

在分析天津市高密度中心区的街区形态和功能布局特点的基础上，本书将应用 CFD 模拟技术，对该区域进行分析研究。为了更好地利用计算机与软件模拟风环境，必须对本书所采用的工况条件作相关的限制。它涉及风速选取、入口等边界条件的设定、几何建模与网格划分、计算域的设定等相关要素的确定。

（1）地面粗糙度、风向、风速与相关参数设定

在大气层底层中，由于地表的摩擦作用，地表的风速将会随着离地高度大小变化而增减。一般认为，在离地 300～500 m 以上时，风速才不受地表的影响，地面到不受地表影响的这一区间，风速是沿着高度变化的，它的规律可以用对数率或指数率来表示，其中指数率应用最为广泛，其公式为：

$$U_z/U_o = (Z/Z_o)^a \tag{7-1}$$

式中：U_z 代表的是距地高度为 Z 米处的风速，单位为 m/s；Z_o 代表的是气象站所测出风速的测点距地面的高度，一般取 10 m；U_o 为气象站所测风速，a 是地面粗糙度指数。《建筑结构荷载规范》（GB 50009—2012）中将地面粗糙度分为 A、B、C、D 四类（表 7-7）。

地面粗糙度指数分类表　　表 7-7

类别	涵盖区域	地面粗糙度指数
A	近海海面和海岛、海岸、湖岸及沙漠地区	0.12
B	田野、乡村、丛林、丘陵及房屋比较稀疏的乡镇	0.15
C	有密集建筑群的城市市区	0.22
D	有密集建筑物且房屋较高的城市市区	0.3

资料来源：《建筑结构荷载规范》（GB 50009—2012）

本书模拟的大部分区域为密集建筑群的城市市区，a 取 0.22；在高密度城市中心区，a 取 0.3。

（2）计算域与网格划分的设定原则

在本书的模拟中，计算域内采用直角网格技术，对重点区域内采用加密网格，同时，对外围网格按一定比例逐步放大，从而有效降低模拟区域内的网格数量，在不降低重点区域的计算精度的同时，有效地减少运算时间。表 7-8 为庄智等归纳的建筑室外风环境模拟的技术要点，本书在进行风环境模拟时，基本按这一技术要点进行操作。

天津市中心城区地处平原，地形高差不大，故后文关于天津市中心城区的模拟分析不考虑高程带来的变化。

建筑室外风环境模拟技术要点 **表 7-8**

对象	技术要点
模型简化	忽略建筑物微小凹凸处，而将形状近似为立方体的建筑物简化为具有规则形状的立方体
计算区域确定	计算区域入口距最近的侧建筑边界满足 $5H$，侧边边界满足 $5H$，顶部边界满足 $5H$，出流边界满足 $6H$，其中 H 为目标建筑高度；建筑物覆盖的区域满足小于整个计算域面积的 3%
网格划分方法	2 个连续网格之间的膨胀率应低于 1.3；每单位建筑体积至少要使用 10 个网格以及每单位建筑间隔要有 10 个网格来模拟流域
边界条件制作	（1）进口边界：给定入口风速按照符合幂指数分布规律进行模拟计算，有可能的情况下入口的 k、ε 值也应采用分布参数进行定义。（2）出口边界：设置为自由出流边界条件。假定出流面上的流动已充分发展，流动已恢复为无建筑物阻碍时的正常流动，可设将出口压力设为大气压。（3）顶部及侧面边界：顶部和两侧面的空气流动几乎不受建筑物的影响，可设为自由滑移表面或对称边界。（4）地面边界：对于未考虑粗糙度的情况，采用指数关系式修正粗糙度带来的影响；对于实际建筑的几何再现，应采用适应实际地面条件的边界条件；对于光滑壁面应采用对数定律
模型选择与求解	在计算精度不高且只关注 1.5 m 高度流场可采用标准 k-ε 模型；差分格式避免采用一阶差分格式。可采用一次迎风差分方式进行初始计算，待稳定时采用二阶迎风差分格式
迭代收敛标准	连续性方程、动量方程的残差在 10^{-4} 以内，方程的不平衡率在 1% 以内，流场中有代表性监视点的值不发生变化或沿一固定值上下波动
模拟工具选择	Aimpak、WindPefect 和 Phoenics 的 FLAIR 模块，专门针对建筑环境、暖通空调系统设计而开发的，对于常见的建筑（群）风环境模拟可以优先考虑采用，提高模型建立的速度与计算效率

资料来源：参考文献［63］

（3）湍流模型与研究区域的选取

城市环境中，一般认为风的流动属于不可压缩的低速湍流。因此，在风环境数字模拟时，一般常采用 k-ε 双方程模型与大涡模拟模型（Large Eddy Simulation，LES）等数字模型进行模拟[229-231]。大涡模拟用非稳态的 Navier-Stokes 方程来直接模拟大尺度涡流，它对计算机的速度和内存要求很高，计算时间长，计算成本高[232]；而相比之下，标准 k-ε 模型在数字模拟中波动小、精度高，计算成本相对较低，在对风环境模拟中应用较为广泛，因此，本书采用的是标准 k-ε 模型进行模拟运算[233,234]。

从研究区域来看，本书研究的是天津市中心城区，即外环线以内相关地区，其中，本节把图 7-10 中标示的高密度中心区作为重点区域研究。①

① 由于城市高密度中心区和居住区的模拟范围过大，为了使读者能看清具体内容，一些图片经过适当的剪裁处理。

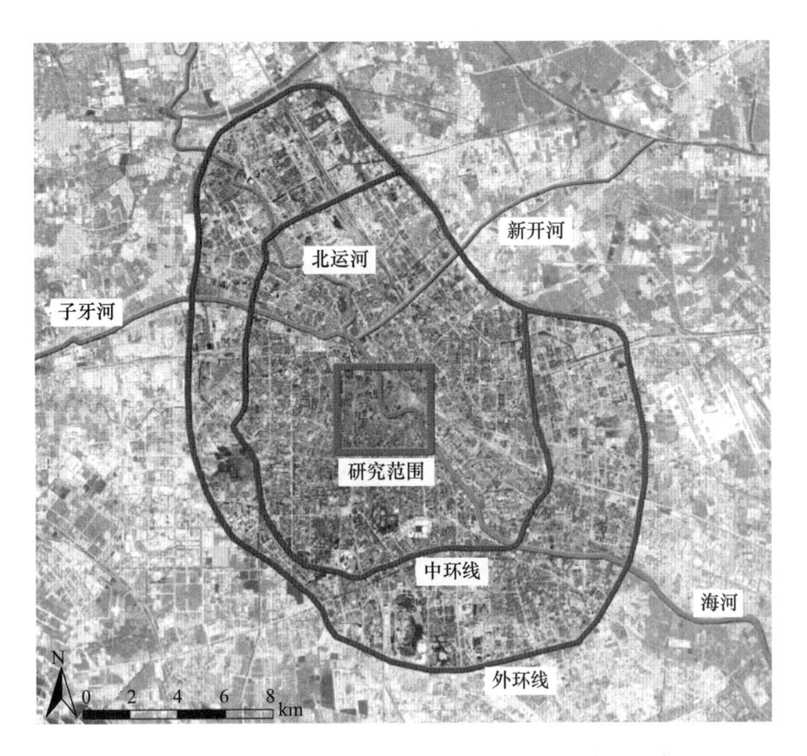

图 7-10　海河两岸地段在天津市中心城区的位置示意
（资料来源：笔者自绘）

7.3.3.3　高密度市中心区夏季风环境数字模拟分析

（1）夏季风速分布的空间特点分析

天津市中心城区夏季天气炎热，城市通风需求以促进空气流动，快速排解城市产热，减缓城市热岛效应为主，根据 CFD 模拟，可以大致判断夏季不良风速区域的分布情况（图 7-11，图 7-12）。

图 7-11　海河两岸地段夏季建筑表面风速模拟图
（资料来源：笔者自绘）

图 7-12　海河两岸地段夏季风速模拟图
（资料来源：笔者自绘）

① 迎风面长度和连续度越高，街区内风速过低区域越大

从图 7-13 可以看出，街区和建筑占地规模、平均高度、朝向、建筑密度、区位等大致相同

的情况下，其迎风面长度和连续度越高，街区内的风速过低（小于 1 m/s）区域就越大。迎风面较长的街区一般由大型市场、商业综合体、铁路站房或垂直于风向的板式住宅并行排列等元素构成，较大的建筑体量、板式建筑并行紧凑排列，或者高层建筑底商连接较长，都会形成较高的界面连续度。

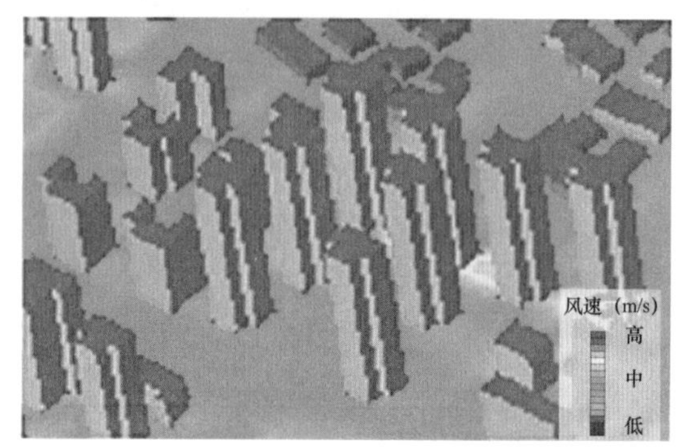

图 7-13　迎风面长度和连续度对风环境影响示意

（资料来源：笔者自绘）

② 行列式街区建筑与主导风向正交比斜交的低风速区域大

行列式建筑布局的街区是较为典型的布局模式，常见于多层居住建筑、板式高层居住建筑等。从图 7-14 可以看出，在行列式街区中，如果建筑排列方向与主导风向垂直，则产生的低风速区面积较大，如果建筑排列方向与主导风向成一定夹角（30°～60°之间最为明显），低风速区的面积会大大降低。

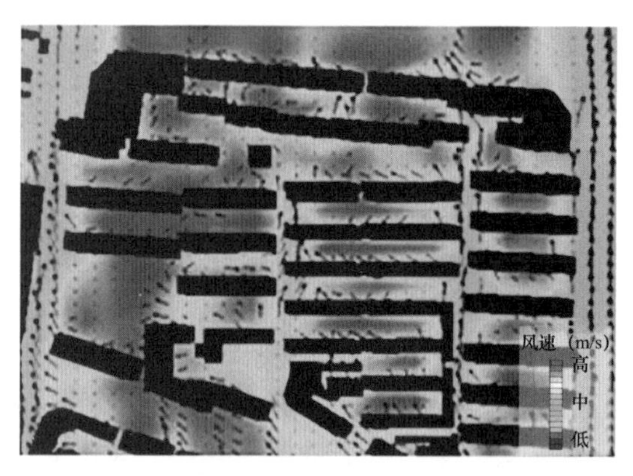

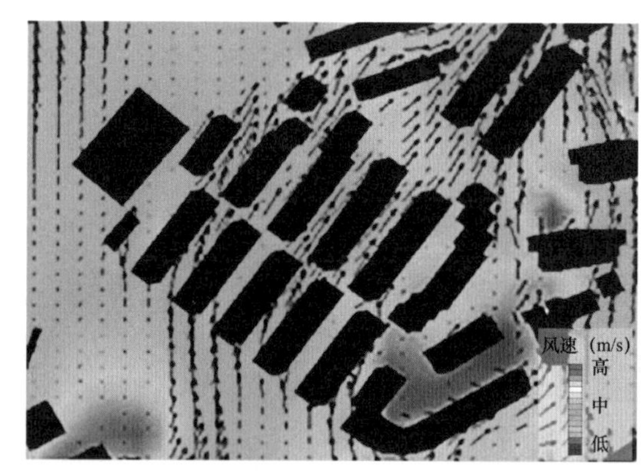

图 7-14　行列式建筑与风向角度对风环境影响

（资料来源：笔者自绘）

③ 行列式街区内部建筑高度与前后间距比值越大，风速过低区域越大

根据图 7-15 可以看出，在行列式布局的街区中，在建筑并排长度（排列方向基本垂直于风向）大致相当的前提下，建筑高度越高、建筑前后间距越小，即建筑高度与前后间距的比值越大，低风速区的面积越大。这一特征在街区内部建筑前后间空地的地面风速表现尤为明显。

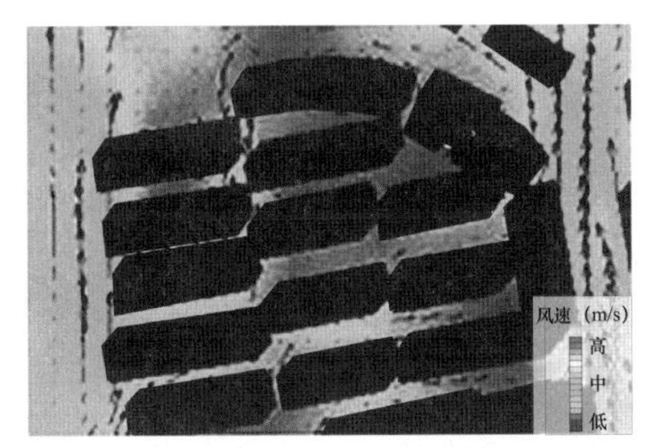

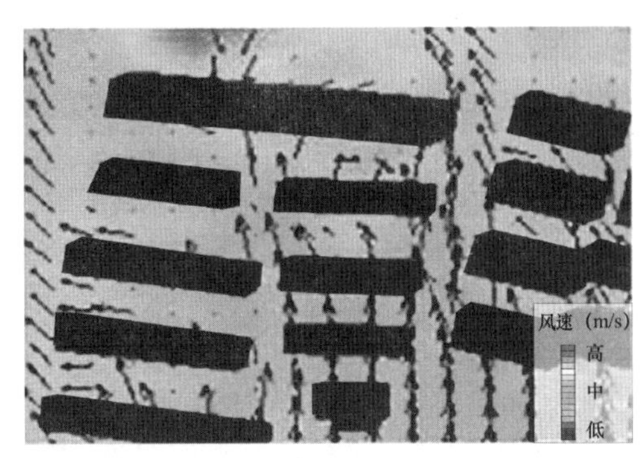

图 7-15 建筑高度与前后间距比值对风环境影响示意

（资料来源：笔者自绘）

④ 围合式街区内部的低风速区域较大

通过对比图 7-16 中不同空间围合度街区的风速，可以看出围合度较小的点式高层街区内部低风速区面积较小，且在建筑侧面较易产生高风速区；围合度一般的板式建筑街区（一般是东西两侧开放）内部平均风速稍低，但低风速区域较少；围合度较高的街区（四周都有建筑围合，且界面连续度较高）内部低风速区域面积较大。

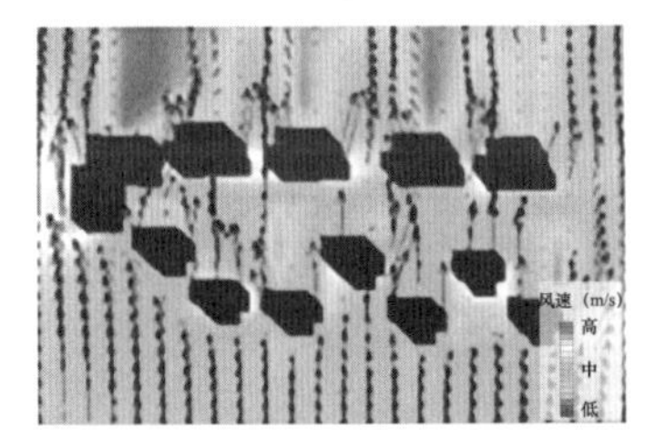

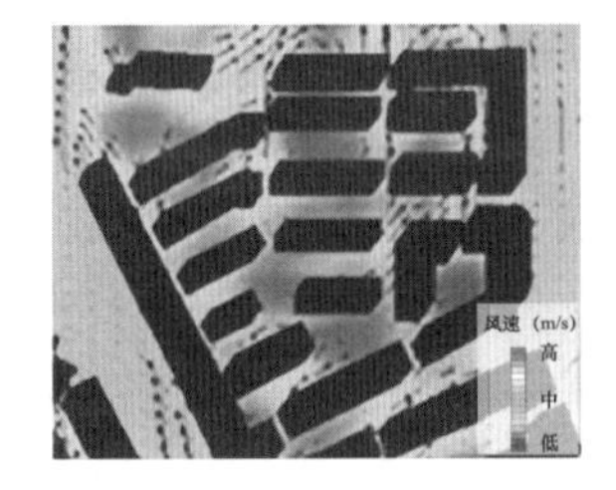

图 7-16 围合式与非围合式街区对风环境影响示意

（资料来源：笔者自绘）

⑤ 建筑表面低风速区多分布于多层和板式小高层建筑，以及高层建筑的中低部分

从图 7-17 可以看出，建筑表面的低风速区多出现在多层和板式小高层街区，其中街区东西两侧临街（紧邻风道或开放空间）建筑表面的低风速区较少；高层建筑表面低风速区常出现于中低部分，建筑顶部和两侧不易出现低风速区，同一街区受到前排建筑遮挡的高层建筑表面低风速区面积较大。

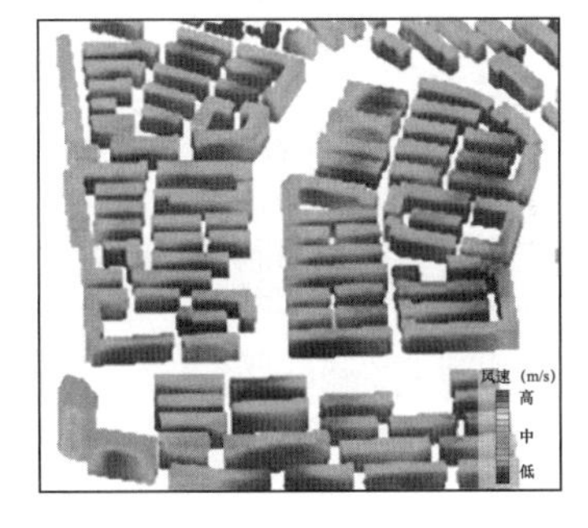

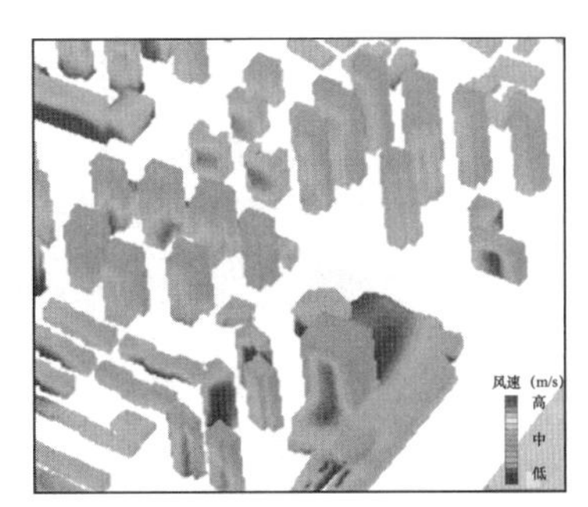

图 7-17 建筑表面低风速区分布规律示意

（资料来源：笔者自绘）

⑥ 高层建筑或街区之间形成的峡口、开敞空间中建筑两侧易出现高风速区域

虽然夏季城市以降温散热、减缓热岛效应为主，但风速过高区域（大于 5 m/s）会给人带来不适的感觉。从图 7-18 可以看出，高风速区域主要分布于高层建筑或街区之间形成的峡口区域、开敞空间中的建筑两侧区域等。

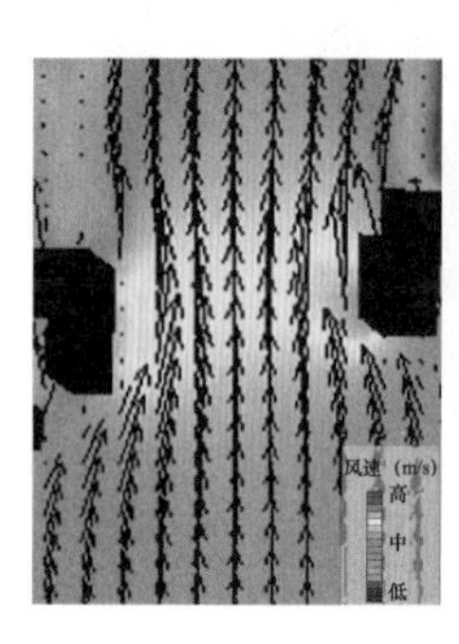

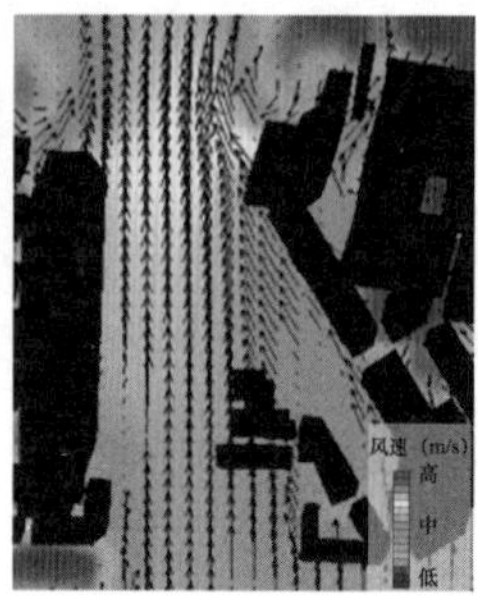

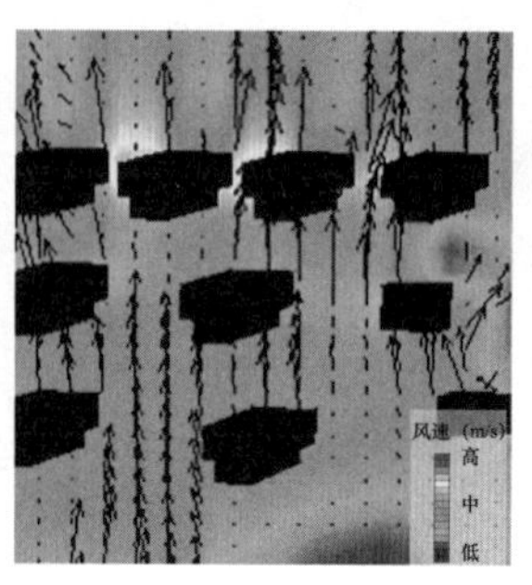

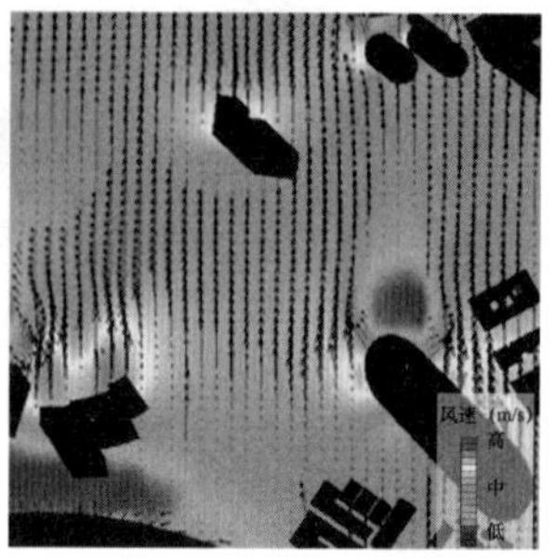

图 7-18　高层建筑或街区易出现高风速区空间分布规律示意

（资料来源：笔者自绘）

（2）夏季风压分布的空间特点分析

图 7-18 是天津中心城区海河两岸地段夏季建筑表面风压模拟图，图中显示建筑迎风面为正压、背风面为负压的情形。为便于夏季建筑室内外通风，建筑前后表面风压差不宜过小（应大于 1 Pa 也不宜大于 5 Pa）。通过 CFD 风压模拟图，可以总结出不利于建筑通风的不良建筑风压分布规律。

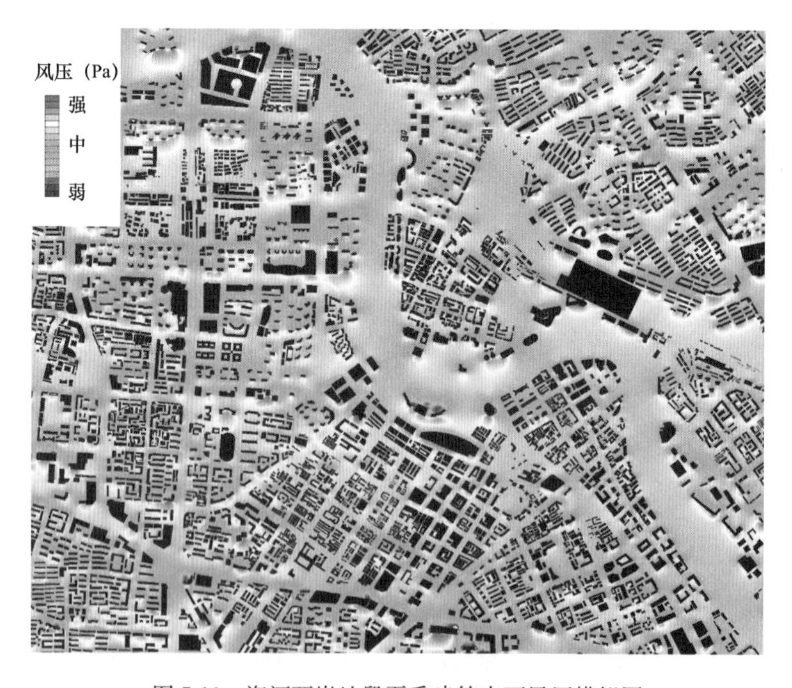

图 7-19　海河两岸地段夏季建筑表面风压模拟图

（资料来源：笔者自绘）

① 建筑迎风面距离前方遮挡建筑越近，建筑迎风面风压越小

通过图 7-20 可以看出（左图上方建筑迎风面方向为海河开放空间，其表面风压较大，右图

各建筑距离其迎风面方向遮挡建筑均不超过 30 m，则其表面风压较小），如果建筑迎风面前方的遮挡建筑的高度、面宽和连续度大致相同，那么建筑迎风面距离遮挡物越近，建筑迎风面的风压就越小，越易形成不良建筑表面风压。

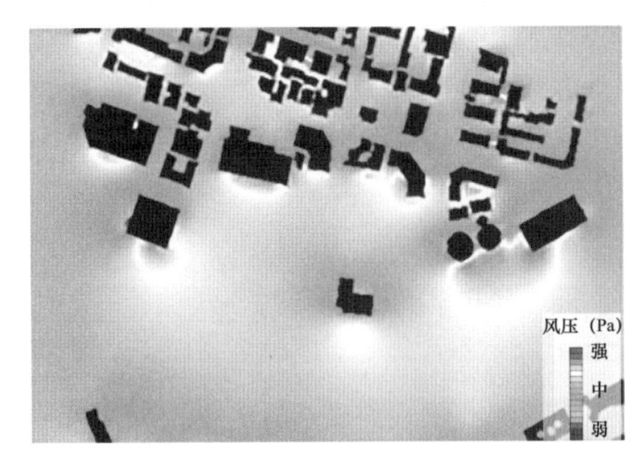

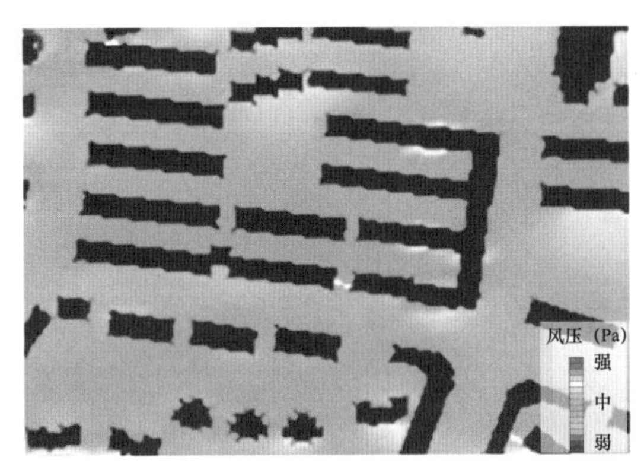

图 7-20　建筑迎风面与前方遮挡物距离对风环境影响示意

（资料来源：笔者自绘）

② 建筑迎风面前方的遮挡建筑高度越大，建筑迎风面风压越小

通过图 7-21 可以看出（左图中遮挡建筑为棚户区，右图下方遮挡建筑为学校和别墅区，被遮挡建筑迎风面的风压较大；而右图上方街区，其遮挡建筑为高层住宅街区，被遮挡建筑迎风面的风压较小），如果建筑迎风面与前方遮挡建筑的距离大致相同，则遮挡建筑高度越大，被挡建筑迎风面的风压就越小，越易形成不良建筑表面风压。

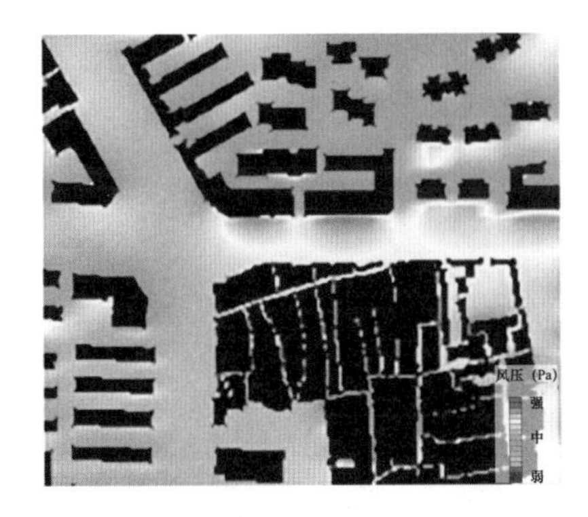

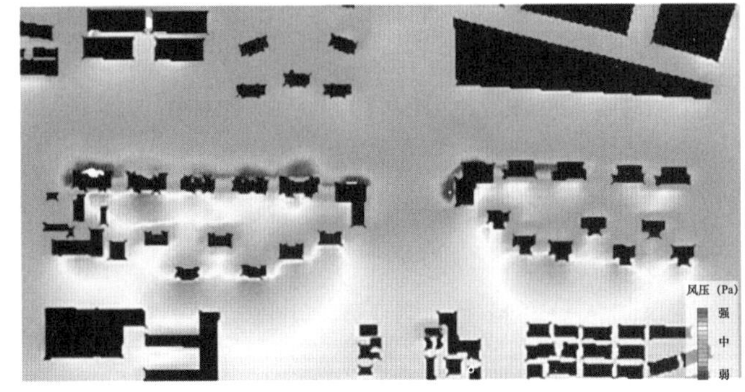

图 7-21　建筑迎风面前方的遮挡建筑高度对风环境影响示意

（资料来源：笔者自绘）

③ 建筑迎风面前方的遮挡建筑迎风长度越大、连续度越高，建筑迎风面风压越小

从图 7-22 可以看出（左图中后排建筑迎风面的遮挡建筑为短板建筑，面宽和连续度较低，被遮挡建筑表面风压较大；右图后排建筑迎风面的遮挡建筑为大型商业综合体，是高层与裙房结合建筑，面宽和连续度均很高，被遮挡建筑表面风压较小），如果建筑迎风面与前方的遮挡建筑的距离差距不大，则遮挡建筑的面宽和连续度越大，被挡建筑迎风面的风压就越小，越易形成不良建筑表面风压。

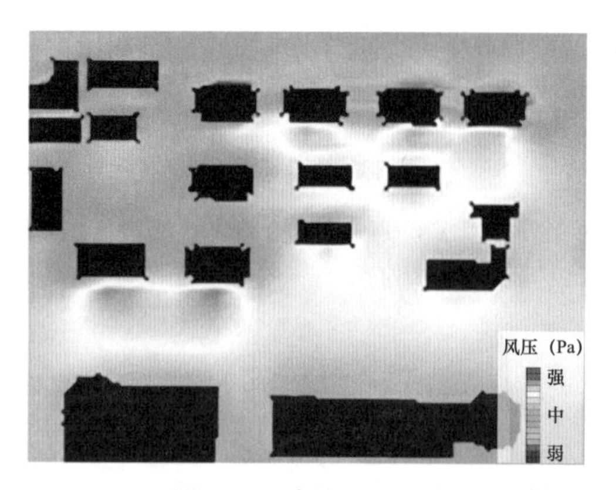

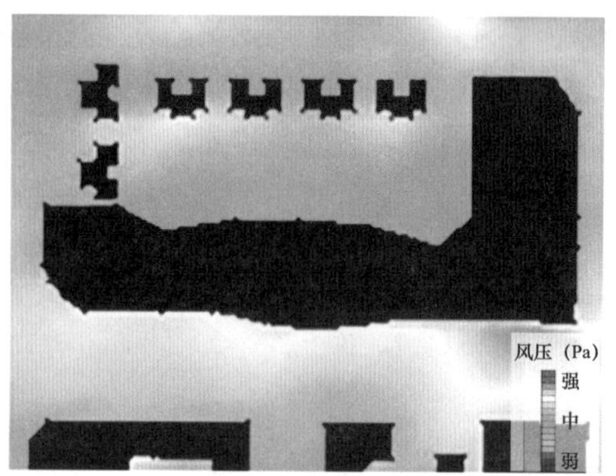

图 7-22　建筑迎风面前方的遮挡建筑迎风长度和连续度对风环境影响示意

（资料来源：笔者自绘）

④ 行列式街区内建筑排列方向与主导风向正交比斜交产生的表面风压偏小

从图 7-23 可以看出，在行列式布局的街区中，通常建筑排列方向与主导风向正交比斜交产生的表面风压更小一些，而随着建筑排列方向与风向夹角越大，建筑表面风压越大。

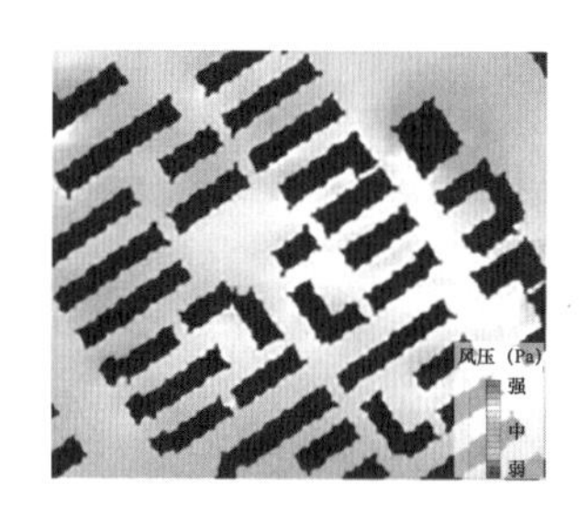

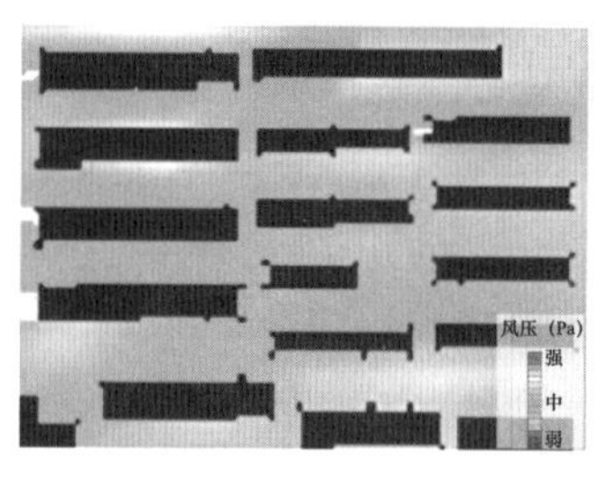

图 7-23　行列式街区建筑排列方向与主导风向夹角对风环境影响示意

（资料来源：笔者自绘）

7.3.3.4　高密度市中心区冬季风环境数字模拟分析

（1）市中心区冬季风速分布空间特点分析

天津市中心城区冬季天气严寒，城市通风需求以防止寒风入侵，减缓风灾为主，但也应避免风速过小区域存在，防止空气污染物集聚不易扩散。根据 CFD 风速模拟，可以大致判断冬季不良风速区域的分布情况（图 7-24，图 7-25）。

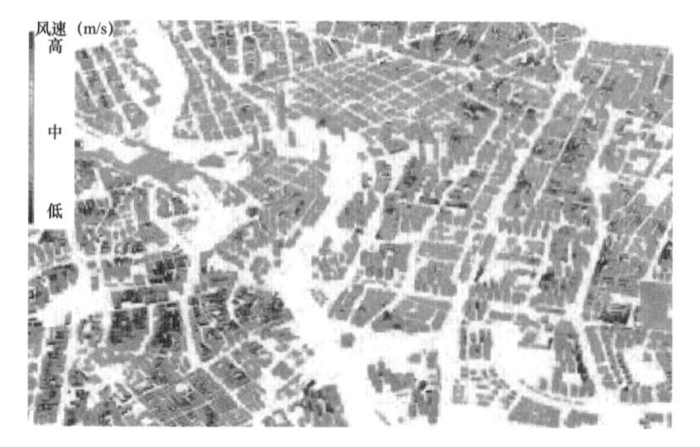

图 7-24　海河两岸地段冬季建筑表面风速模拟图

（资料来源：笔者自绘）

图 7-25　海河两岸地段冬季风速模拟图

（资料来源：笔者自绘）

① 位于开放空间的建筑角部易产生高风速区

通过图 7-26 可以看出，高风速区常出现在建筑角部，尤其建筑周边为开放空间。但位于开放空间的建筑不一定都会出现高风速角隅区，低风速区风影内的建筑一般不会出现这类情况。

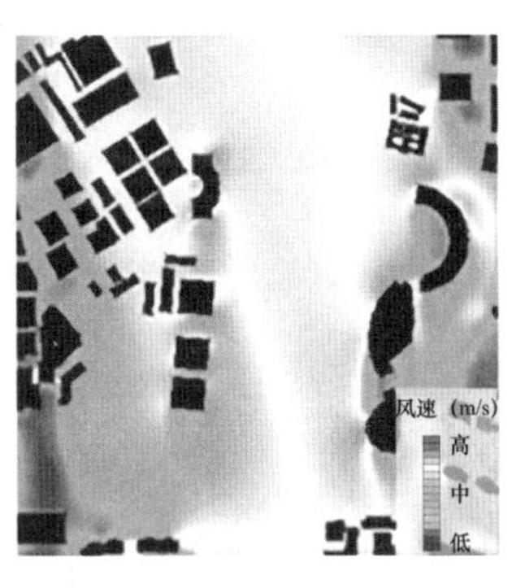

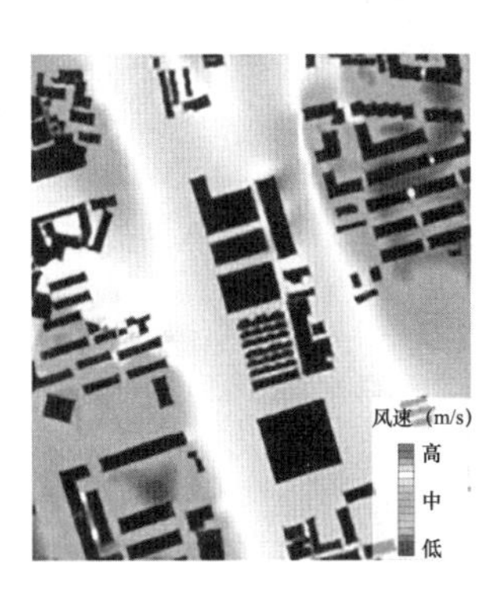

图 7-26 开放空间的建筑角部产生高风速区空间分布示意

（资料来源：笔者自绘）

② 高层建筑或街区之间形成的峡口易产生高风速区

通过图 7-27 可以看出，由高层建筑或街区并排形成的峡口，常产生高风速区域。这些高风速峡口的位置一般为建筑或街区的迎风面且迎风向前方无高层建筑阻挡，或方向顺应主导风向的风道的相对较窄处。

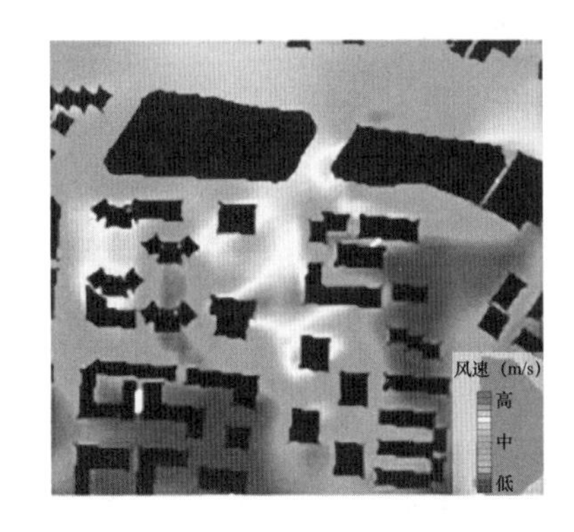

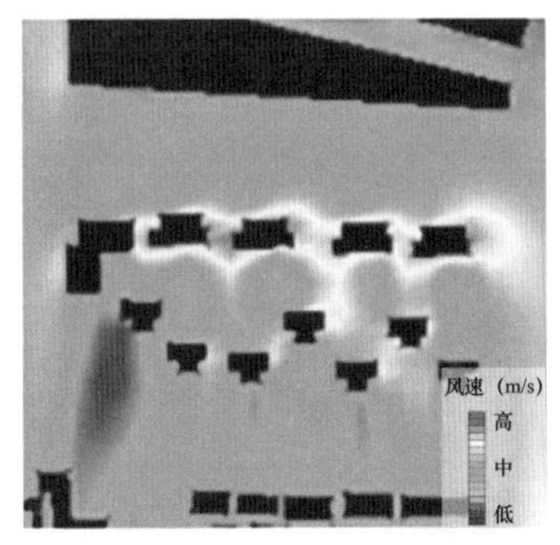

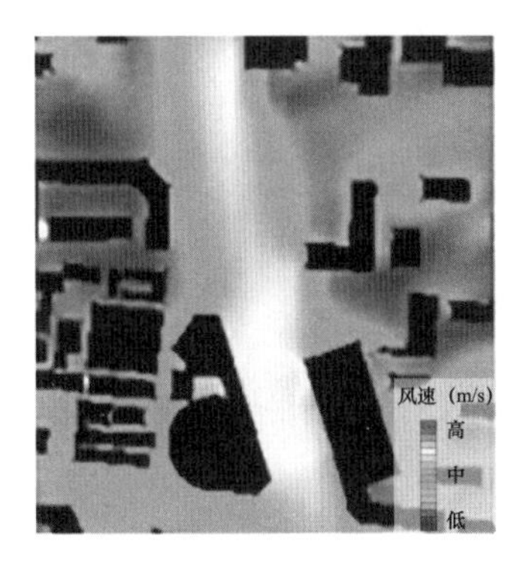

图 7-27 高层建筑或街区之间形成的峡口高风速区示意

（资料来源：笔者自绘）

③ 围合式街区或排列方向与主导风向夹角大于 30°的行列式街区风速过低区面积较大

通过图 7-28 可以看出，冬季低风速区域常出现于围合式或行列式街区、大体量建筑或街区的背风向区域。其中并非所有行列式街区都易产生低风速区，当排列方向与主导风向的夹角小于 30°时，通风条件较好，反之则易出现低风速区。

④ 街区迎风面的高层建筑顶部和两侧表面易形成高风速区

通过图 7-29 可以看出，建筑表面的高风速区域一般出现在街区迎风面的高层建筑顶部和两侧表面。

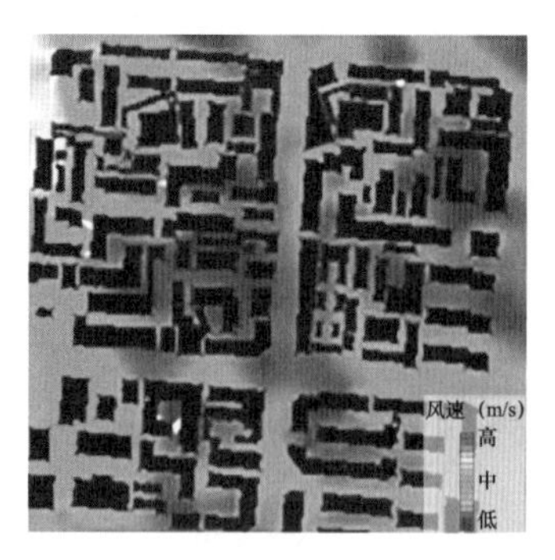

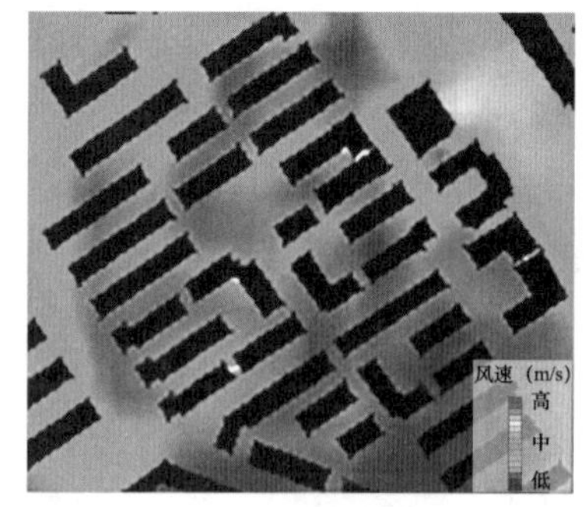

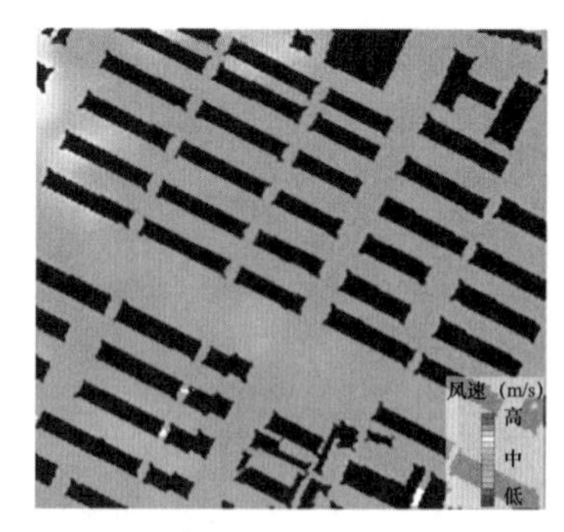

图 7-28　围合式街区与排列方向不同的行列式街区低风速区面积对比示意

（资料来源：笔者自绘）

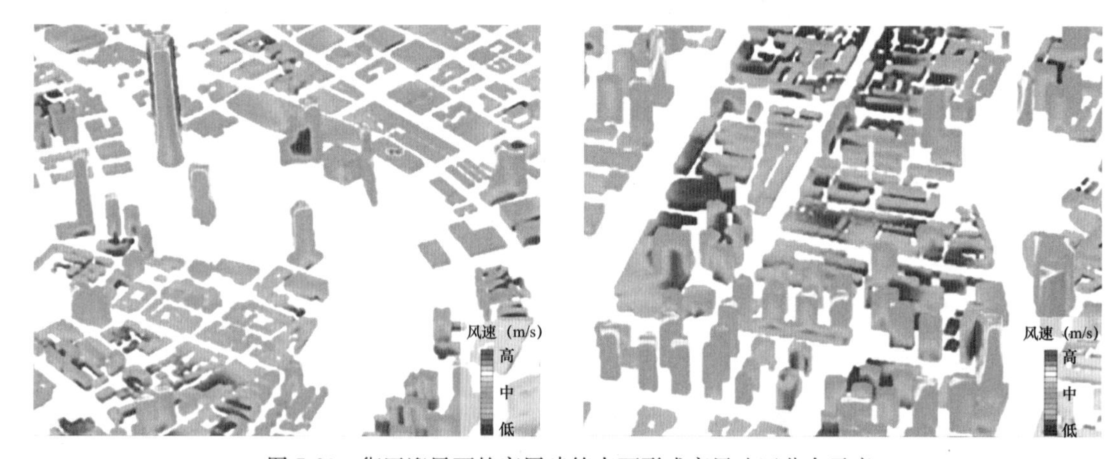

图 7-29　街区迎风面的高层建筑表面形成高风速区分布示意

（资料来源：笔者自绘）

⑤ 迎风方向有高层阻挡的建筑表面易形成低风速区

通过图 7-30 可以看出，建筑表面的低风速区域一般出现在围合或行列式街区内部，并出现在高层街区的迎风方向上有高层阻挡的建筑表面。

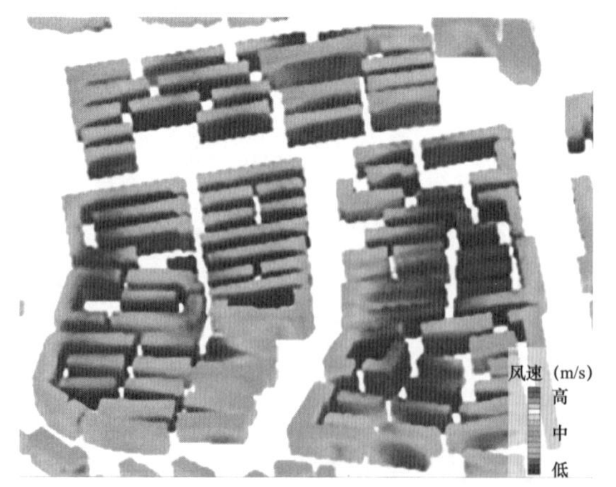

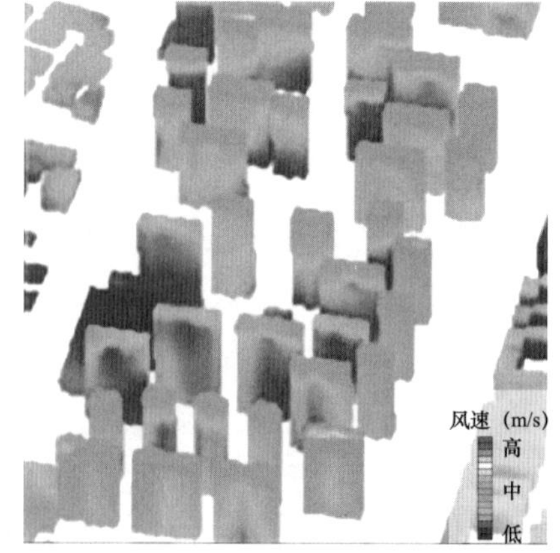

图 7-30　建筑表面低风速区分布示意

（资料来源：笔者自绘）

（2）市中心区冬季风压分布空间特点分析

为防止冬季建筑通风受强风侵害，建筑前后表面风压差不宜大于 5 Pa；也不宜过小（应大于 1 Pa），以免引发通风不畅。风压模拟结果是整体在−10～9 Pa 区间。通过 CFD 风压模拟图（图 7-31）可以分析出建筑表面过强风压分布规律。

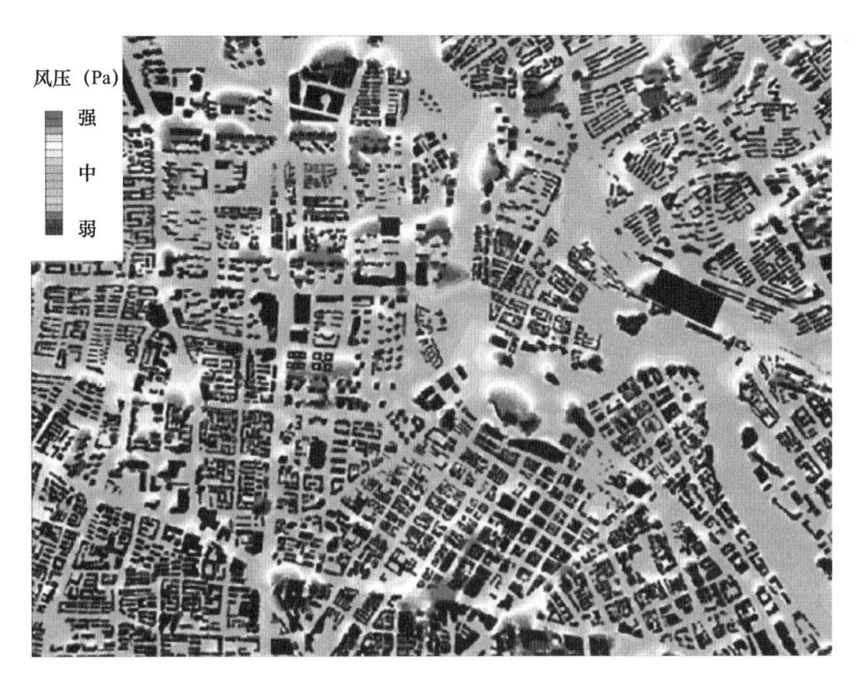

图 7-31　海河两岸地段冬季建筑表面风压模拟图

（资料来源：笔者自绘）

① 建筑或街区迎风面为开敞空间，则建筑表面风压较大

通过图 7-32 可以看出，如果建筑或街区的迎风面为开敞空间，则建筑迎风面往往出现正风压较大的状况。

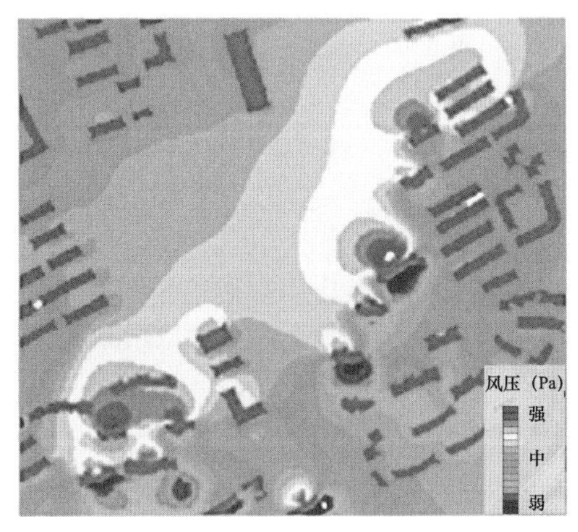

图 7-32　迎风面为开敞空间的建筑表面风压示意

（资料来源：笔者自绘）

② 背风面无高层建筑遮挡的高层建筑或街区的建筑表面负压较大

通过图 7-33 可以看出，建筑表面过强的负风压区域常形成于高层建筑或街区的背风向，尤其是背风面方向无高层建筑或街区遮挡时。

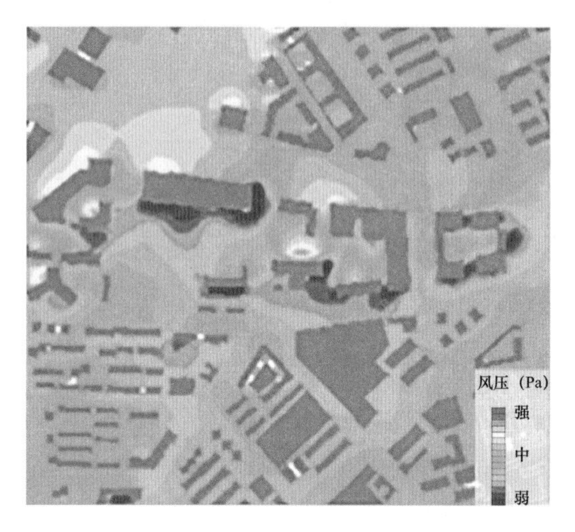

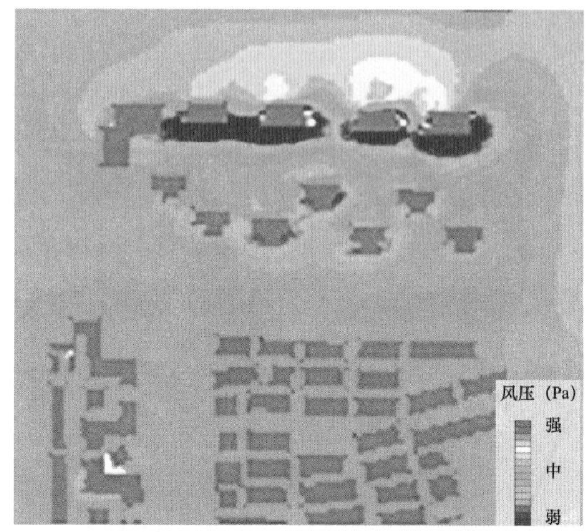

图 7-33　背风面无高层遮挡的高层建筑负风压示意

（资料来源：笔者自绘）

③ 迎风面无高层建筑遮挡的高层建筑表面风压较大

通过图 7-34 可以看出，对于高层建筑或街区，如果其迎风面无高层建筑阻挡（迎风方向为低层、多层街区或开敞空间），则其建筑迎风面的正风压较大。

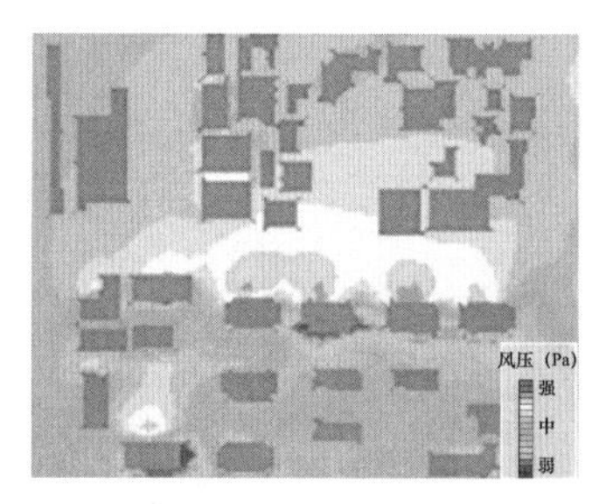

图 7-34　迎风面无高层建筑遮挡的高层建筑表面风压示意

（资料来源：笔者自绘）

7.3.3.5　高密度中心区不良风环境产生原因分析

基于 CFD 模拟，结合对不良风环境分布规律的总结，从气流作用于城市空间的原理出发，深度分析各类不良风环境产生的机制，可以为空间布局与风环境优化提供理论依据。

（1）行列式街区（板式建筑）内部风环境影响机制

行列式街区，即由板式多层、小高层建筑排列组成的街区，是高密度中心区的一种典型布局模式，根据上述不良风环境分布规律的分析总结可知，行列式街区内部建筑前后间距、建筑高度、建筑迎风面面宽、建筑迎风面连续度、建筑排列的角度（与主导风向夹角）等要素都会对街区内风环境产生较大的影响[235]。

行列式街区内部的风环境特点是：屋顶上方为主导性气流，在这一气流的影响下，会形成两排建筑之间的次级环流。这一次级气流受到两边建筑的走向和它的几何形态如高度、长度和宽度的影响很大。例如，当气流和街谷间的轴线大致垂直时，由于两侧建筑的高宽比和长宽比的不同[236]，将会出现不同风场。另外，从一种气流形式转换到另一种气流形式，主要与街道和建筑的长宽比有关。

（2）街区内建筑排列方向、街道走向对风环境的影响

影响街区内风速因素包括街区和街谷的走向、街区和街谷形状等。但街区和街谷的走向对街区内风速的影响更大。

街谷中的风向，主要与来流和街谷之间的角度有关。当屋顶上方的气流垂直于街道的轴向，将在街道近地处出现与来流方向相反的气流；当气流平行于街道方向时，又会产生狭管效应[237]。

同时，街区与来流风向的夹角越小，其街谷内的风速就越高。当建筑迎风面与来流方向有一定夹角时，将有利于在夏季形成较好的室外风环境；而在冬季，采用垂直于冬季主导风向的规整式布局，可以降低寒冷气流的不利影响。一般来说，当主导风向与街谷的夹角小于30°时，最易将主导风引入街谷内部；当主导风向与街谷的夹角大于60°时，主导风则不易进入街谷内部。对于天津市来讲，夏季应鼓励主导风进入街区层峡，冬季应限制主导风进入层峡，因此应当依据冬季和夏季主导风向特点，选择合适的街区和层峡空间布局走向。

（3）不同街区平面布局形式对风环境的影响

不同的街区平面布局模式下，风环境具有较为明显的差异。一般来说，点式布局的街区通风能力最强；围合式布局的街区内部风速最小；行列式布局的街区内部风场最稳定；点、板结合式的街区，其综合通风效果最好，且风场较为稳定。

在多排的建筑群中，建筑的两侧转角处风速较大，并形成所谓的角隅效应；同时，前排建筑的端头之间风速也比较大，这是由于峡谷效应的影响；但如果山墙间距比较小，峡谷风就不会影响到后排建筑，而在两排建筑间形成低速的气流，从而在两排建筑间形成比较大的风影区。

点式或板式建筑组群中，迎风面第一排建筑对整个建筑群风环境的影响最大，建筑的排列方式从前到后依次增高，建筑群的最大风速比将会相对较小，反之越大。

（4）高层建筑与低层建筑布局方式对风环境的影响

高层建筑或街区对其周边的城市风环境会产生显著作用。高层建筑易对城市风环境产生消极影响，如形成“风漏斗效应”“穿堂风”“角隅侧风”等。

所谓“风漏斗效应”是因高层建筑布局不当引起的。当高度比较接近的建筑布置在道路的两边，且前后排建筑之间的距离是建筑高度的2～3倍时，该建筑群就可能形成“风漏斗”效应。这种效应将导致风速增加30%，同时伴随气流方向改变，形成复杂风环境，增加建筑的能耗与热损失。

“穿堂风”是气流穿过建筑内部或狭小建筑空间的一种气流现象。当建筑的迎风面和背风面存在风压差，且建筑前后有贯通的开口或廊道时，其通道内就会形成快速的空气流动，形成“穿堂风”[238]。

“角隅侧风”是建筑角部风速增大的现象。当气流从建筑两侧通过时，气流就会加速，同时

在建筑角部产生涡漩气流，造成建筑角部的两侧出现较大的风速。当建筑高度越高、面宽越大时，这种现象越明显，这一现象还会出现在建筑的背风侧，即在建筑后面大致与面宽相当的区域内，出现螺旋状上升气旋。

城市群体建筑空间组合中，不同的高低层建筑的搭配，会产生多样化的风环境条件。

不同建筑组群内会形成不同风场，这些气流会相互干扰，建筑间距越小，风漩涡就发展越不完全，相互间的干扰就会越大。例如，当低层位于高层建筑的上风位置，高层上部的气流受低层建筑的影响较小，而在近地面行人高度处，由于低层建筑的阻碍，气流不畅，在建筑背风处就会产生一定的风影。如果低层建筑的高度和密度较小，形成的风影区、建筑前后的风压及风速变化均较小；随着建筑的密度和高度增大，对风造成的遮挡明显增加，风通过低层建筑群后，在受到高层建筑迎风面影响后，气流下降，将在低层与高层建筑之间形成涡流，影响行人高度的风环境[239]。

同时，高层建筑物较高部位的下沉气流在下降过程中，风速逐渐变大，与底层水平向穿越风混合，在低层建筑物背后的空气漩涡区内，风速明显增加。因此，建筑群体布局中，当低层位于高层的上风向时，低层与高层之间的距离应大于 2～3 倍低层建筑高度。当高层位于低层建筑的上风向，如果高层的高度越高、面宽越大，产生的风影区和涡流区的面积也越大。当高层和低层建筑之间的距离小于高层建筑所形成的风影长度时，就会出现低层建筑通风状况不佳的局面。

7.4　基于低碳目标的天津市典型居住模块风环境特征与布局优化研究

本节对天津市中心城区 1980—2010 年间建设的典型居住区模块进行梳理总结，并运用 PHOENICS 软件进行风环境模拟，以期在低碳目标导向下，提升居民生活空间的风环境品质[240]。

原有的居住模块研究可以概括为两种基本模式：一种是建构纯理论的简单模块（如行列式、错列式、斜列式、混合式等典型居住区布局模式）的风环境参数进行模拟；一种则偏重于某一实际工程的个案分析，结合具体环境和具体布局研究风环境的特点，并根据模拟结果，提出优化策略。第一种模拟方法概括性强，普遍指导意义大，但由于忽略了现阶段居住区“高强度、高密度、高层、多层建筑混合布局”的特点，考虑实际居住要求较少，研究结论与实践存在一定脱节，后一种方法仅能反映某一居住区的风环境特性，缺乏普遍的理论指导意义。

本节的研究关注多层与高层的混合布局，归纳出更具代表性的 20 种居住模块，包括多层板式、多层板式＋高层点式、高层点式等建筑组合形式。

7.4.1　行列式为主调、高层错落的天津市住区肌理

天津市属于寒冷地区，为了良好地取得日照，建筑布局以南向和略偏东南、西南为最佳朝向。目前中心城市的一大部分住宅建筑为 20 世纪五六十年代所建，它呈现以多层、行列式、周边式为主的城市肌理；2000 年后，多层住宅以行列式为主，一般不用周边式布局，建筑日照间距采取 1.61H 的标准；近些年随着城市用地的集约化发展，高层住宅逐步取代多层住宅，一部

分公共建筑和住宅建筑采用高层点式、高层板式及其他类型（图 7-35）。

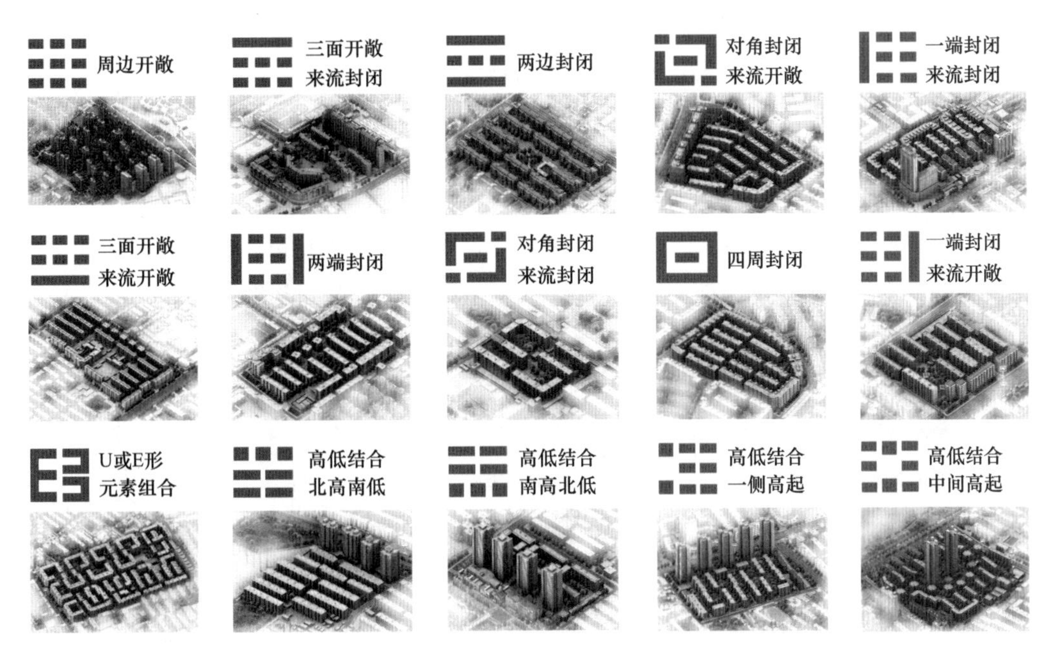

图 7-35　天津市住区选取示意图

（资料来源：笔者根据 E 都市地图整理、加工与绘制）

为了保证住宅的通风和采光需求，天津市在城市设计导则中，对高层建筑的高宽比作了规定，也使天津市近年来采取点式高层布局增多。但总的来说，天津市的城市肌理呈多层为主、低层与高层混合的竖向分区局面（图 7-36）。

从航拍图可以发现，我国大城市的居住街区以多层板式或高层塔式为主，作为城市中典型空间类型，这类的城市空间占据了城市中的主要部分。在居住条件的要求和制约下，在相同的气候区域，它的空间构成也往往表现出相似的布局规律。因此，研究以天津市中心城区典型居住区为对象，探索规划布局规律与风环境特点，对北方寒冷地区的住宅规划布局，具有一定的参考借鉴意义。

图 7-36　多层为主，低层与高层混合的竖向分区局面

（资料来源：笔者自摄）

7.4.2　天津市典型居住街坊布局类型的选取与归类

7.4.2.1　典型居住街坊选取的年代分布

居住区风环境模拟的基础首先是对典型特征提取并分类总结。通常的分类方法依据建筑形式、布局方式等方面，笔者对天津市 1980—2010 年建设的典型居住区进行抽样选取，选择天津市居住区发展的三个不同时期，即住宅建筑大建设时期（1980—1990 年）、多元化建设时期（1990—2000 年）和品质提升时期（2000 年至今）的典型居住区，提取出一定共性特征的居住建筑空间布局模式。居住区布局模式的选取基于以下两点原则：①数量最多、最具典型性的居

住区模式；②选取模式之间具有区别性，便于模拟中进行单因素的对比研究。

7.4.2.2　典型居住单元的模块抽象归纳

笔者将研究提取的小区布局模式进一步进行抽象，概括为 20 个典型的居住单元模块。

目前，我国的大城市市区内的居住小区用地面积大多为 12～20 hm²，一般分为 4～6 个居住组团。每个组团约 3～5 hm²，去除小区内部道路面积后，每一组团面积约为 2.5～4 hm²，为了适应灵活的开发政策，在市中心区附近，也有住宅组团级的地块开发项目。

因此，笔者将 20 个实验模块归纳为地块面宽 150 m、进深 170 m 的居住组团，并抽象为 8 种多层住宅基本模块（图 7-37）和 12 种高层小区、高层与多层混和基本模块（图 7-38）。

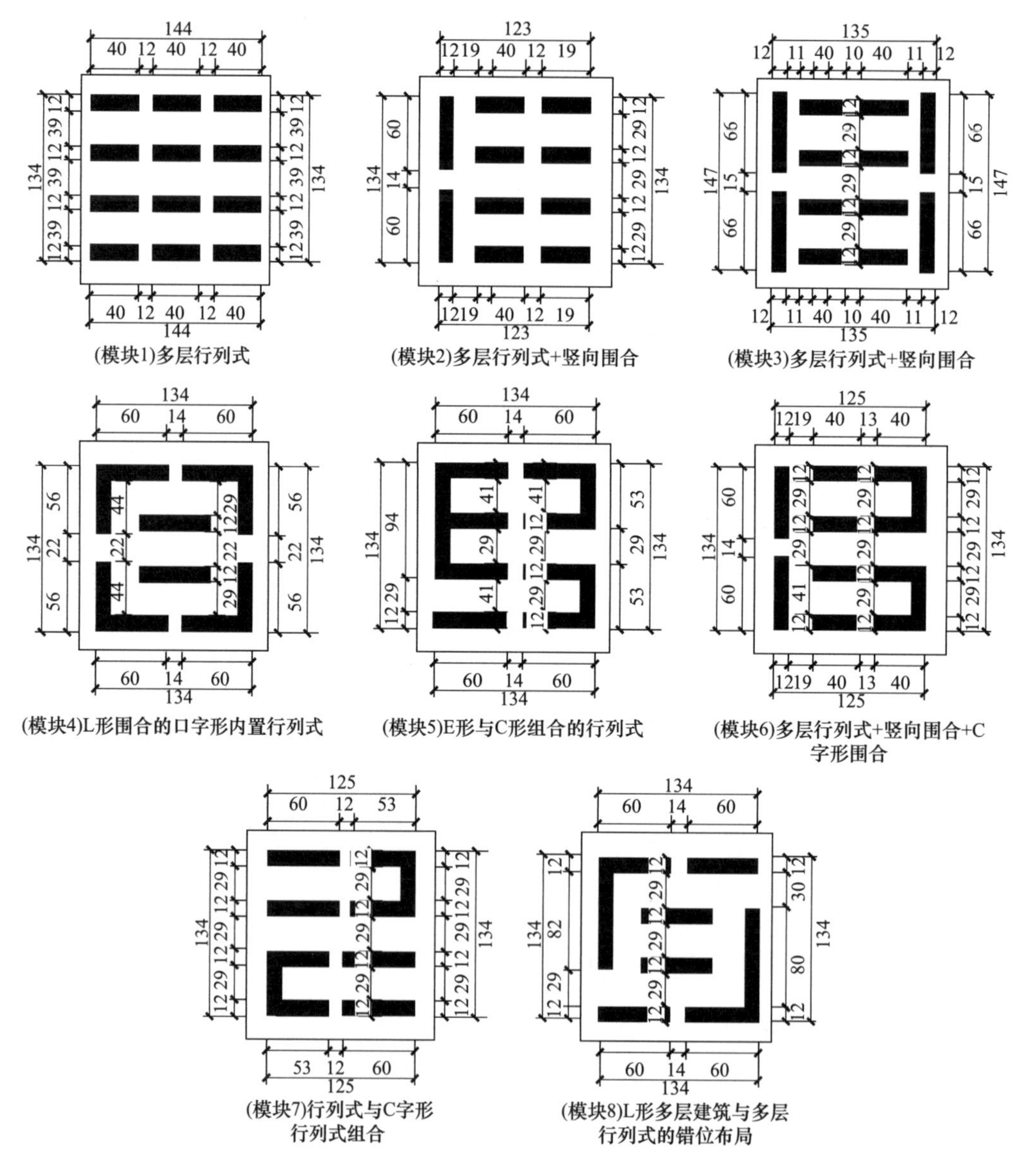

图 7-37　多层住宅典型组合模式示意图

（资料来源：笔者自绘）

其中，多层住宅建筑设定为 6 层，高度均为 20 m。高层建筑高度均为 60 m。建筑前后间距满足天津市的日照间距，即多层的建筑前后间距按照天津市的日照间距 1.61H 设定，高层点式建筑间距为前排建筑面宽的 1.2 倍。侧向间距均满足高层或多层的防火要求。

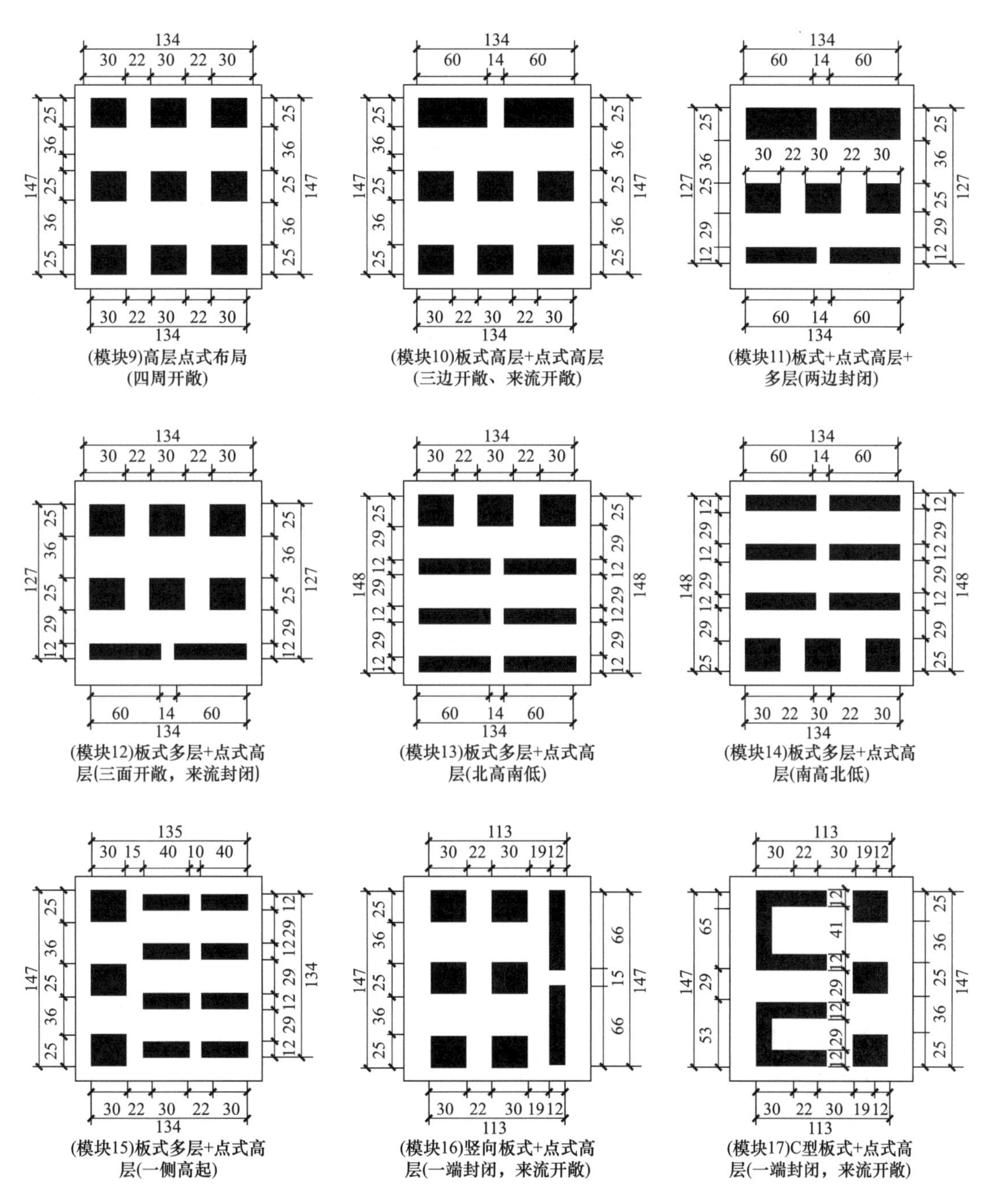

图 7-38　高层小区、高层与多层混合典型组合模式示意图（一）

（资料来源：笔者自绘）

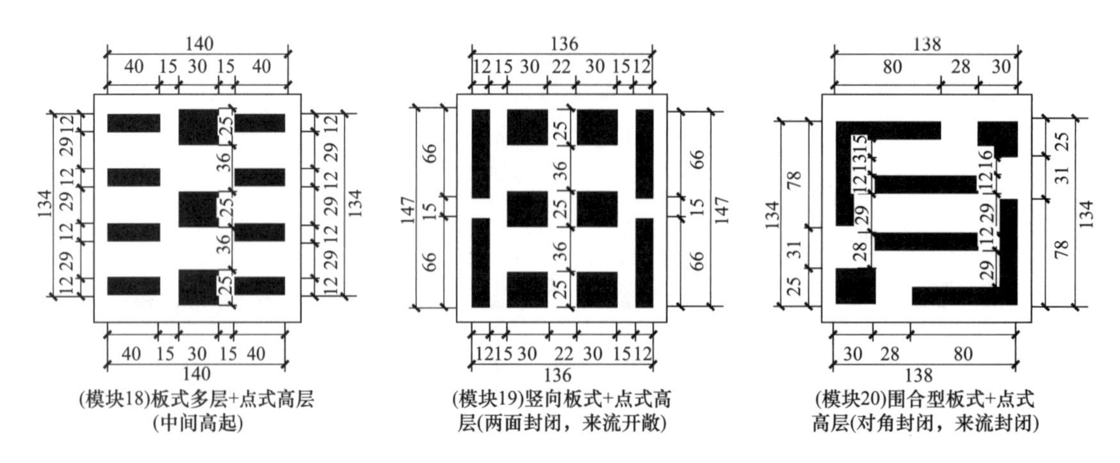

(模块18)板式多层+点式高层(中间高起)

(模块19)竖向板式+点式高层(两面封闭，来流开敞)

(模块20)围合型板式+点式高层(对角封闭，来流封闭)

图 7-38　高层小区、高层与多层混合典型组合模式示意图（二）

（资料来源：笔者自绘）

7.4.3　典型街坊模块风环境特征的对比分析

本小节试在上述实例总结和模块提取的基础上，基于 CFD 模拟，分析天津市夏季与冬季不同来流方向对各个模块风环境的影响，基于多层和高层不同的建筑布局，总结行列式、周边式、点状加周边等典型模块分类和布局特点，对风速、风压、强风面积比、静风面积比、强风发生区域、舒适风面积比、静风发生区域、涡流个数、涡流影响范围、空气龄等标准参量进行对比，总结出其夏季、冬季风环境特点及各典型居住模块的优势或劣势，研究最佳风向角度及一般情况下的气候区适用范围。同时，根据不同居住模块的模拟，以期提出具有针对性的天津市居住模块风环境评价标准。

在风环境模拟中，设定如下的风场边界条件：计算域顶面边界设置为模拟自由滑移壁面；建筑壁面及下垫面采用无滑移边界，计算域入风口边界设置为平均风速的对数风剖面，如下式所示：

$$\frac{v}{v_0}=\left(\frac{z}{z_0}\right)^a \tag{7-2}$$

其中，v 为水平方向风速，v_0 为参考高度 z_0（10 m）处的风速，a 为地面粗糙度指数，在本研究中，a 取 0.22；按理想的布局模式，将住宅的长边与正南方向垂直，分析因布局不同而产生的风环境变化。

7.4.3.1　多层建筑不同模式布局的风环境比较分析

多层建筑是居住区中低开发强度下常用的建筑布局形式，常见的布局模式有行列式、围合式、E 形或 C 形组合式等。笔者对模块 1（行列式）、模块 3（行列式＋两端封闭）、模块 4（围合式）、模块 5（E 形与 C 形组合）进行风环境模拟，通过模拟图和数据对比分析，得出不同布局模块风环境特点。

（1）夏季风速模拟对比分析

通过图 7-39 可以看出，围合式（模块 4）街坊内部低风速区较多，E 形与 C 形组合（模块 5）内部尤其是内侧角部较易形成静风区，而行列式（模块 1）街坊内部风速受建筑排列方向影响较大，当风向与建筑长边垂直时也易产生较多风影区。两端封闭的行列式街坊中，当两端建筑长边与主导风向一致时，街坊内的低风速区相对较少。

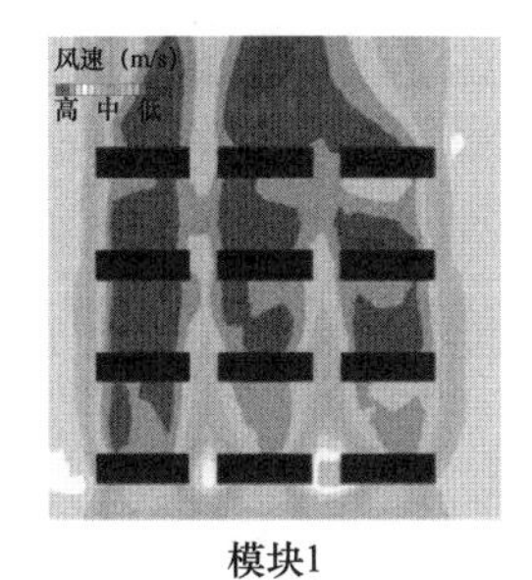

模块1

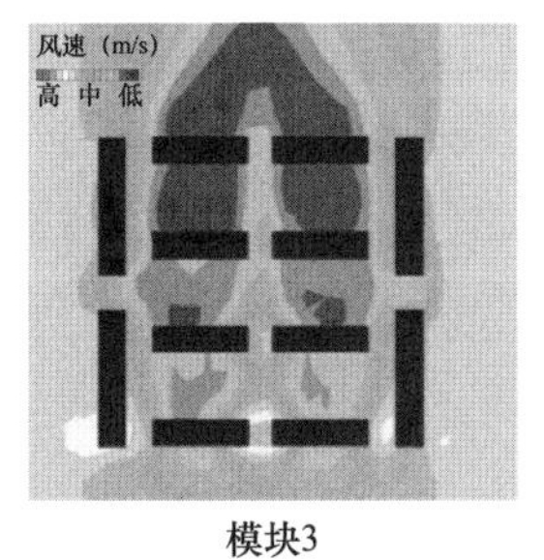

模块3

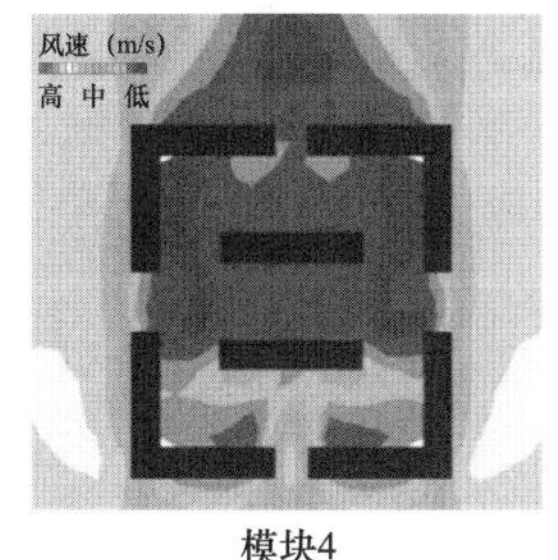

模块4

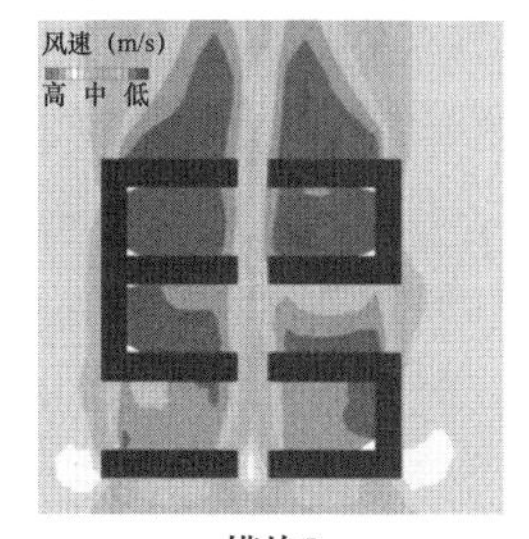

模块5

图 7-39 模块 1、模块 3、模块 4、模块 5 夏季风速模拟图

（资料来源：笔者自绘）

通过表 7-9 可以看出，在建筑占地面积和容积率大致相同的情况下，不同建筑布局模式对多层建筑街坊风环境产生显著影响。从低风速区域（0～0.5 m/s 区域）分布数据看，模块 4 低风速面积明显较高，说明在多层建筑布局中，围合式街坊不利于夏季通风效率的提高。

模块 1、模块 3、模块 4、模块 5 夏季不同风速区面积统计（单位：m^2） **表 7-9**

模块	建筑占地面积	0～0.25 m/s 区域	0.25～0.5 m/s 区域	0.5～0.75 m/s 区域	0.75～1.0 m/s 区域	0.0～1.0 m/s 区域合计
模块 1	6871.00	78.65	5687.61	7265.70	6710.83	19742.79
模块 3	6090.00	267.48	5018.55	7582.01	6369.57	19237.61
模块 4	6100.00	114.85	6580.63	6211.43	4497.73	17404.64
模块 5	6090.00	344.47	5312.32	7652.63	7761.91	21071.33

资料来源：笔者自绘

（2）冬季风速风压、空气龄及漩涡模拟对比分析

通过图 7-40 可以看出，行列式（模块 1）街坊内部风影区较小，几乎无风速过高区域；两端封闭的行列式（模块 3）街坊内部在行列式山墙与两端封闭建筑长边之间，易形成少量低风速区域和峡口高风速区；围合式街坊内部易出现角隅高风速区和局部低风速区域；E 形与 C 形组合（模块 5）的街坊内部，在 E 形或 C 形建筑的内侧角部易形成低风速区域。

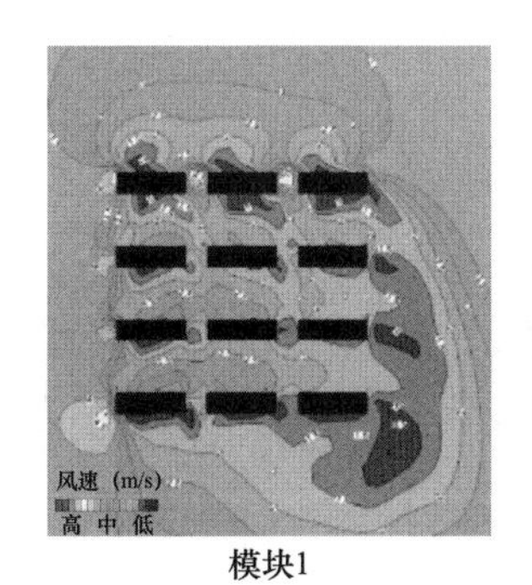

模块1

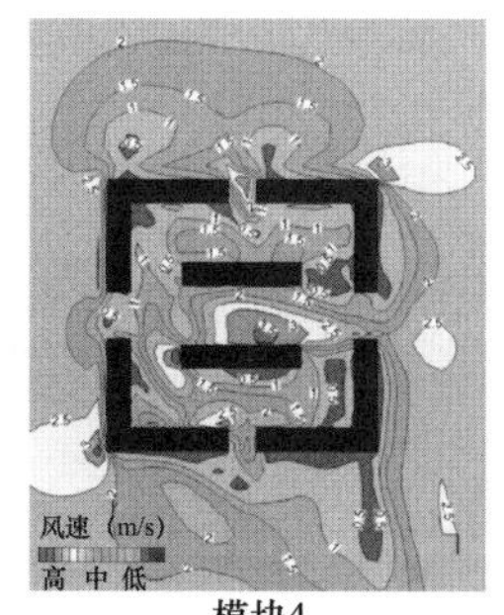

模块3

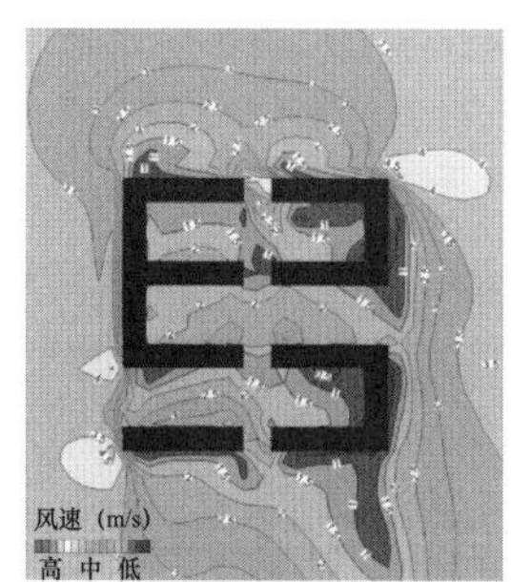

模块4

模块5

图 7-40 模块 1、模块 3、模块 4、模块 5 冬季风速模拟图

（资料来源：笔者自绘）

通过图 7-41 可以看出，行列式（模块 1）街坊内部建筑前后表面风压差一般较小，其余三种街坊在角部和迎风面第一排建筑易出现表面风压差较大的情况，其中围合式（模块 4）街坊内部出现建筑表面风压差过大的部位最多。

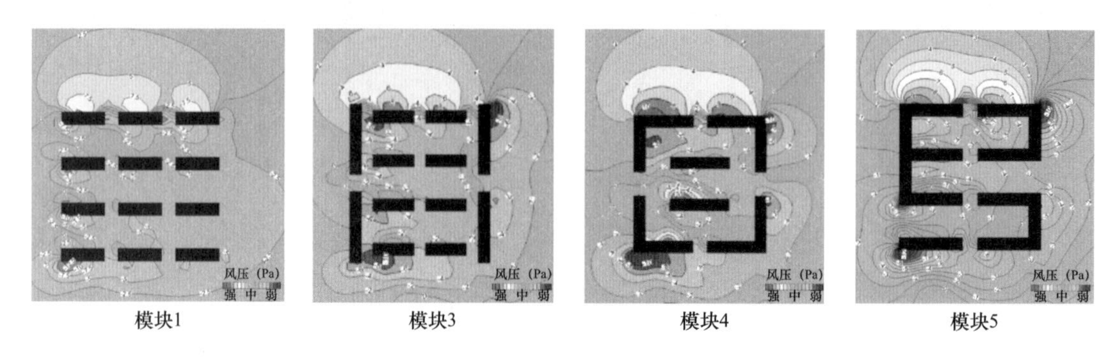

图 7-41　模块 1、模块 3、模块 4、模块 5 冬季风压模拟图

（资料来源：笔者自绘）

通过图 7-42 可以看出，行列式（模块 1）街坊内部空气龄较为均匀，基本无较高空气龄（150 s 以上）区域，其余三种形式街坊内部有不同程度的空气龄过高区域，其中围合式（模块 4）街坊中的围合建筑的角部内侧、模块 5 中 E 形或 C 形建筑的角部内侧较易出现空气龄过高区域。

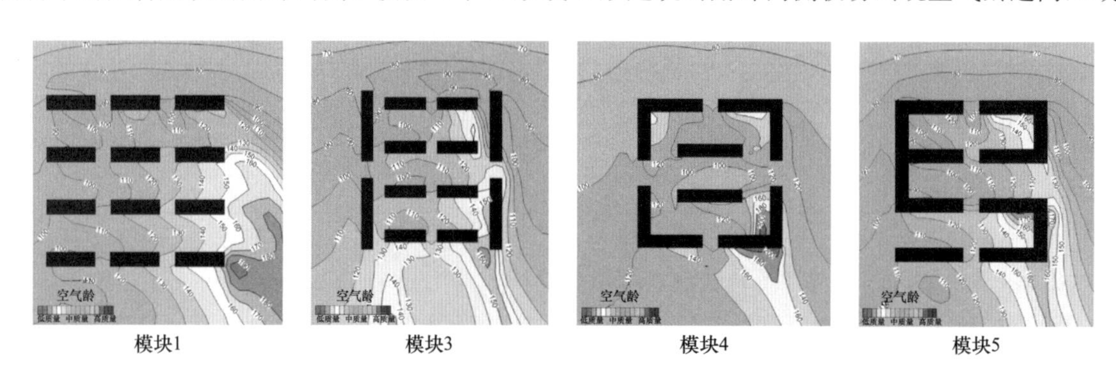

图 7-42　模块 1、模块 3、模块 4、模块 5 冬季空气龄模拟图

（资料来源：笔者自绘）

通过图 7-43 可以看出，行列式（模块 1）街坊内部漩涡多出现在建筑背风侧，一般为小漩涡；两端封闭的行列式（模块 3）街坊内部空气流线较为杂乱；围合式（模块 4）街坊内部建筑背风侧和角部均易形成漩涡；E 形与 C 形组合（模块 5）的内向围合空间易形成较大漩涡。

7.4.3.2　纯高层点式与点板结合布局的风环境比较分析

在高层建筑街坊布局中，点式高层和板式高层是常用的布局形式，通常会有纯点式或板式高层布局和点板结合的街坊布局模式。笔者对模块 9（纯点式布局）、模块 10（点板结合式布局）进行风环境模拟，通过模拟图和数据对比分析，得出不同布局模块风环境特点。

（1）夏季风速模拟对比分析

通过图 7-44 可以看出，纯点式布局（模块 9）和点板结合式布局（模块 10）街坊的低风速区空间分布有显著不同。在街坊内部，两种模式下低风速区均分布于高层建筑背风侧，纯点式布局（模块 9）风影区面积稍大；在街坊外部，点板结合式布局（模块 10）的风影区明显大于纯点式布局（模块 9），且连接成片，对街坊背风侧的城市空间风环境影响更大。

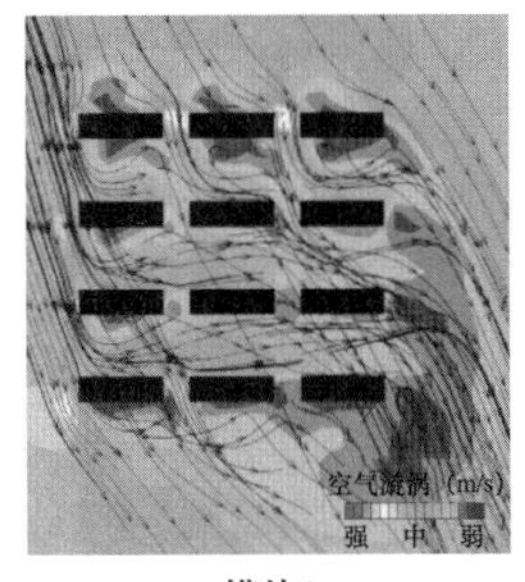

模块1

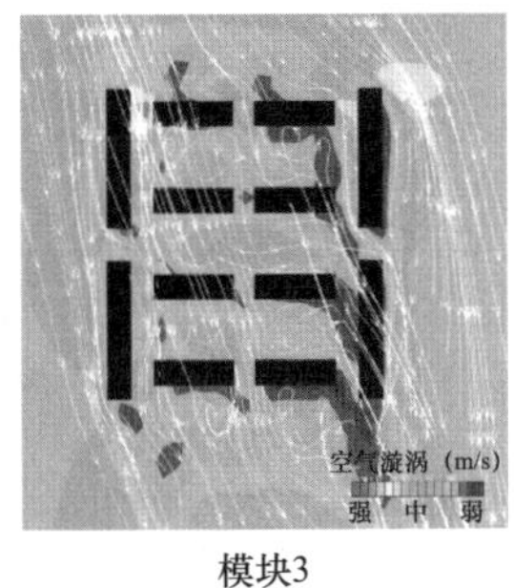

模块3

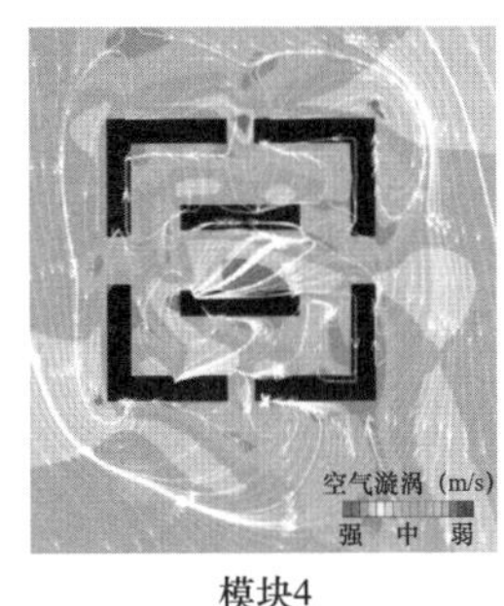

模块4

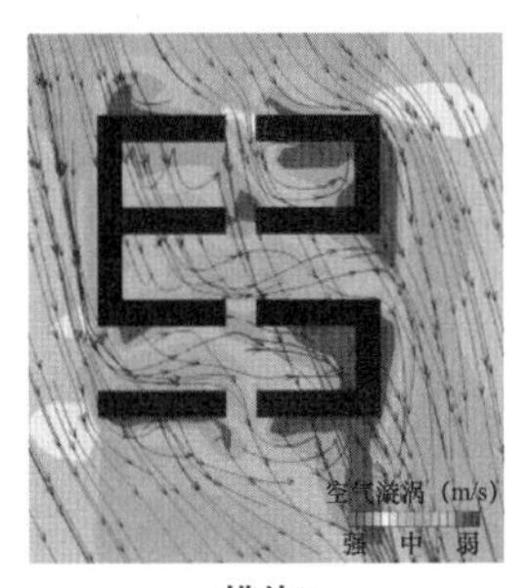

模块5

图 7-43　模块 1、模块 3、模块 4、模块 5 冬季空气漩涡模拟图

（资料来源：笔者自绘）

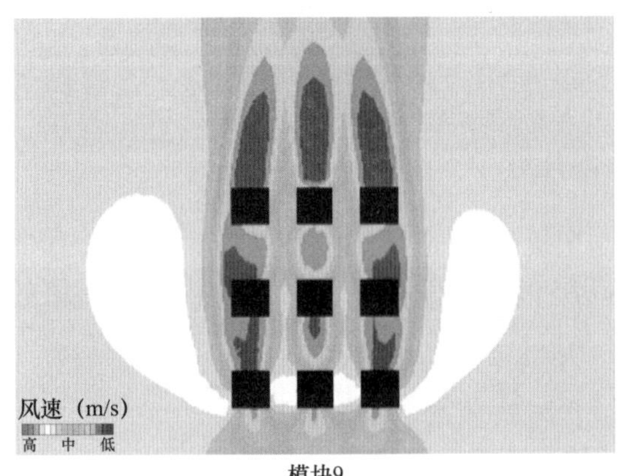

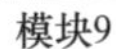
模块9

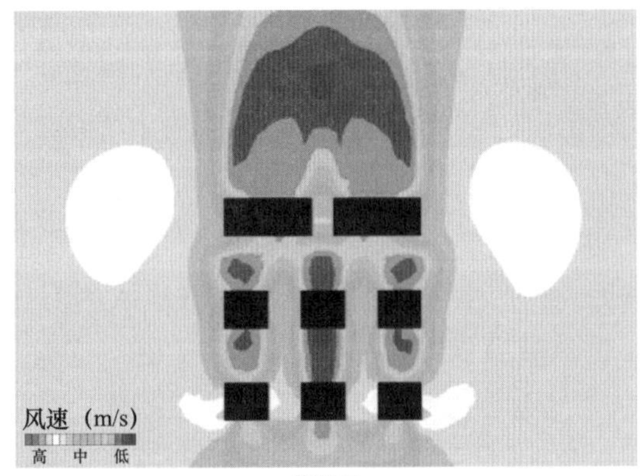

模块10

图 7-44　模块 9、模块 10 夏季风速模拟图

（资料来源：笔者自绘）

通过表 7-10 可以发现，高层街区内采用点式或点板结合的布局模式对风环境有一定影响。两个模块地块面积相同，建筑占地面积基本相当，模块 9 的低风速区面积明显较大，说明在高层街区里采用点板结合、点式位于板式高层迎风面方向的布局模式，比只采用点式布局，更利于夏季街区内部通风效率的提高。

模块 9、模块 10 夏季不同风速区面积统计（单位：m^2）　　**表 7-10**

模块	建筑占地面积	0～0.25 m/s 区域	0.25～0.5 m/s 区域	0.5～0.75 m/s 区域	0.75～1.0 m/s 区域	0～1.0 m/s 区域合计
模块 9	5760.00	408.50	7054.88	7283.00	6560.92	21307.30
模块 10	5632.00	112.31	4599.89	5841.01	4483.46	15036.67

资料来源：笔者自绘

（2）冬季风速风压、空气龄及漩涡模拟对比分析

通过图 7-45 可以看出，模块 9、模块 10 街坊内部风速过高区域，基本都位于迎风第一排建

筑间的峡口和建筑角部区域，低风速区空间分布基本都位于建筑背风侧和迎风第一排建筑迎风侧，但背风向有板式高层布局的街坊内部风速极值（最高和最低风速值）稍小。

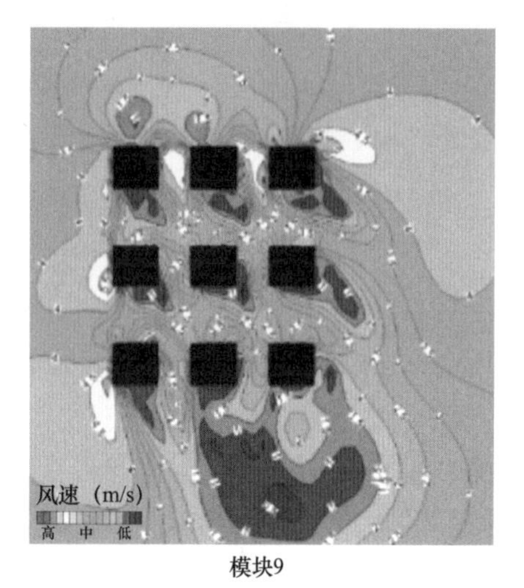

模块9

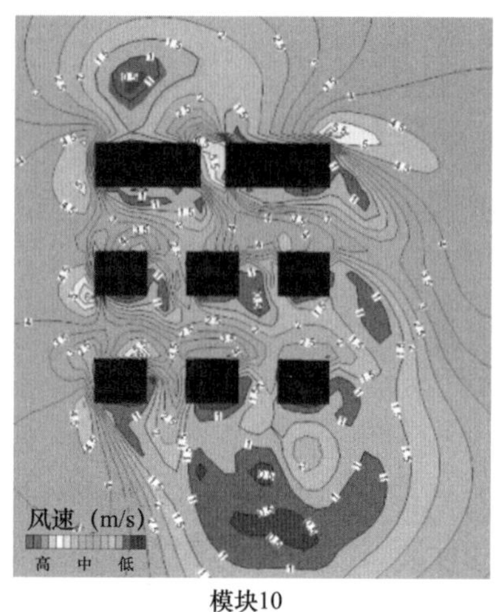

模块10

图 7-45　模块 9、模块 10 冬季风速模拟图

（资料来源：笔者自绘）

通过图 7-46 可以看出，迎风面建筑表面正风压均较高，纯点式布局（模块 9）街坊内部建筑表面更易产生较强的负风压，但迎风侧有板式高层布局（模块 10）的街坊内部风压值超过 5 Pa 的区域面积更大一些。

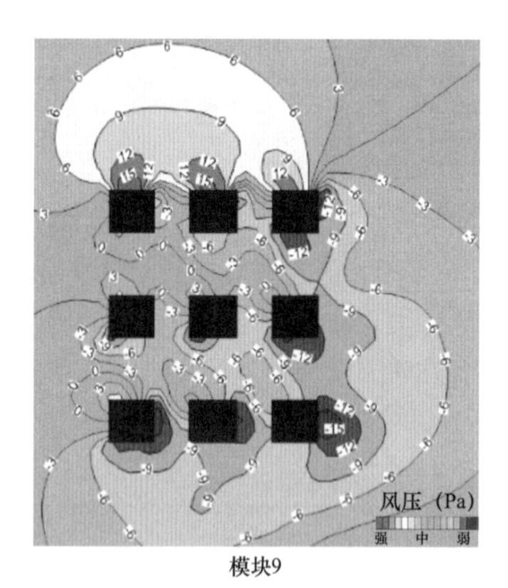

模块9

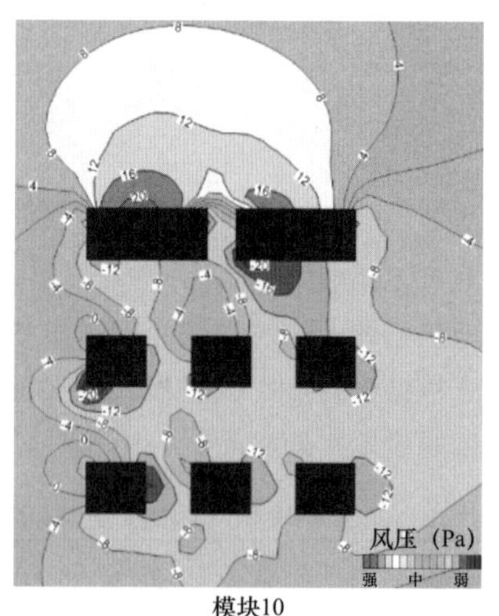

模块10

图 7-46　模块 9、模块 10 冬季风压模拟图

（资料来源：笔者自绘）

通过图 7-47 可以看出，两种模块街区内部空气龄都在 140 s 以内，以 90～130 s 为主；但在街区外部，纯点式布局（模块 9）街坊背风向空气龄超过 180 s 的区域明显较多，说明其对城市风环境的不利影响更大。

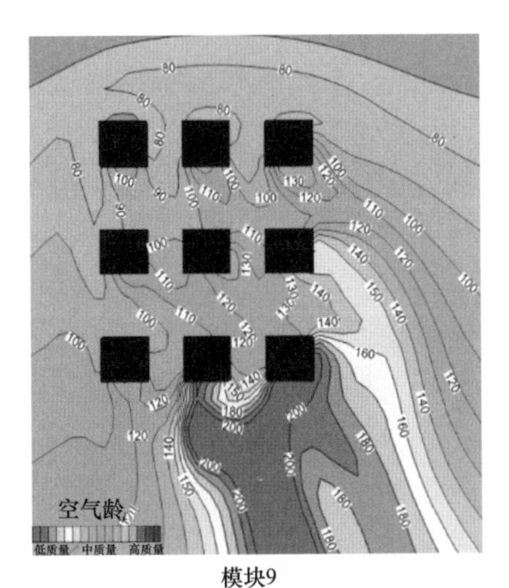

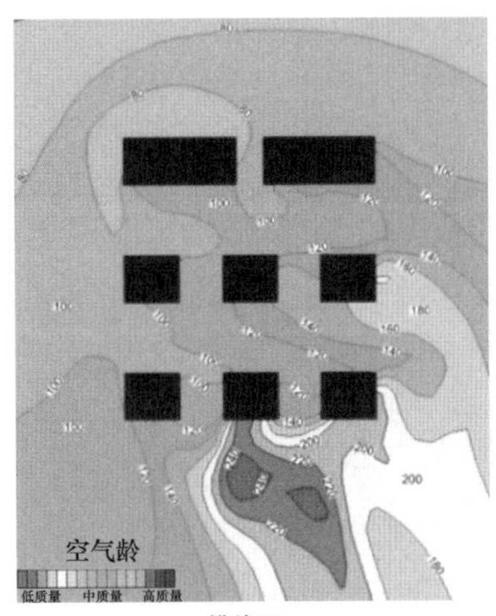

图 7-47　模块 9、模块 10 冬季空气龄模拟图
（资料来源：笔者自绘）

通过图 7-48 可以看出，纯点式布局（模块 9）的街坊空气漩涡分布于每栋点式建筑背风侧，数量较多；迎风侧有板式高层布局（模块 10）的街坊空气漩涡分布于板式高层背风侧，数量稍小一些。

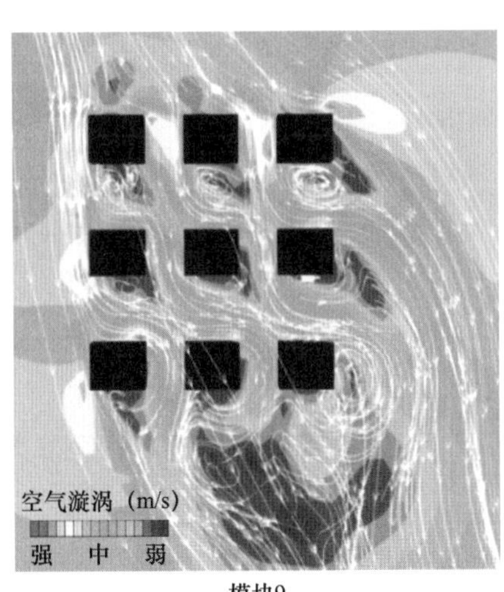

图 7-48　模块 9、模块 10 冬季空气漩涡模拟图
（资料来源：笔者自绘）

7.4.3.3　不同开口处理的围合式布局风环境比较分析

在围合式布局的街坊中，有些采用局部开放的形式，既便于通风，又能丰富建筑组群空间形态。局部开放的开口处有点式和板式两种模式，笔者对模块 8（开口处采用板式布局）、模块 20（开口处采用点式布局）进行风环境模拟，通过模拟图和数据对比分析，得出不同布局模块风环境特点。

（1）夏季风速模拟对比分析

通过图 7-49 可以看出，开口处采用板式布局（模块 8）和开口处采用点式布局（模块 20）的低风速区空间分布具有明显差异。开口处采用点式布局的街坊风影区相对较少，且对背风侧城市空间风环境影响较小；开口处采用板式布局的街坊背风侧风影区连接成片，对城市空间风环境影响较大。

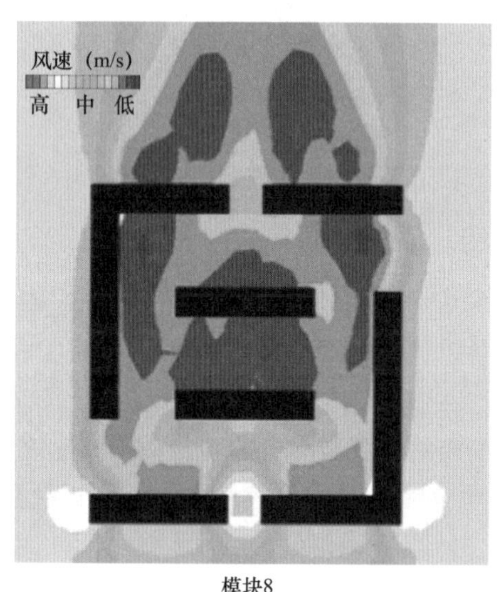

模块8

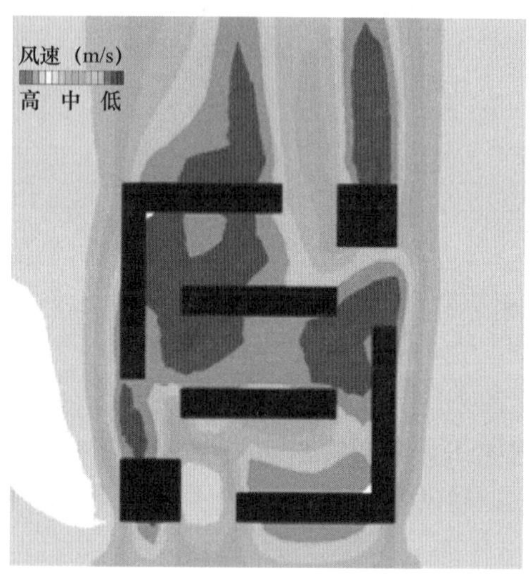

模块20

图 7-49　模块 8、模块 20 夏季风速模拟图

（资料来源：笔者自绘）

从表 7-11 可以看出，在建筑占地面积大致相当的情况下（各模块地块用地面积相同），开口处采用点式布局（模块 20）的围合式街坊的低风速区面积明显小于开口处采用板式布局（模块 8）的围合式街坊，这说明在围合式街坊中，开口处布局点式建筑，更利于夏季通风效率的提高。

模块 8、模块 20 夏季不同风速区面积统计（单位：m^2）　**表 7-11**

模块	建筑占地面积	0～0.25 m/s 区域	0.25～0.5 m/s 区域	0.5～0.75 m/s 区域	0.75～1.0 m/s 区域	0～1.0m/s 区域合计
模块 8	7668.00	27.94	4752.19	4849.26	6428.72	16058.11
模块 20	5971.00	64.07	4114.10	3791.02	4378.13	12347.33

资料来源：笔者自绘

（2）冬季风速风压、空气龄及漩涡模拟对比分析

通过图 7-50 可以看出，开口处采用点式布局（模块 20）的围合式街坊内部更易产生高风速区，一般分布于点式建筑和其相邻周围建筑之间。点式建筑角部也会对街坊外的空间产生高风速区。

通过图 7-51 可以看出，开口处采用点式布局（模块 20）的围合式街坊，迎风面第一排建筑背风侧负风压较小一些，但点式建筑前后风压差值较大；开口处采用板式布局（模块 8）的街坊，迎风面第一排和背风面第一排建筑的前后风压差均较大。

通过图 7-52 可以看出，开口处采用板式布局（模块 8）的街坊会在围合建筑内侧角部产生

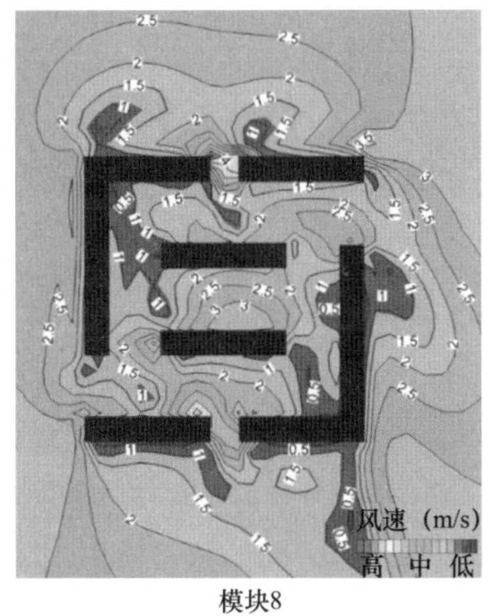

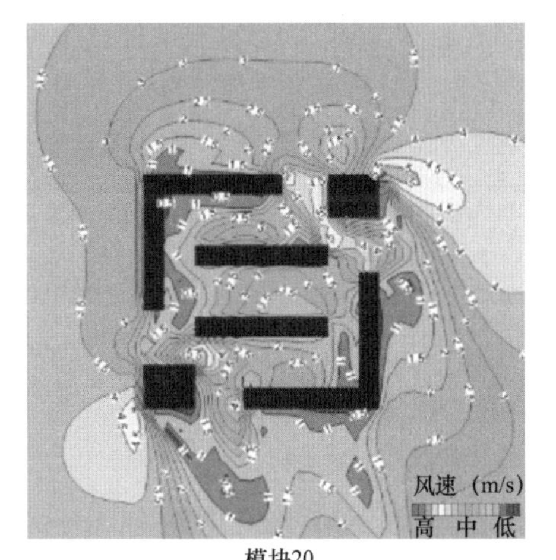

模块8　　模块20

图 7-50　模块 8、模块 20 冬季风速模拟图

（资料来源：笔者自绘）

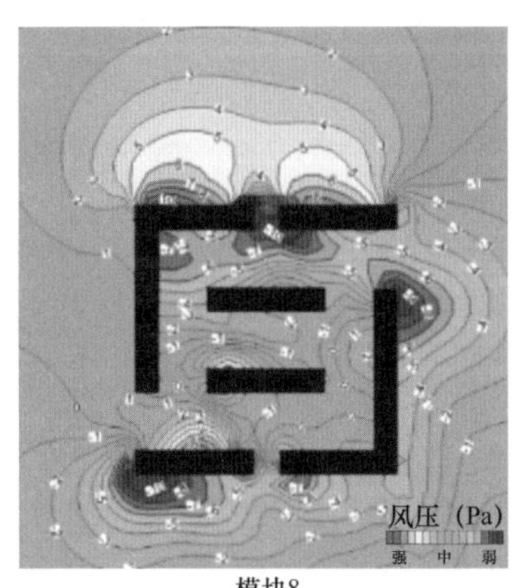

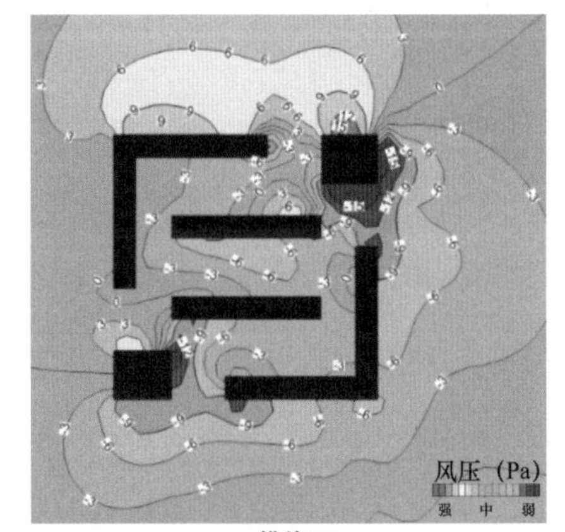

模块8　　模块20

图 7-51　模块 8、模块 20 冬季风压模拟图

（资料来源：笔者自绘）

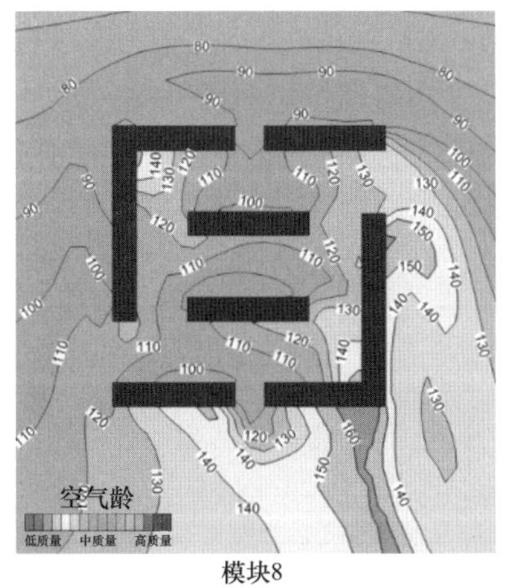

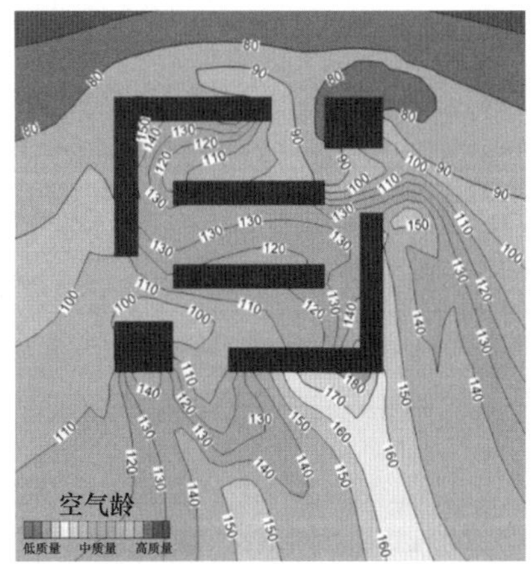

模块8　　模块20

图 7-52　模块 8、模块 20 冬季空气龄模拟图

（资料来源：笔者自绘）

空气龄较高区域（大于 140 s），并且街坊外高空气龄区域较大；开口处采用点式布局（模块 20）的街坊内部几乎无高空气龄区域（基本位于 90～140 s）。

7.4.3.4 不同板式和点式结合方式的风环境比较分析

点式高层和板式多层建筑相结合的布局，是街坊空间布局的常用模式之一。其中以点式高层为主的街坊中，多层板式建筑可以有布局于高层建筑一侧或两侧、迎风向或背风向等多种形式。笔者对模块 12（多层板式布局于高层点式迎风向或背风向）、模块 16（多层板式布局于高层点式一侧）、模块 19（多层板式布局于高层点式两侧）进行风环境模拟，通过模拟图和数据对比分析，得出不同布局模块风环境特点。

（1）夏季风速模拟对比分析

通过图 7-53 可以看出，不同布局模式下低风速区空间分布不尽相同。模块 12 街坊内部的低风速区域分布于点式高层和板式多层建筑背风向，街坊外的风影区比例偏高；模块 16 和模块 19 的低风速区域则集中于点式高层背风向。

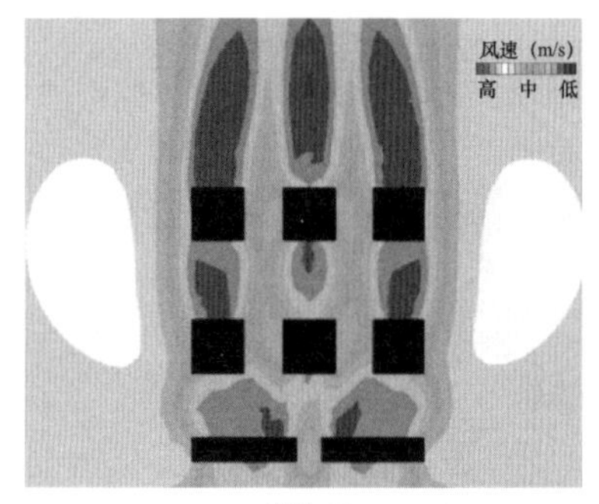

模块12

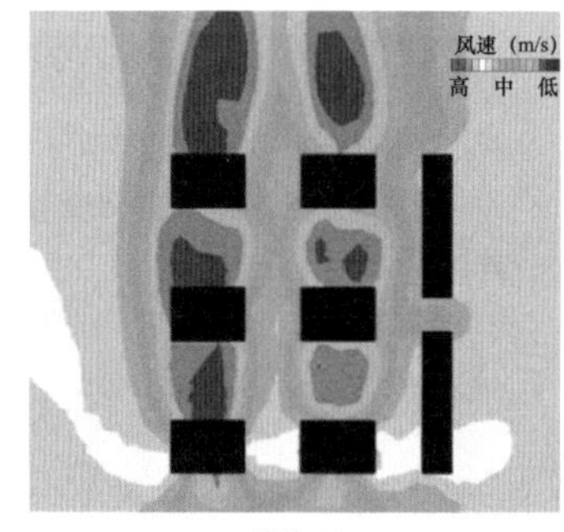

模块16

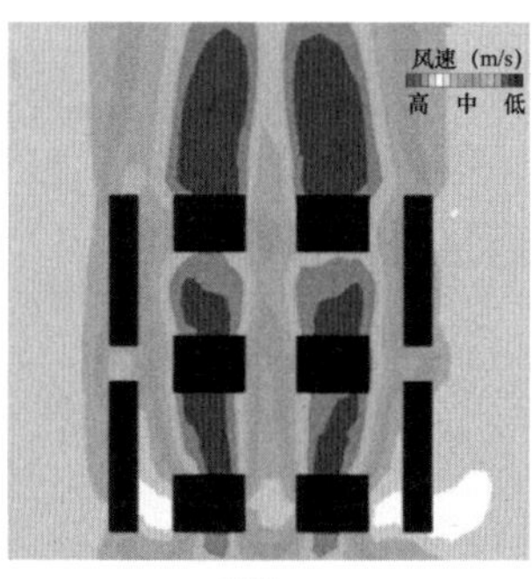

模块19

图 7-53 模块 12、模块 16、模块 19 夏季风速模拟图

（资料来源：笔者自绘）

通过表 7-12 可以看出，街坊内高层点式建筑与板式多层建筑的空间关系对风环境有显著影响。三个模块地块面积相同，建筑占地面积基本相等，模块 12 的低风速区面积明显最少，模块 16 和模块 19 低风速区面积均较大，其中模块 16 的 0.5～1.0 m/s 风速区面积较大，而模块 19 的 0～0.5 m/s 风速区面积最大，说明多层建筑布局于高层建筑迎风面方向，比布局于高层建筑一侧或两侧，更有利于夏季街坊内部通风效率的提高，而将多层板式建筑布局于高层建筑两侧，比单侧布局更易产生低风速区域（0～0.5 m/s 区域）。

模块 12、模块 16、模块 19 夏季不同风速区面积统计（单位：m^2） **表 7-12**

模块	建筑占地面积	0～0.25 m/s 区域	0.25～0.5 m/s 区域	0.5～0.75 m/s 区域	0.75～1.0 m/s 区域	0～1.0 m/s 区域合计
模块 12	6720.00	118.92	4193.87	4630.74	5327.82	14271.35
模块 16	6750.00	3.21	5493.43	6246.77	8309.91	20053.32
模块 19	6432.00	2390.95	8645.41	4458.60	4591.26	20086.22

资料来源：笔者自绘

（2）冬季风速风压、空气龄及漩涡模拟对比分析

通过图 7-54 可以看出，多层板式布局于高层点式背风向（模块 12）的街坊，其迎风向侧部

和角部易产生高风速区，并在迎风第一排建筑间形成的峡口处产生高风速通道；多层板式布局于高层点式一侧（模块 16）或两侧（模块 19）的街坊风速环境大致相同，高风速区面积较小。

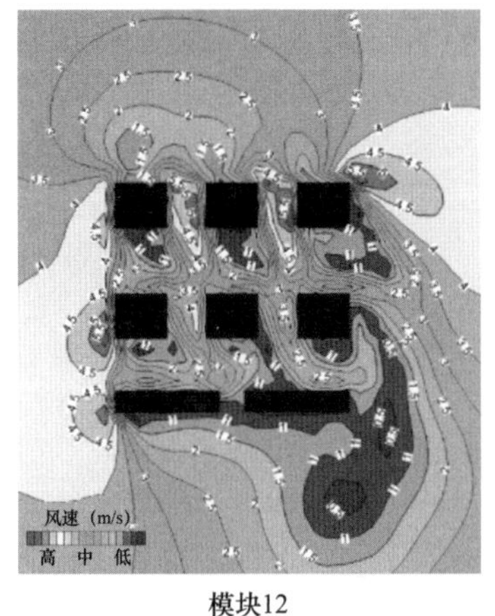

模块12

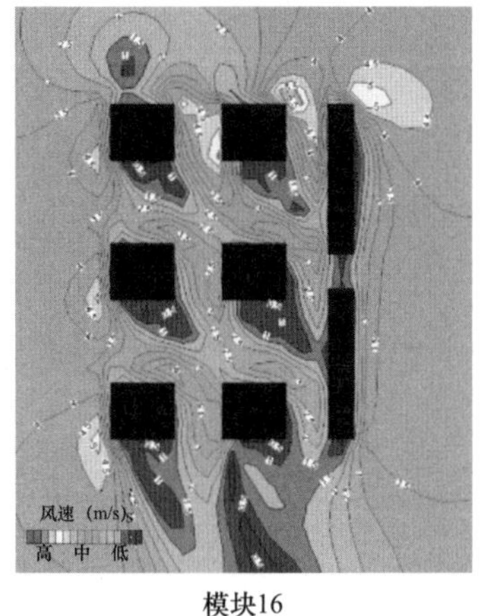

模块16

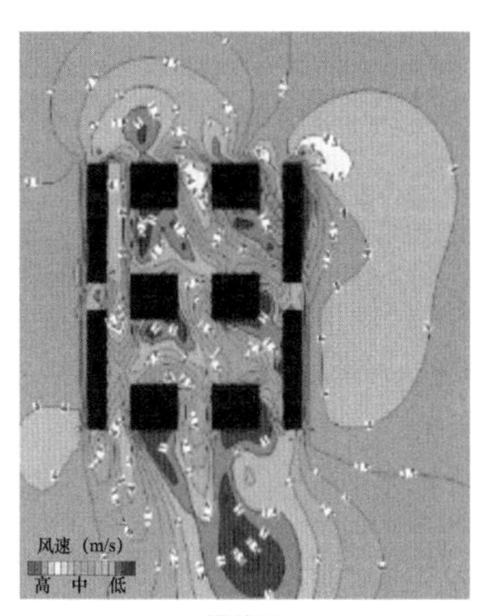

模块19

图 7-54　模块 12、模块 16、模块 19 冬季风速模拟图

（资料来源：笔者自绘）

通过图 7-55 可以看出，在冬季强风环境下，各街坊迎风面第一排高层建筑表面风压均较大，其中多层板式布局于高层点式背风向（模块 12）的街坊，其内部负风压值较高的区域面积较大。

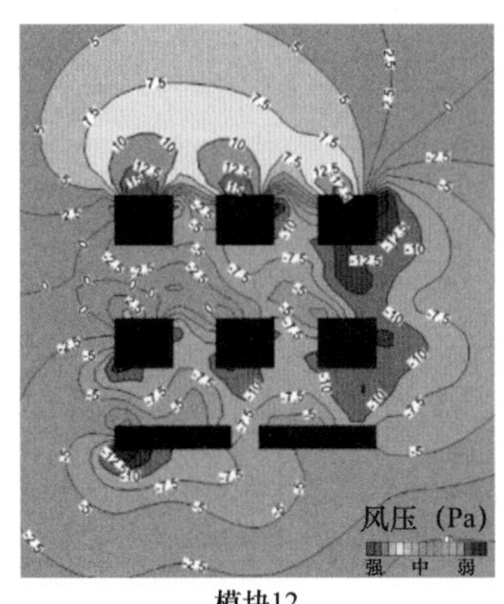

模块12

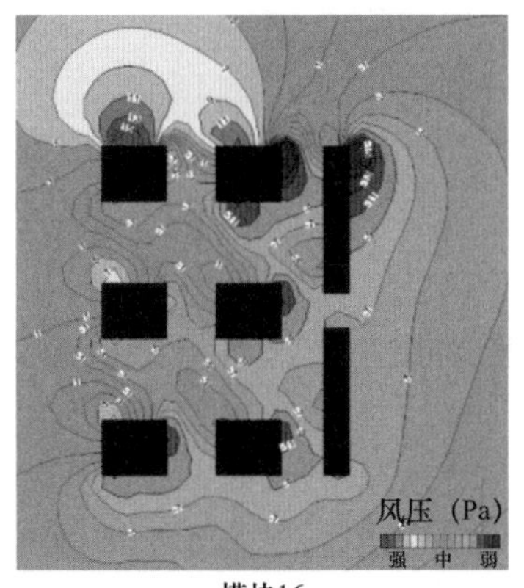

模块16

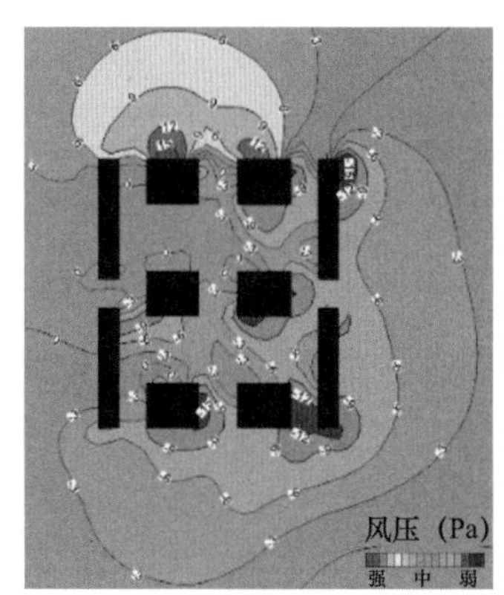

模块19

图 7-55　模块 12、模块 16、模块 19 冬季风压模拟图

（资料来源：笔者自绘）

通过图 7-56 可以看出，各街坊的空气龄过高区域均分布于街坊背风向区域，其中多层板式布局于高层点式背风向（模块 12）的街坊，其高空气龄区面积较大；其余两种街坊内部空气龄在 80～120 s，高空气龄区基本分布于街坊以外空间。

通过图 7-57 可以看出，三种模块街坊内部的空气漩涡，一般都分布于各建筑背风侧，其中多层板式布局于高层点式背风向（模块 12）的街坊，其内部漩涡数量较多，且局部易形成范围较大、涡旋强劲的漩涡流。

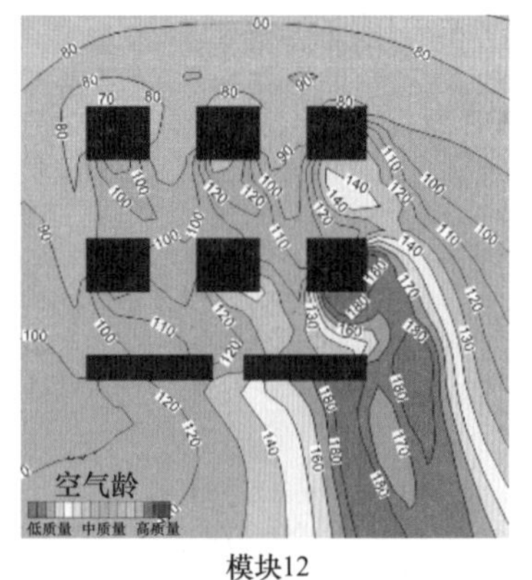

模块12

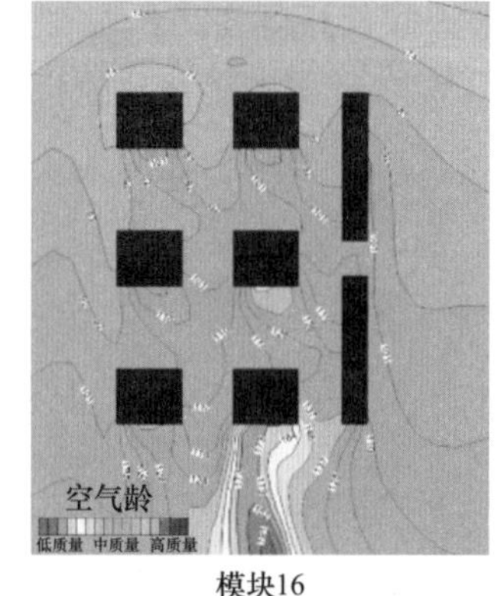

模块16

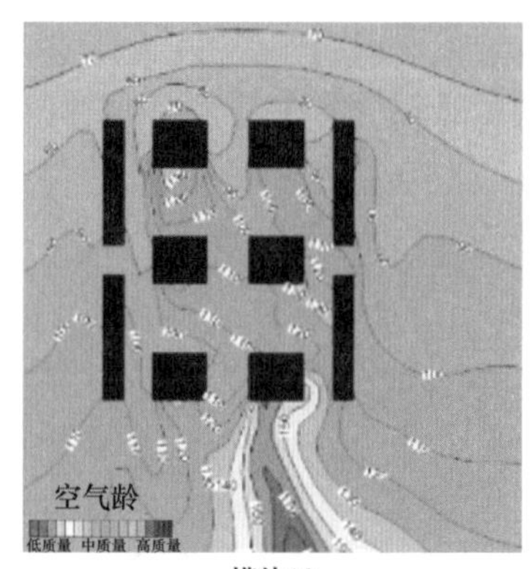

模块19

图 7-56　模块 12、模块 16、模块 19 冬季空气龄模拟图

（资料来源：笔者自绘）

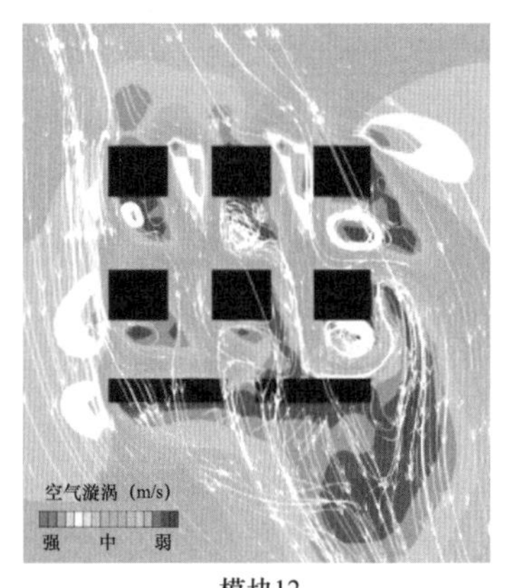

模块12

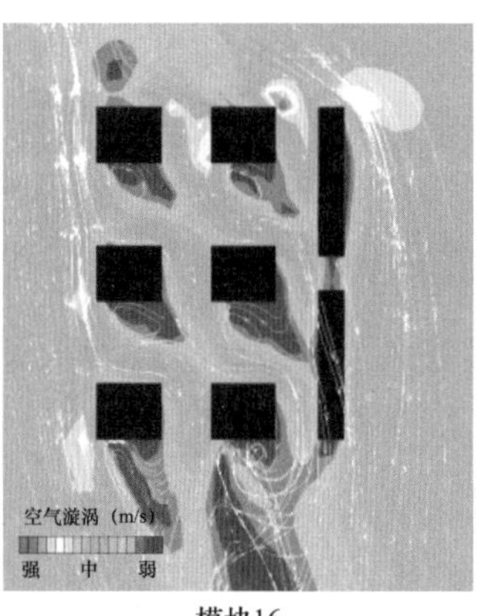

模块16

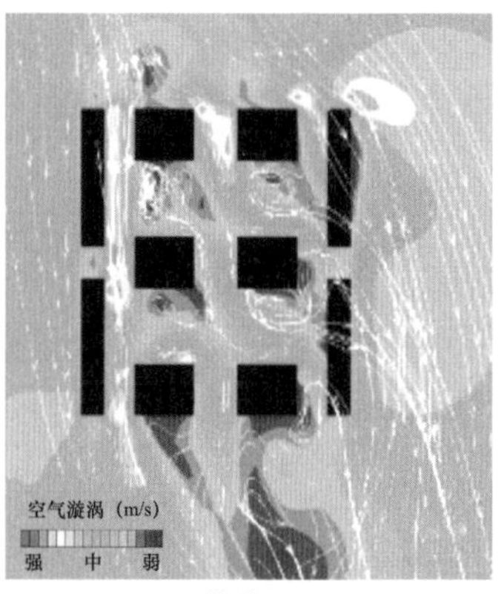

模块19

图 7-57　模块 12、模块 16、模块 19 冬季空气漩涡模拟图

（资料来源：笔者自绘）

7.4.3.5　多层板式为主，点式高层不同位置风环境比较分析

在点式高层与板式多层建筑相结合布局的街坊中，如果板式多层建筑占据主导，点式高层建筑布局大致有布局于街坊一侧、街坊中间、街坊迎风面和街坊背风面等几种类型。笔者对模块 13（点式高层位于街坊夏季背风面）、模块 14（点式高层位于街坊夏季迎风面）、模块 15（点式高层位于街坊一侧）、模块 18（点式高层位于街坊中间）进行风环境模拟，通过模拟图和数据对比分析，得出不同布局模块风环境特点。

（1）夏季风速模拟对比分析

通过图 7-58 可以看出，在多层板式建筑主导的街坊中，高层建筑布局位置的不同会对风环境产生较大的影响。当高层建筑位于板式多层背风向时（模块 13），街坊内风影区集中于多层建筑前后之间，街坊外风影区较小；当高层建筑位于板式多层迎风向时（模块 14），街坊内风影区集中于多层建筑前后和左右间隙；当高层建筑位于板式多层一侧时（模块 15），街坊内风影区分布于高层建筑和多层建筑前后之间，街坊外风影区面积也较大且偏向一侧；当高层建筑位于板式多层中间时（模块 18），街坊内风影区同样分布于高层和多层建筑前后之间，街坊外风影区向中间集中。

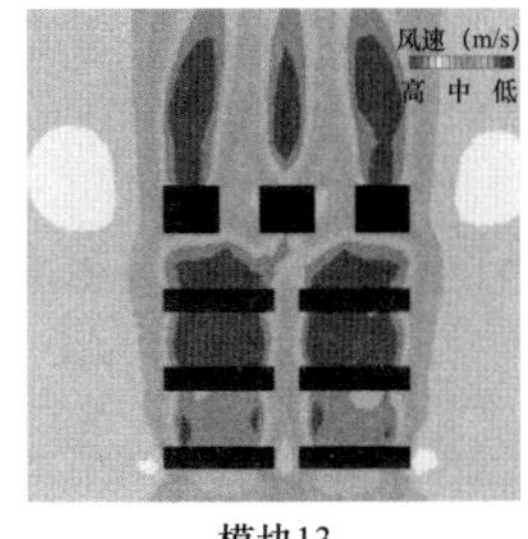

模块13

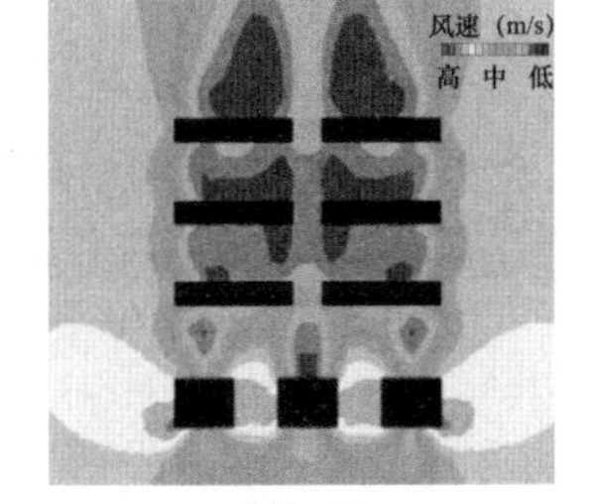

模块14

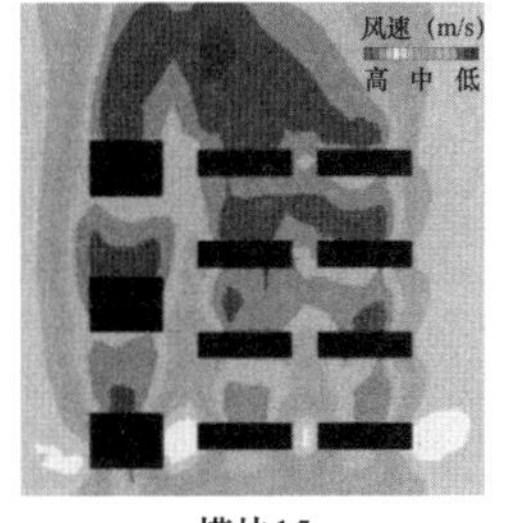

模块15

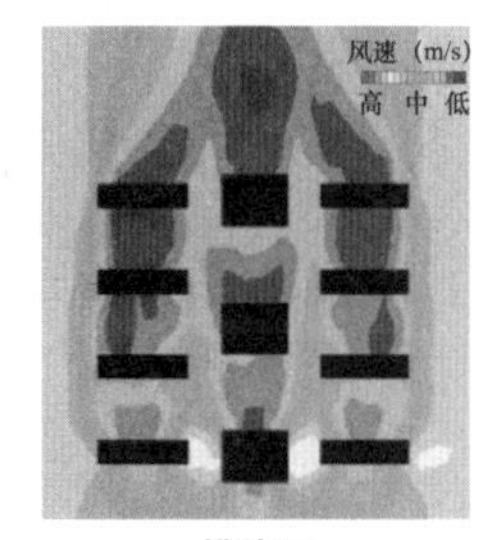

模块18

图 7-58　模块 13、模块 14、模块 15、模块 18 夏季风速模拟图

（资料来源：笔者自绘）

通过表 7-13 可以看出，将高层建筑布局于街坊迎风面的形式（模块 14）的低风速区面积明显较大，尤其在 0～0.75 m/s 区间比较突出；将高层建筑布局于街坊一侧和中间（模块 15 和模块 18）变化不大，仅是在 0～0.5 m/s 区间内，模块 18 比模块 15 的风影区面积稍大一些。以上比较说明，将高层建筑布局于街坊迎风面的形式（模块 14），不宜出现在夏季以通风散热为主要需求的地区，其余三种布局形式可根据实际情况灵活应用。

模块 13、模块 14、模块 15、模块 18 夏季不同风速区面积统计（单位：m^2）　　表 7-13

模块	建筑占地面积	0～0.25 m/s 区域	0.25～0.5 m/s 区域	0.5～0.75 m/s 区域	0.75～1.0 m/s 区域	0～1.0 m/s 区域合计
模块 13	7500.00	364.65	5391.07	7925.18	5794.82	19475.72
模块 14	6690.00	905.40	5455.84	8092.79	5709.65	20163.68
模块 15	5940.00	26.39	5114.25	7283.38	8474.82	20898.84
模块 18	6570.00	193.16	6000.64	6609.07	6734.33	19537.20

资料来源：笔者自绘

（2）冬季风速风压、空气龄及漩涡模拟对比分析

通过图 7-59 可以看出，高层建筑位于街坊迎风面和背风面（模块 13 和模块 14）的街坊，其高风速区一般位于高层建筑之间形成的峡口空间以及建筑角部，高层建筑位于街坊背风面时的峡口效应和角部效应更加突出，其街区内部的低风速区面积比较少；高层建筑位于板式多层一侧或中间（模块 15 和模块 16）的街坊，高风速区一般分布于建筑角部且面积较小，而街坊内的低风速区域面积明显大于前两种模块，主要分布于建筑背风侧和高层、多层建筑的山墙间隙。

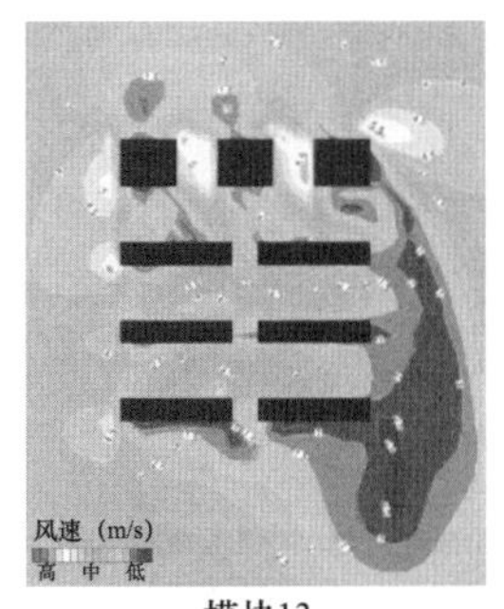

模块13

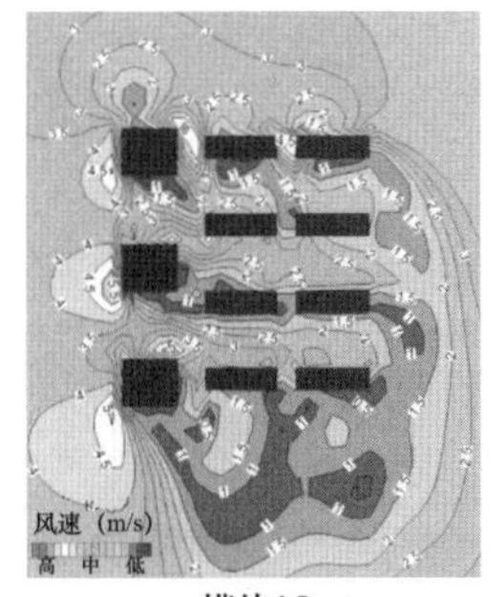

模块14

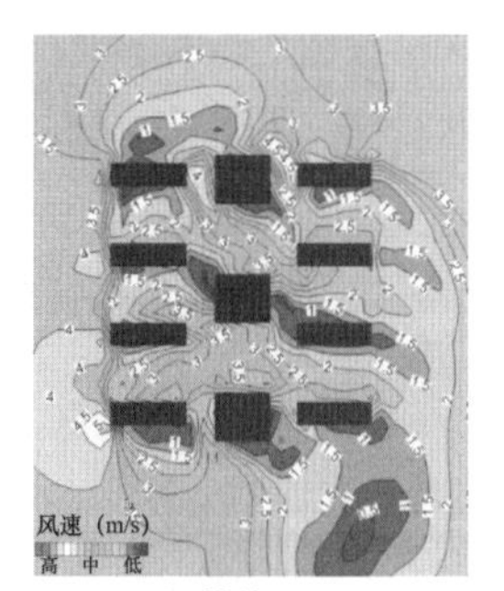

模块15

模块18

图 7-59　模块 13、模块 14、模块 15、模块 18 冬季风速模拟图

（资料来源：笔者自绘）

通过图 7-60 可以看出，各街坊的正风压较大的建筑分布于迎风面第一排，其中高层建筑位于街坊背风面时（模块 14）也会出现高层建筑表面风压较大的情况。高层建筑位于街坊迎风面时（模块 13）街坊内部建筑风压环境较为平和稳定。

通过图 7-61 可以看出，各个街坊内部空气龄普遍不大，高空气龄区域基本位于各街坊外部空间背风侧，其中高层建筑位于街坊背风面时（模块 14）空气龄较小，街坊内部约为 70～110 s，外部空气龄极值不超过 150 s；其余各街坊内部约为 80～130 s，外部极值可达 200 s。

通过图 7-62 可以看出，模块 13 街坊内部漩涡出现在高层建筑背风侧，且分布规律，其余区

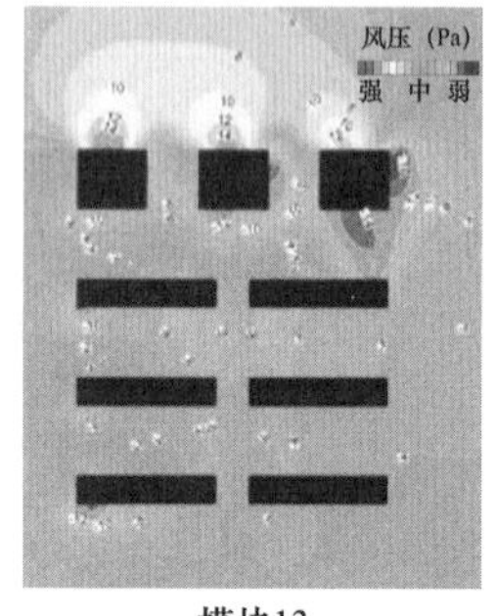

模块13

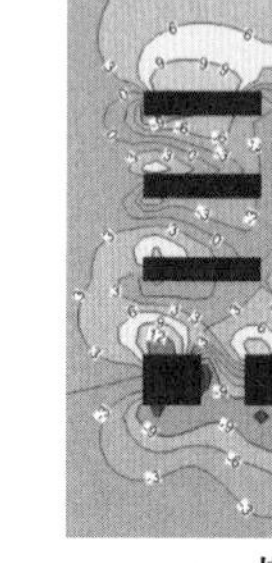

模块14

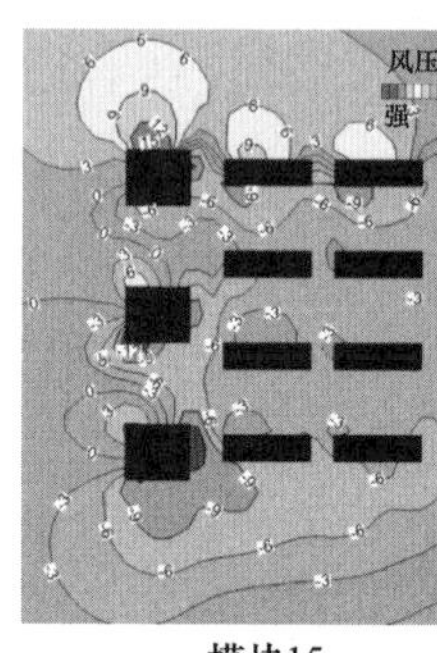

模块15

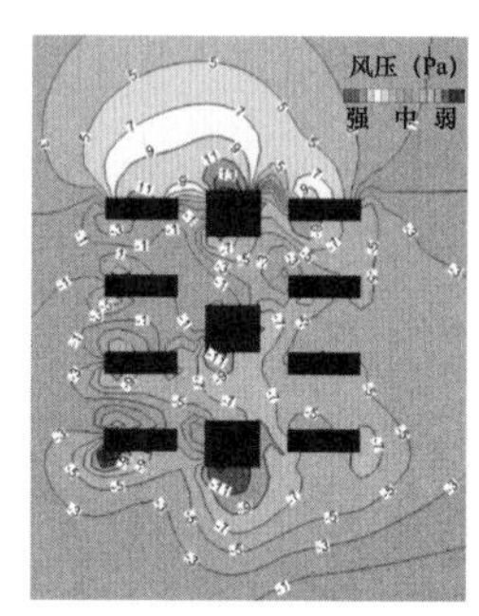

模块18

图 7-60　模块 13、模块 14、模块 15、模块 18 冬季风压模拟图

（资料来源：笔者自绘）

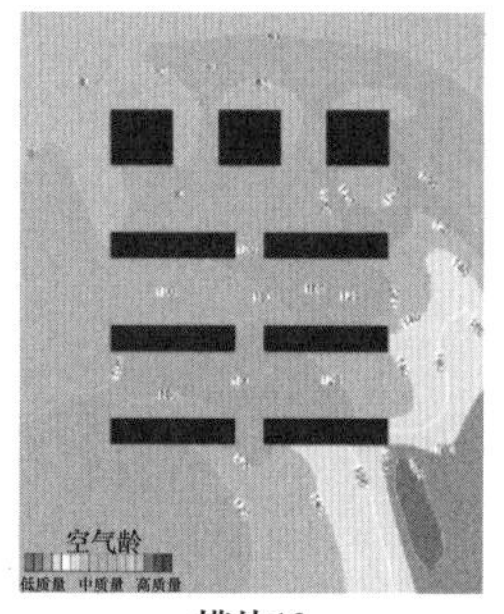

模块13

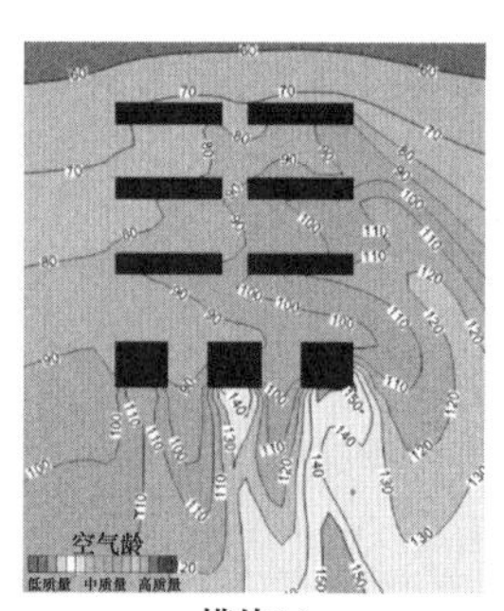

模块14

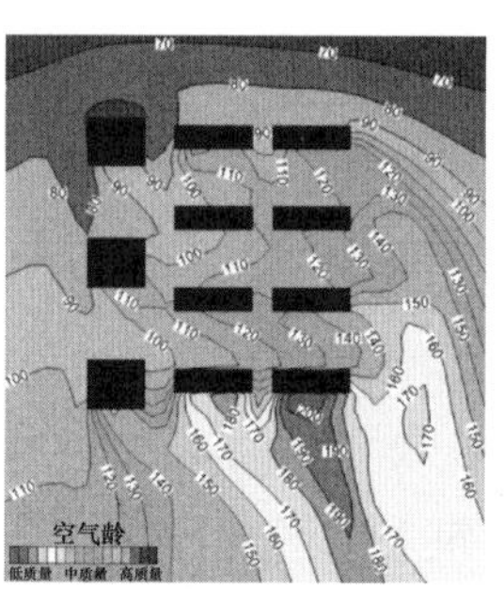

模块15

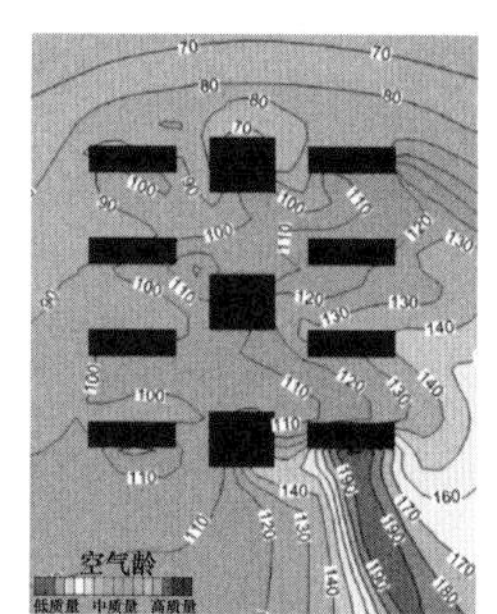

模块18

图 7-61　模块 13、模块 14、模块 15、模块 18 冬季空气龄模拟图

（资料来源：笔者自绘）

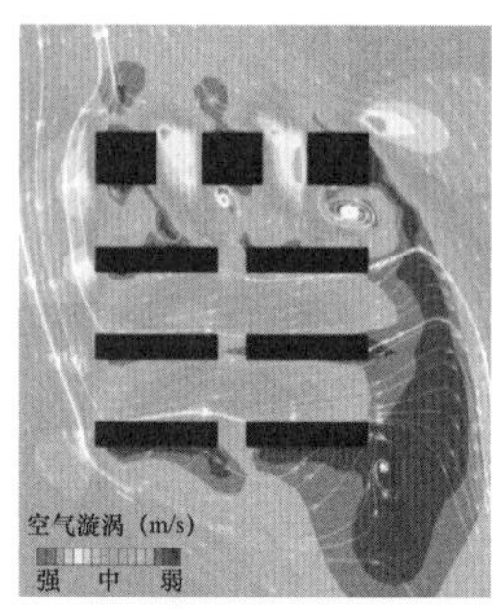

模块13

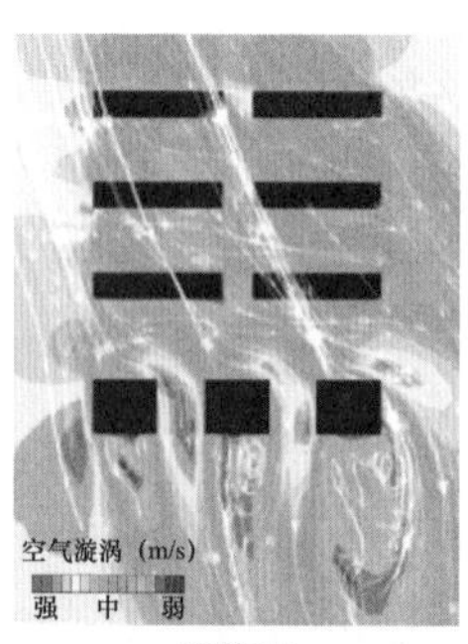

模块14

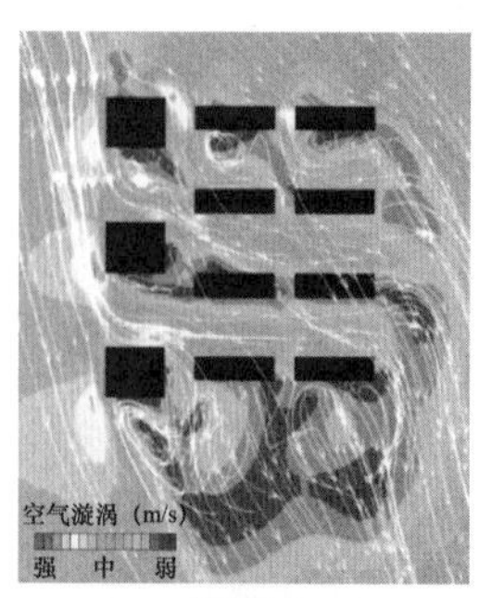

模块15

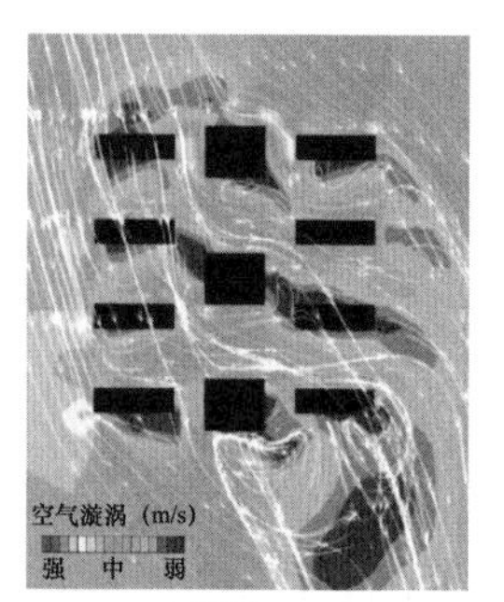

模块18

图 7-62　模块 13、模块 14、模块 15、模块 18 冬季空气漩涡模拟图

（资料来源：笔者自绘）

域空气流较为平缓；模块14空气漩涡出现在街坊外部背风侧，空气流较为紊乱；模块15和模块18在街坊内部高层建筑和多层建筑背风侧均有漩涡分布，且街坊内外空气流均比较紊乱。

7.4.3.6 小结

通过对以上不同类型的居住模块风模拟结果的分组对比分析，可以看出在多层建筑布局模式中，围合式布局夏季风影区面积比例较大、冬季强风位置点较多且高空气龄区域较大，E形或C形建筑组合易产生局部不良风环境区域；在高层建筑布局模式中，点、板结合且板式高层位于街区冬季迎风向的模式，夏季通风效果和冬季街区内风环境稳定性，均好于纯点式布局模式；在多层高层相结合布局的模式中，当街区以点式高层为主时，多层住宅置于夏季迎风侧，有利于街区夏季通风，但冬季强风位置较多，风环境稳定性不如多层住宅置于高层建筑一层或两侧的模式，当街区以多层建筑为主时，高层建筑置于街区夏季迎风侧会导致街区夏季低风速面积比较大、冬季强风位置较多且空气漩涡较强。

根据天津市夏季以通风散热为主要需求、冬季以防风防寒且尽量避免产生静风为主要需求的特点，天津市中心城区居住街坊宜采用的布局模式为：（1）多层行列式、冬季主导风来流方向闭合的一端或两端闭合行列式（模块1、模块2、模块3），且建筑长边方向与夏季主导风向成一定夹角；（2）高层点式与板式相结合布局，板式高层置于冬季迎风侧（模块10、模块11）；（3）高层与多层相结合布局时，高层建筑置于冬季迎风侧以及多层建筑群落一侧或中间（模块13、模块15、模块18）。根据前文的分析，可以概括出天津地区典型街坊模块风环境分析表（表7-14）。

典型街坊模块风环境特点分析表 **表7-14**

街坊类别	模块编号	布局特点	风环境特点	适宜与不适宜布置地区	典型三维图形	天津市夏季典型风环境模拟结果（风向S，风速1.7 m/s）	天津市冬季典型风环境模拟结果（风向NNW，风速5.6 m/s）
多层板式围合	模块1	多层行列均布	总体风环境效果适中。当与主导风向垂直布置时街坊中部与后部比较容易出现大面积风影区	南北方常用布局，日照好，当建筑长边方向与盛行风向夹角小于60°时，可以较好地减少中后排建筑的风影区		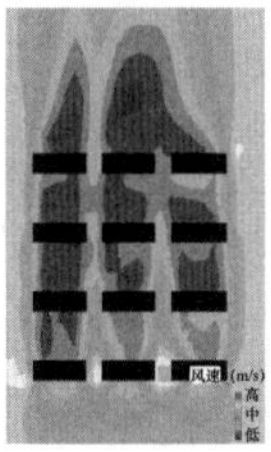	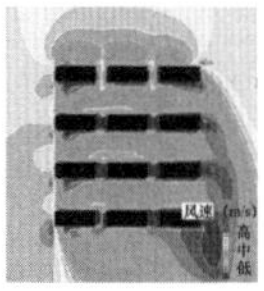
	模块2	多层行列式加竖向多层建筑布置	对抵御冬季西北风效果优于单纯行列式。高风速区出现在竖向与横向的地方，当行列式垂直主导风或盛行风向时，中后部风影区较大	对寒冷气候区防寒有利，但对湿热气候区不利。本布局适宜夏季盛行东南风而冬季盛行西风的地区		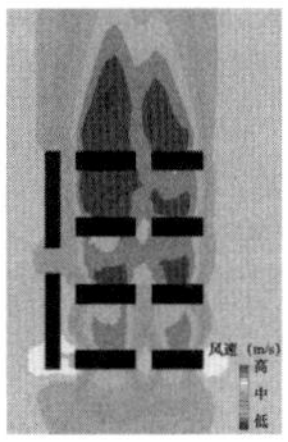	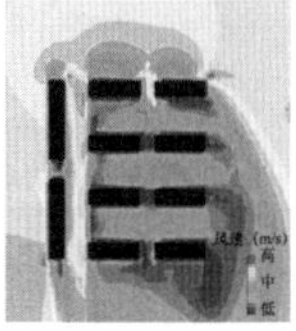

续表

街坊类别	模块编号	布局特点	风环境特点	适宜与不适宜布置地区	典型三维图形	天津市夏季典型风环境模拟结果（风向 S，风速 1.7 m/s）	天津市冬季典型风环境模拟结果（风向 NNW，风速 5.6 m/s）
多层板式围合	模块3	多层行列式的布置于建筑的竖向多层建筑之间	在主导风向下方的室外空间风影区较大	相对于角部围合的类型，通风效果较好一些，适宜布置在寒冷但有一定通风需求的地方		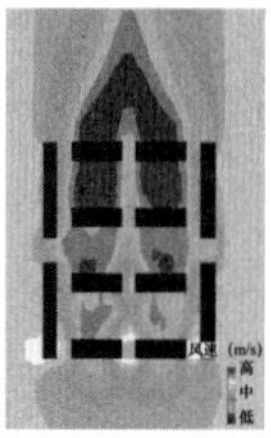	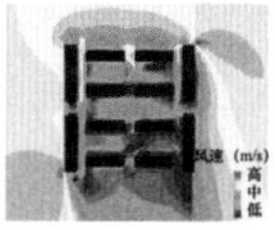
	模块4	周边L形围合的口字形内置行列	防风效果好，通风效果比较差。下风位置的建筑中部有大量风影区，L形建筑的角部空气龄较大	适用于以冬季防风避寒为主的严寒地区，由于相对封闭，比较不适宜布置在南方湿热需通风的地区		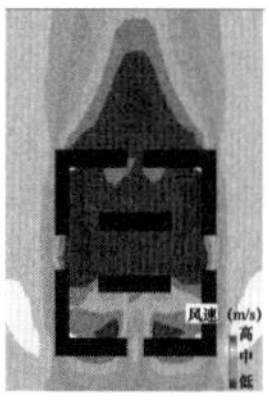	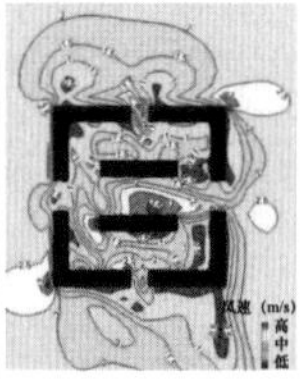
	模块5	E形与C形组合	防风效果较好，通风效果较差，尤其在E形与C形角部易出现风速较低、空气龄较大的现象			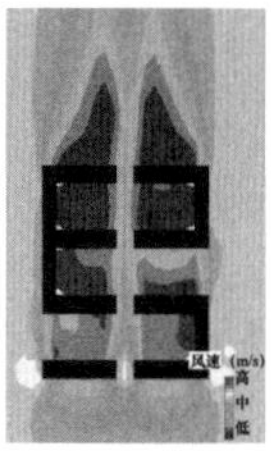	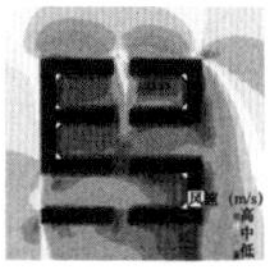
	模块6	竖条多层建筑、中部行列式多层与反C形建筑的组合	总体风环境效果适中。夏季主导风向下方的建筑通风效果略差，冬季高风速区域出现在迎风面开口处，其余部分避风效果好	适用在冬季主导风向为东北风或西风的寒冷地区，不适宜布置在南方湿热需通风的地区		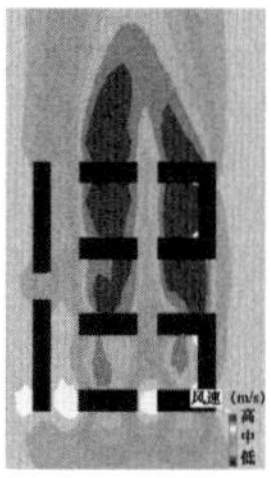	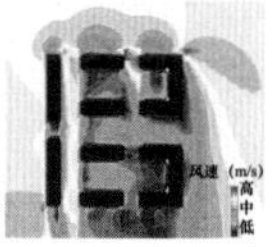
	模块7	行列式与C形组合	总体风环境效果适中。在夏季主导风向正南条件下，下风向的建筑风影区较大	适用于冬季为东北风、夏季为东南风的寒冷地区，不适宜布置在南方湿热需通风的地区		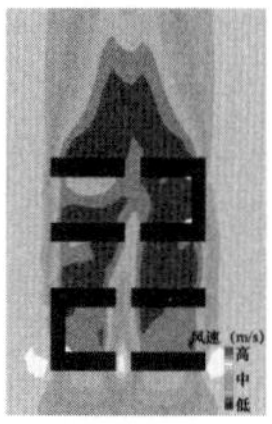	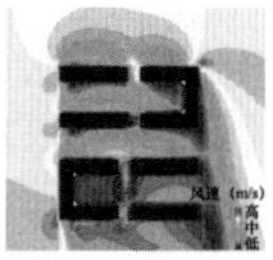

续表

街坊类别	模块编号	布局特点	风环境特点	适宜与不适宜布置地区	典型三维图形	天津市夏季典型风环境模拟结果（风向S，风速1.7 m/s）	天津市冬季典型风环境模拟结果（风向NNW，风速5.6 m/s）
多层板式围合	模块8	对角L形多层建筑围合与多层行列式建筑的错位组合	类似四周围合式建筑布局，防风效果好，但内部风影区较大	适宜布置在夏季主导风向为西南风的寒冷地区，不宜布置于夏季主导风向为东南风地区或南方湿热地区		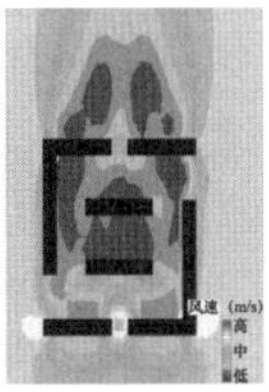 风速（m/s）高 中 低	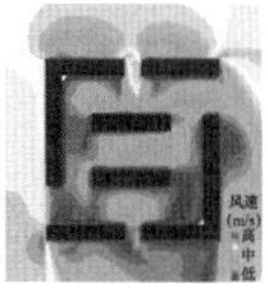 风速（m/s）高 中 低
高层点式	模块9	高层点式行列式均匀布置	室外通风效果良好，风影相对均布，角隅效应比较明显、漩涡较多	适宜布置在湿热地区，较不适宜布置在冬季寒冷和高风速地区		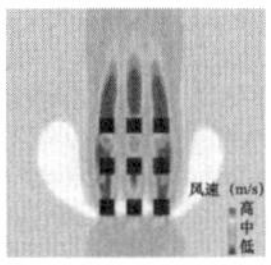 风速（m/s）高 中 低	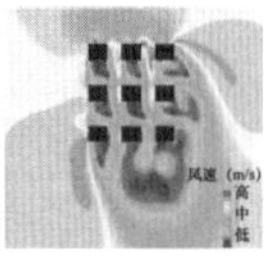 风速（m/s）高 中 低
点板结合	模块10	板式高层安置于北面	对阻挡冬季北风和引入夏季东南风向有利，街坊北面区域风影区大	比较适宜布置于夏季湿热地区，并对冬季寒冷地区有一定适用性		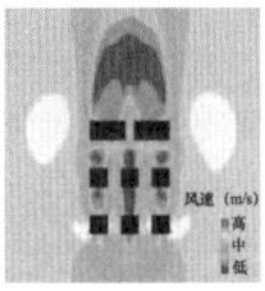 风速（m/s）高 中 低	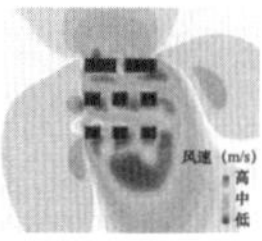 风速（m/s）高 中 低
	模块11	板式高层安置于北面，中部点式高层，南面布置多层板式建筑	对引导夏季南向主导风和阻挡冬季北风有利。高风速出现区域为北面两高楼间	适宜布置于夏季主导风向为东南风或西南风，而冬季主导风向为北风的地区		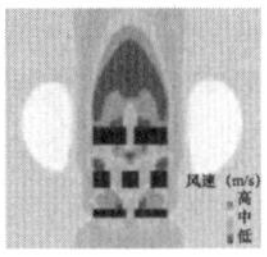 风速（m/s）高 中 低	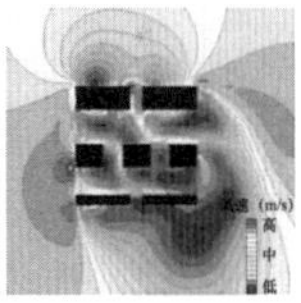 风速（m/s）高 中 低
	模块12	点式高层群安置于北面，板式布置于南面	点式高层之间空间大，容易产生高风速区域，该布置方式不利于防止冬季西北风，对有效引入夏季东南风有利	适用于湿热地区，较不适宜于严寒地区和干热地区		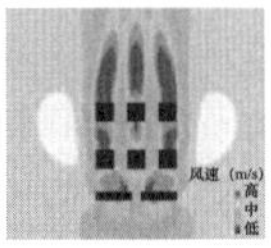 风速（m/s）高 中 低	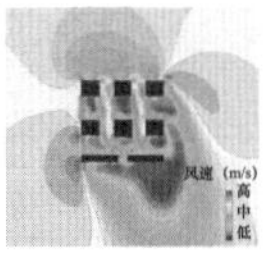 风速（m/s）高 中 低
	模块13	点式高层安置于北面，多排的多层行列式建筑位于南面	夏季低速风影区面积较大，点式高层间容易产生高风速区域。冬季北面风速高，该布置方式不利于阻挡冬季西北风	对日照有一定好处，适宜于冬季风速较低，而夏季风速较高的地区		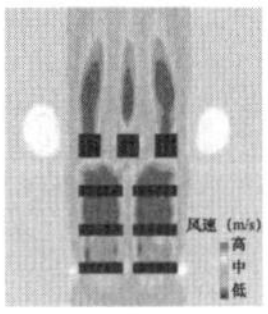 风速（m/s）高 中 低	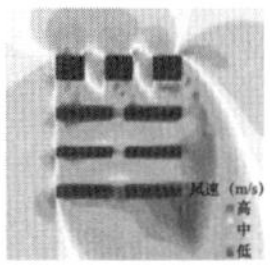 风速（m/s）高 中 低

续表

街坊类别	模块编号	布局特点	风环境特点	适宜与不适宜布置地区	典型三维图形	天津市夏季典型风环境模拟结果（风向 S，风速 1.7 m/s）	天津市冬季典型风环境模拟结果（风向 NNW，风速 5.6 m/s）
点板结合	模块14	点式高层安置南面，多排的多层行列式建筑位于北面	板式住宅布置方式有利于防止冬季西北风，点式高层在南面对引入夏季南向风有利，但对多层的视线与日照不利	因日照的缺陷，在北方应用较为不利	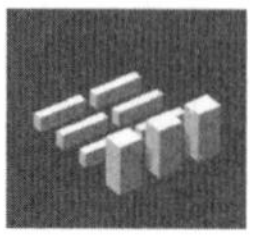	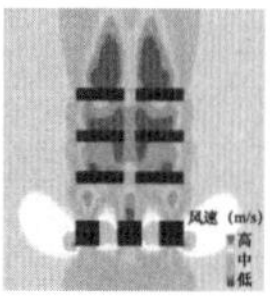 风速（m/s）高 中 低	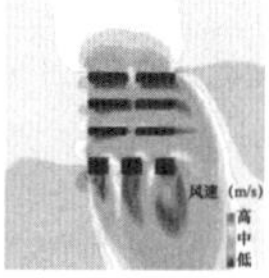 风速（m/s）高 中 低
	模块15	点式高层置于多层行列式的一边	通风效果较好，防风效果一般。高层与低层相邻处容易出现高风速区域，下风处风影比较大	适用范围较广，但应尽量将板式建筑垂直冬季主导风向，并与夏季主导风向有一定夹角布局		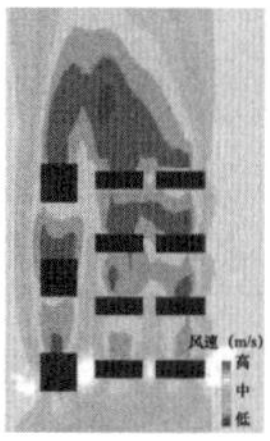 风速（m/s）高 中 低	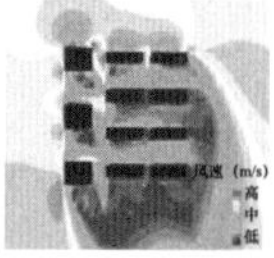 风速（m/s）高 中 低
	模块16	点式高层置于多层竖条建筑的一边	通风效果好，防风效果差。夏季低风速区域小，有利于通风，冬季高风速区域较大	适宜布置于湿热地区，不宜布置于寒冷地区与高风速地区		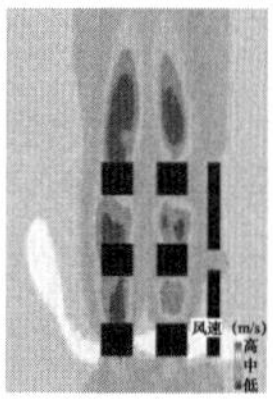 风速（m/s）高 中 低	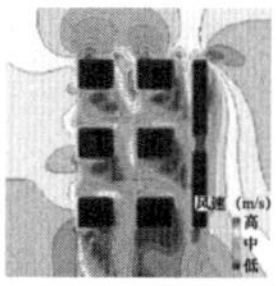 风速（m/s）高 中 低
	模块17	点式高层置于C形多层行列式的一边	总体风环境效果适中。C形建筑对高风速地区有一定的防风效果，但角部空气龄较长	对风向有一定的选择性，适宜布置在主导风冬季为西北风、夏季为东南风的地区		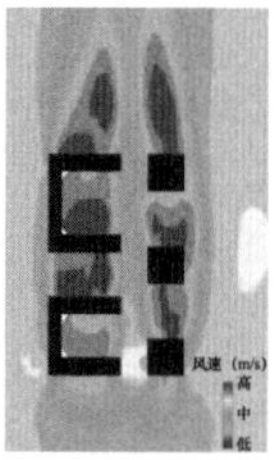 风速（m/s）高 中 低	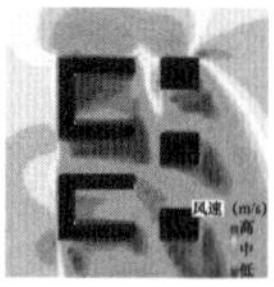 风速（m/s）高 中 低
	模块18	点式高层置于多层行列式的中部	通风效果好，风影相对小，对改善夏季通风条件有利，但防风效果一般	适宜布置在通风效果要求较高的地区，不适宜布置于冬季风速高的区域		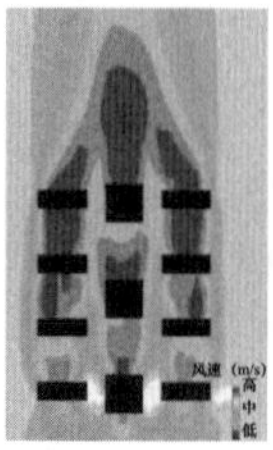 风速（m/s）高 中 低	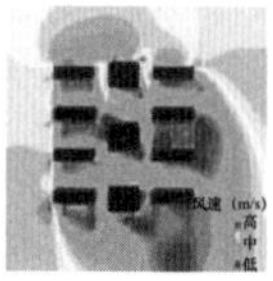 风速（m/s）高 中 低

续表

街坊类别	模块编号	布局特点	风环境特点	适宜与不适宜布置地区	典型三维图形	天津市夏季典型风环境模拟结果（风向 S，风速 1.7 m/s）	天津市冬季典型风环境模拟结果（风向 NNW，风速 5.6 m/s）
点板结合	模块19	点式高层置于竖条多层的中部	建筑街坊内通风效果较好，防风效果略差，冬季高风速区域面积较大	宜布置在通风要求高的地区，不宜布置在冬季寒冷、风速较高的区域			
	模块20	点式放置于L形多层与行列式多层角部	对西北风防风效果好，通风效果一般。高风速区域出现的高层角部或迎风面入口处	宜布置在主导风冬季为西北风、夏季为西南风地区的寒冷地区			

资料来源：笔者自绘

7.4.4 基于不同方位的布局模式选择与优化策略

7.4.4.1 阻风防寒的模式选择与优化策略

天津地区地处寒冷地区，其居住建筑布局无疑应充分考虑冬季的阻风防寒功能，特别是位于中心城区西北部边缘的居住地块，由于地处冬季主导风向的上风向地区，且周边缺乏挡风建筑，在城市边缘区极易形成角隅效应，使风速大大提高。在这种条件下，可以将冬季围合式为主、风阻指数较大的模块 5，或将北面开口封闭的改进型模块 4，布置到该处；同时，利用其底层围合式的布局，充分降低行人高度的风速；并尽量将开口布置在夏季主导风向的南向及东南方向上风口位置，避免在西部与北部开口，达到既阻挡冬季的寒风又有利于夏季自然通风的目的。一些点板结合模块（如模块 11），将建筑迎风面垂直于西北主导风向，也可以达到这一功能要求，由于该模块住区北部布置了高层建筑，可以充分利用高层建筑向下行的导风作用，将夏季的主导风从空中引向地面，改善本小区底层通风状况（表 7-15）。

阻风防寒的住宅组合模式选择 **表 7-15**

模块序号	模块 4	模块 5	模块 8
模块图像（仅保持降低原初风速的 50%的区域）			
冬季风阻系数	0.11	0.19	0.24
适用区域	城区西北部，城区内部开阔地带（如公园、大型广场）的周边区域等		

资料来源：笔者自绘

7.4.4.2 导风散热的模式选择与优化策略

天津中心城区的南部及东南部的城市边缘区处于冬季主导风向的下方，受城市密集建筑群形成的风影效应影响，该处的冬季风速相对较小。相反，在炎热的夏季中，如何充分利用居住建筑的布局模式，将南面或东南面夏季主导风向导入的城区，有效组织自然通风，是这些地方建筑群布局应考虑的一个问题。因此，导风散热的模式选择是该地点应考虑的重要内容。通过对前文不同类型的居住模块风模拟结果的分组对比分析，可以看出在 20 个居住布局模块中，模块 9、模块 16 和模块 19 的风阻体积系数最小，为 0.01，仅为风阻体积系数最大的模块 4 的 10%，因此这三种模式是导风散热模式的最佳选择（表 7-16）。

导风散热的住宅组合模式选择　　表 7-16

组合模块序号	模块 9	模块 16（镜像）	模块 19
模块风速云图 （仅保持 0～0.5 m/s 的低风速区域）	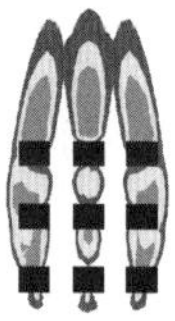	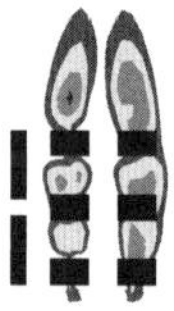	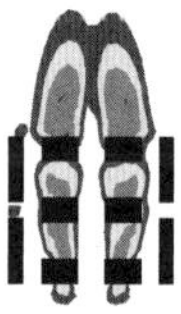
夏季风阻指数	0.01	0.01	0.01
适用区域	城区东南部，城区南面开阔地带的区域		

资料来源：笔者自绘

7.4.4.3 通风与防寒兼顾的模式选择与优化策略

在中心城区内部的一些空旷位置，如城市公园附近和城市通风廊道周边地区，除了要考虑夏季的通风问题外，还得考虑冬季的防寒问题，因此，可采用点式与板式多层结合，并可将点式住宅置于夏季迎风侧，达到有利于街区夏季通风的目的；为达到防寒目的，可将板式建筑布置于冬季迎风侧。在选用模块时，可考虑夏季风阻指数较低而冬季风阻指数相对较高的模式 2、模块 3、模块 6 与模块 11 等（表 7-17）。

通风与防寒兼顾的住宅组合模式选择　　表 7-17

组合模块序号	模块 2	模块 3	模块 6（镜像）	模块 11
夏季风速云图 （仅保持 0～0.5 m/s 的低风速区域）	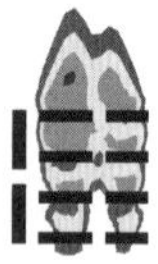	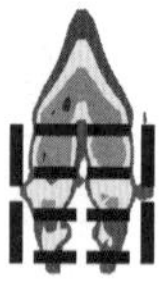		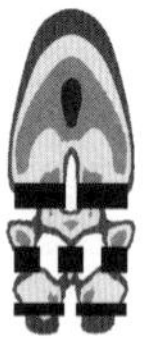
夏季风阻指数	0.05	0.03	0.04	0.03
冬季风速云图 （仅保持降低了原初风速的 50%的区域）	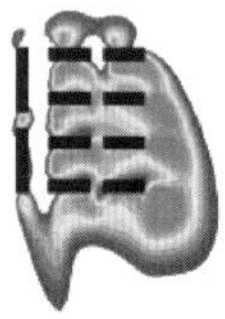	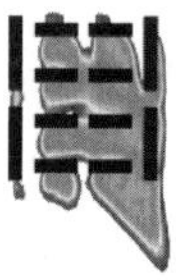	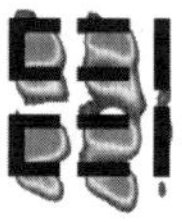	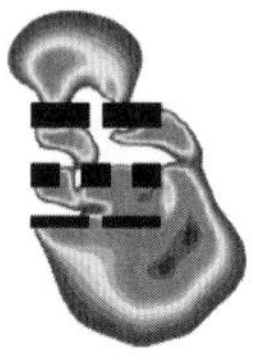

续表

组合模块序号	模块 2	模块 3	模块 6（镜像）	模块 11
冬季风阻指数	0.27	0.10	0.07	0.03
适用区域	城区内部，需要布置底商的城市中心区等区域			

资料来源：笔者自绘

通过数字模拟，可以更直观与方便地研究建筑组合方式的通风效应，进而为绿色住区风环境评价提供了一个新的研究视角。另外，尽管上述的居住建筑模块选自于天津，但其中不少类型在我国大部分地区均有使用，因此，可以结合不同的气候分区，充分考虑通风或避风的主要功能需求，优选布局形式。

7.5 本章小结

本章对天津市风环境的“源—流—汇”系统进行了梳理和分析，即从“源”的层面，分析了天津市的地理位置、地形地貌和气候环境特点；得出天津市为“季风主导与局部环流双重影响”的风环境格局的结论；提出了天津市应采用“避风防寒主导与引风防霾兼顾”的风环境应对策略。

从“流”的层面，分析天津市契合夏、冬季盛行风的风向特点的海河水系风道体系，指出城区风道现状问题是生态基底良好但与系统协调性差，主要表现为：道路网布局不规则，使得风道线形曲折多变，影响了通风效率；并指出，城市风道网络密度不均、城市级风道无法贯穿城区，导致了降低风源作用的问题。现存城市风道未结合盛行风风向，一些有污染的工业建筑布置于城市主风道附近；同时，未能结合宏观气象特点进行高度分区规划，高层建筑布局相对凌乱，产生不少不良气流区域。而一些老城区既存居住建筑，呈行列式加上周边式的布局，高度近乎一致，导致气流从楼顶掠过，产生很大的风影区。这些分析为提出契合海河水系有机协调风源特点的风道系统布局奠定了理论基础。

在“汇”的层面，解析了市域与市区放射式异形同心圆结构影响下的复杂风汇环境。本章分析海河两岸地段典型高密度中心区环境。总的来说，天津市呈现多层行列式为基调、点式高层在城市中心区和主要商贸区相对集中，外围相对分散的竖向布局特点，在海河两岸的高密度与高混合度的市中心区，形成了高度复杂的风环境现状。充分利用现有干道系统，处理好放射型路网、河流等风道空间与风源的衔接，优化风汇区空间功能布局，完善风道网络系统，这是改善天津市中心城区风环境、满足较高的通风需求的重要途径。

本章应用遥感图像反演，分析天津市中心城区热负荷特点，并基于天津市居住区肌理特征总体分析，选取与归类了 20 个典型居住街坊布局类型，并进行 TECPLOT 分析研究，提出了典型居住模块的风环境特点与布局方法。

第八章

天津市城区风环境系统的低碳—低污优化策略

8.1 天津市城区风环境系统的低碳—低污结构优化

前文通过对天津市中心城区风道现状布局的研究，结合主要道路及河流走向，总结了中心城区现状风道的基本特征和存在的主要问题，并根据每一条主要风道的具体情况，分析其问题症结和优化策略。在此基础上，本章基于城市风道系统低碳—低污理论角度，通过制定合理的天津市中心城区风源、风道和风汇区协调布局策略，以及风道控制和规划设计原则，提出重构中心城区风道网络系统、优化和提升中心城区风环境水平的规划策略，为城市风道规划和城市空间设计提供参考依据。

8.1.1 基于低碳—低污理论的城区风源与风道的协调布局

8.1.1.1 结合道路及河流的风道布局及天津中心城区富氧风源优选

天津市中心城区风源导入区的选择，应结合城市主要风道对外开口的位置，划定具有一定规模的开敞空间范围，便于城市外部气流进入城市风道（图 8-1）。例如，可结合北运河、铁路北段、京津路、外环北路等风道，划定北辰永定新河北部农田和绿地为风源空间；结合子牙河、铁路西段、南运河等风道，划定西青子牙河上游农田和绿地为风源空间；结合外环西路南段、简阳路—陈台子排渠、津涞道、卫津南路等风道，划定西青独流减河流域农田和湿地作为风源空间；结合海河、外环南路东段等风道，划定津南海河两侧农田和绿地为风源空间。以上风源均由大面积农田、绿地或水域组成，属于生态富氧风源，需要保护和控制开发。而在昆仑路北出口、铁路东段和津滨大道东出口、友谊南路和解放南路南出口，不存在大面积开敞的农田、绿地，而是绵延的农村居民点、郊区工业等，此类区域也应划定风源空间，提出相应的更新改造策略；此外，在外环东路以东可划定滨海机场等非富氧的风源空间。

8.1.1.2 生态保护与污染防控视角下的中心城区风源控制与开发

天津市中心城区风源的控制和开发策略主要分为富氧风源的保护控制和非富氧风源与污染源的改造两类。

富氧风源的保护控制：划定永定新河、独流减河、子牙河、海河等富氧风源空间边界，确保风源空间具备足够的面积并禁止边界内进行城市用地开发建设，对风源空间内的自然生态要素（如湿地、林地、农田等）应当分类制定严格的保护策略，对每类生态要素划定生态保护红

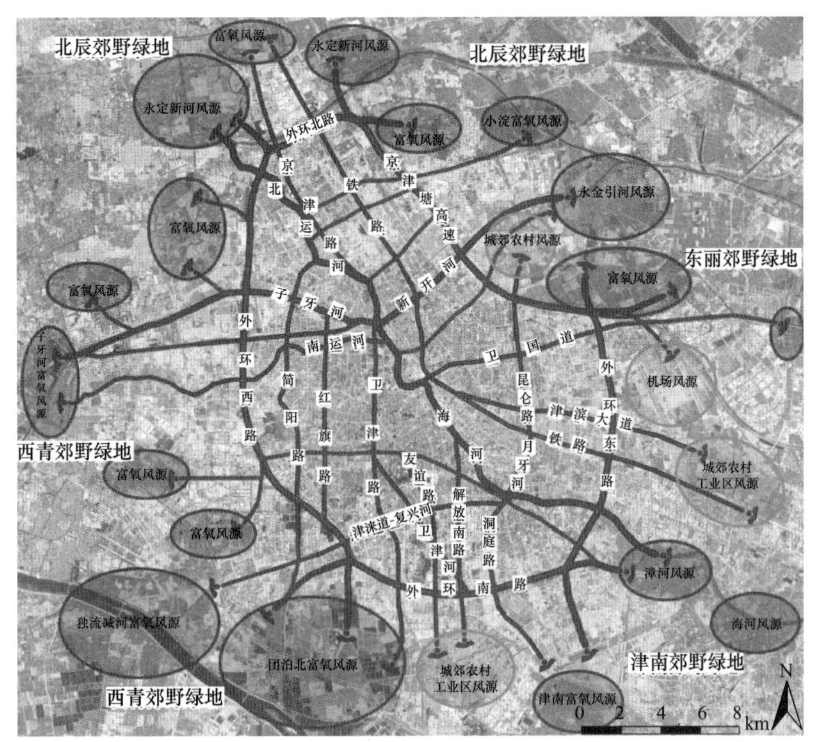

图 8-1　天津市中心城区周边的风源的控制与开发引导

（资料来源：笔者自绘）

线，对已经遭受破坏的生态区域，应该尽快消除破坏源头，积极修复和培育新的生态区域。

非富氧风源与污染源的改造：对于城市主要风道出入口对应的城郊农村居民点，相对粗糙的下垫面影响了风源风力进入城市风道的效率，且空气质量也相对较差，建议对此类风源空间进行更新改造。例如，将外环南路以南的王庄子、石庄子、贾庄子、大寺村、北口村等村庄，以及外环东路以东的元宝村、双合村、向阳村、新兴村等村庄的工业用地逐步迁出，腾出的用地改为花卉苗圃、水果蔬菜等都市农业用地、林地、郊野公园等，并限制农村居民点扩建，有序引导村民进入城区就业居住；同时，应对在主要风道附近的污染性企业逐步搬迁，或进行低碳转型与生态化改造。

8.1.1.3　以风道与风源的协调为准则的城市道路及河流型风道系统构建

天津市中心城区城市级风道的布局与风源相协调，体现在风道出入口应与主要风源空间相通，并且连接处需保证空间开敞，便于引入风源气流。针对中心城区现状风道布局，建议将友谊南路、解放南路—津港公路、铁路北段、南运河、复康路、金钟河大街、昆仑路、普济河东道、淮河道、津涞道等城市级风道的对外开口位置拓宽，与其对应的风源衔接畅通。例如，将津涞道的独流减河至精武镇段工业用地迁出，保留现状农田和水塘，形成开敞空间节点；将昆仑路北出口（与外环线相接处）外环线以外的工业迁走，打通与东丽郊野绿地农田的联系；将南运河在外环西路附近区域的工业和农村居民点有序迁出，结合附近农田和绿地形成开放空间节点。此外，贯通式城市级风道的线形选择也应以连接不同的城市风源为主要路径，确保城市空间整体的空气流动效率。

8.1.2 基于低碳—低污理论的城区风道与风汇区规划控制

8.1.2.1 满足用地功能差异的风道与风汇区规划控制

不同用地功能的风汇区对其周边风道的要求存在显著差异。天津市中心城区（外环线以内）主要分布有工业仓储区（北辰、东丽、河西）、高教区（南开）、中心商务商业区（和平）、历史文化街区（和平、河北）和散布的各种规模的居住区等。以下举例说明基于风汇区功能差异的天津市中心城区道路及河流型风道协调布局策略（图 8-2）。

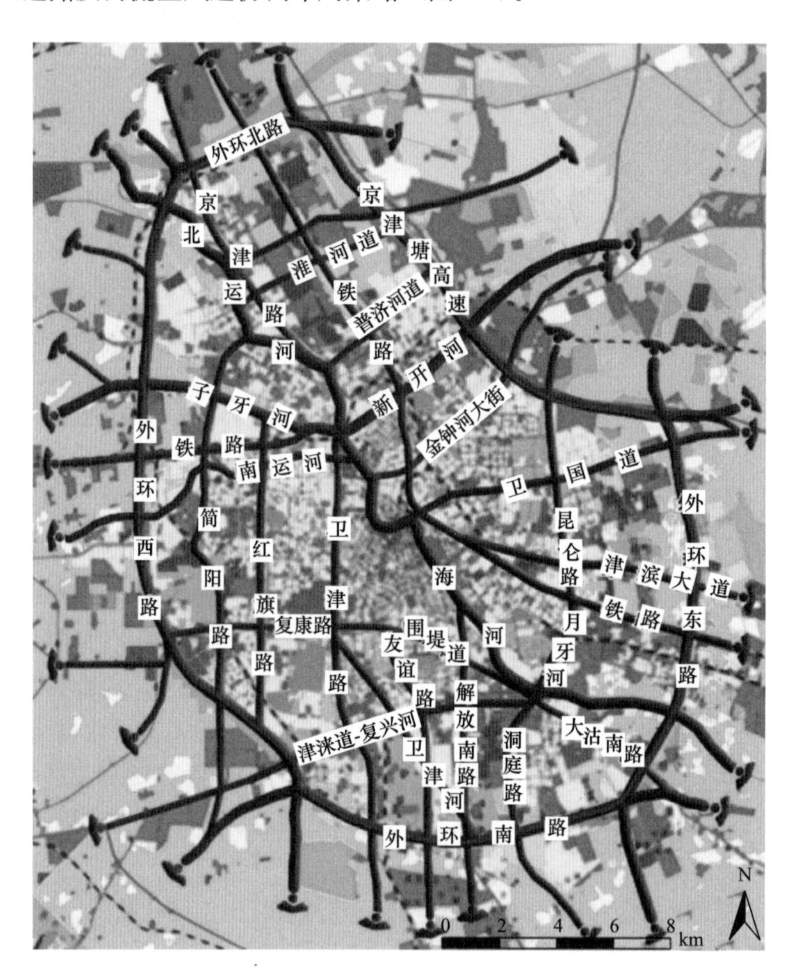

图 8-2 天津中心城区城市道路及河流型风道与不同功能风汇区规划控制示意

（资料来源：笔者自绘）

如北运河—海河风道，在北运河普济河道以北段和海河下游段，风道两侧的工业区规模较大，工业热负荷和空气污染物较多，需要增加风道宽度和绿植面积比例，拓宽穿越工业区的横向风道（如淮河道、普济河道）与北运河风道交汇的开敞空间节点；在海河三岔口至直沽桥段，风道两侧有大量商务商业区和历史街区，建筑密度较高，地表通风不畅，因此需要增加风道两侧开口数量和风道管壁开敞度，将气流引入街区内部[241]。

再如卫津路风道，南京路以北段两侧以居住和商业为主，人口较为集中，生活产热不易扩散，需要加强风道与居住区内部开敞空间的衔接，并增加风道绿植面积比例，尤其居住区西北界面，需要加大林带宽度，起到冬季阻滞风速的效果；复康路至鞍山西道段两侧以高教区为主，风道界面应保证较高的连续度；复康路至中石油桥段两侧以公园湖群、体育中心为主，应增加风道与水上公园、天塔湖、奥体中心等大型开敞空间的连通，扩大风道系统通风影响范围。

8.1.2.2 体现空间密度及形态差异性的风道与风汇区协调布局

不同空间形态的风汇区对风道的要求不尽相同。以下举例说明基于风汇区空间形态差异的天津市中心城区风道协调布局策略。

如子牙河—新开河风道，靠近外环西路段以及靠近京津塘高速段，两侧以农田、空地和在建区为主，开敞空间较多，风道需注意界面的延续性；子牙河南岸、简阳路以西和子牙河北岸、北运河西侧的区域以低层高密度区域为主，风汇区热负荷较高且不易通风，风道管壁需要增加开口数量和开敞度比例，并使得开口与风汇区内部开敞空间相通；新开河两岸多为多层低密度区域，需要加强夏季引风和冬季阻风，因此，新开河北岸界面应加大开敞度，建筑连续界面不宜过长，南岸界面适度连续，并加大防护林带宽度（图 8-3）。

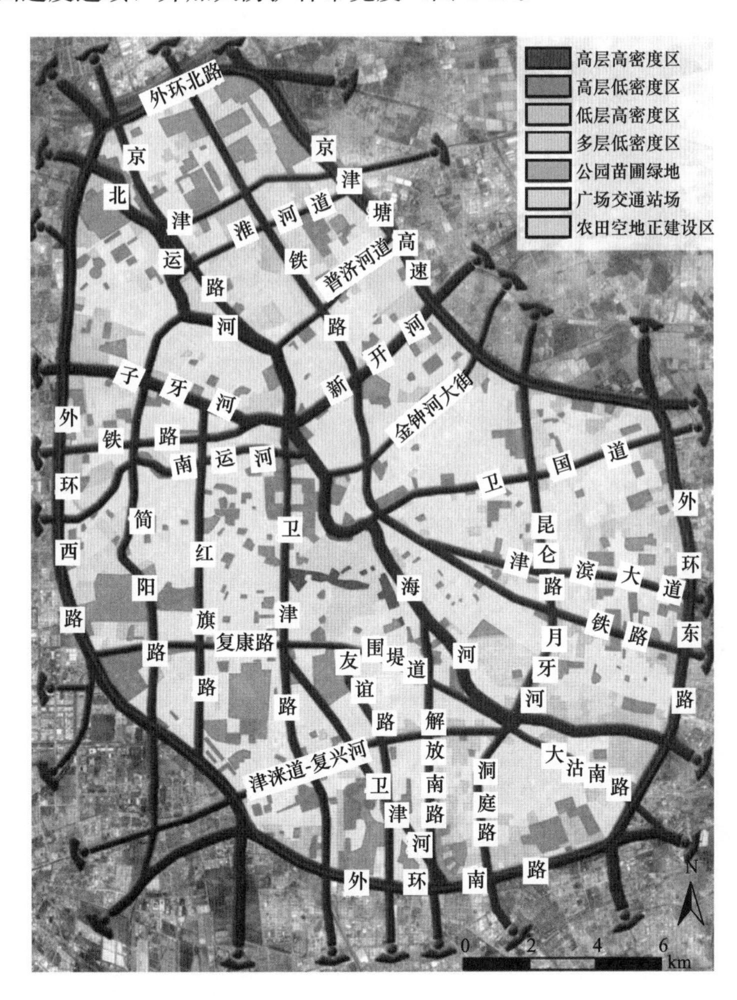

图 8-3 天津中心城区道路及河流型风道与不同空间形态风汇区协调布局示意

（资料来源：笔者自绘）

再如海河风道，金刚桥至北安桥段两侧以高层低密度住区为主，也有少许高密度商业和文化旅游区，需要增加高层低密度风汇区界面连续度，丰富界面绿植层次；北安桥至金阜桥段，西岸以高层高密度街区（如小白楼 CBD）、低层高密度街区（五大道历史街区、解放北路街区、步行商业街区等）为主，生活热负荷较高且不易通风，风道管壁需要增加开口数量和开敞度比例，并使得风道开口与风汇区内部微风道系统衔接。

8.1.2.3 结合风汇区地表温度的道路及河流型风道与风汇区协调布局

根据天津市中心城区地表温度分布特征，风道布局应串接各个热岛区域和冷岛区域，从而便于疏散热岛区域热量，平衡热岛和冷岛区域地表温度，减缓城市热岛效应（图 8-4）。

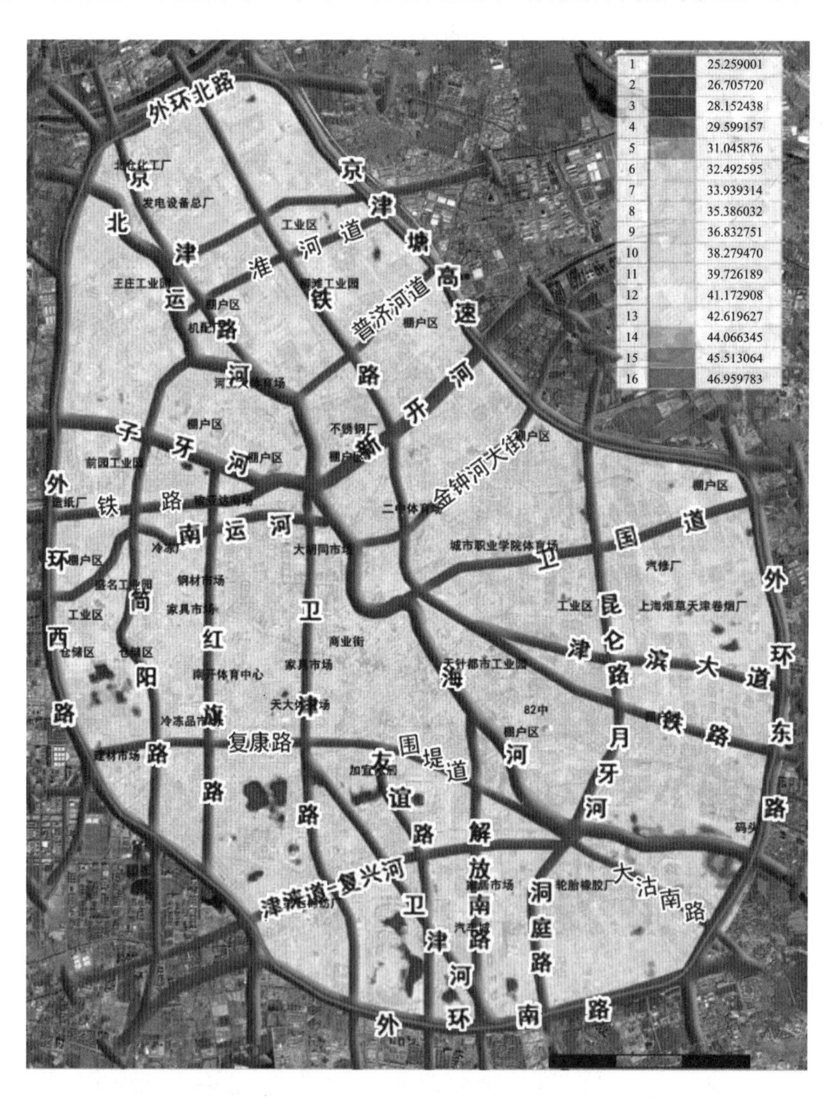

图 8-4 天津中心城区风道与不同地表温度风汇区协调布局示意

（资料来源：笔者自绘）

如红旗路—秀川路风道，自北向南将欧亚达商场、麦德龙商场、钢材市场、家具市场、南开体育中心、冷冻品市场等典型热岛区域串联起来，并连接了子牙河、长虹公园、南翠屏公园等冷岛区域。风道经过上述热岛区域的区段，应当拓宽风道宽度，增加风道管壁开口和开敞度，并增加横向的次级风道连接热岛和主风道。

再如北运河—海河风道，自西北向东南将北仓化工厂、天津市发电设备总厂、王庄工业园、机械配件厂、北运河畔棚户区、河工大体育场、大胡同市场、和平区商业街区、海河东岸的工业区和棚户区等热岛区域连接起来，并连接了西沽公园、柳林公园及其周围开敞空间等冷岛区域，同时河道本身也是带状冷岛区域。风道除需要增加与风汇区交流界面的开敞度外，还应该结合自身特点，与其他冷岛建立联系廊道，构建冷岛空间体系，从而分割热岛区域，提升城市整体的通风效率。

8.1.3 基于低碳—低污理论的道路及河流型风道系统协调与网络架构

在天津市中心城区现状风道的基础上，通过优化完善现有风道和开敞空间节点，增加新的风道和节点，并使得各级风道之间、风道与节点之间空间布局相协调，从而形成梯度有序、间距适当、衔接紧密的城市风道网络系统，是实现天津市中心城区风道协调总体空间布局的基本途径（图 8-5）。

笔者建议：规划形成“一横一纵，四边环绕”的区域级风道布局，即由北运河—海河风道自西北向东南形成纵向区域通风主廊道，由子牙河—新开河风道自西向东形成横向区域通风主廊道，由外环路及其并行的绿带、水渠组成环城通风主廊道。

规划完善已有城市级风道：将卫津路风道向北穿过老城厢，与海河风道交汇，并形成子牙河、北运河、新开河、卫津路等多条风道交汇的开敞空间节点；将简阳路绿水园以北街区、海河解放北路街区等拐弯角度较大的风道区段，增加街区直线辅助风道（利用道路如大沽北路，或街区内部开敞空间等）；拓宽红旗路风道北段，并通过片区级风道与北运河风道、普济河东道相连。

规划新增若干城市级风道：增加北辰区小淀引渠、淮河道、普济河东道等三条横向城市级风道，连接北运河、京津路、铁路北段、京津塘高速等纵向风道，增强对北辰区工业和棚户区热岛的缓解能力；增加金钟河大街风道，连接东丽郊野绿地和海河风道，成为河北区重要的通风主廊道；增加铁路西段风道，弥补南运河风道拐弯较多的不足，成为与南运河并行的城区西部重要风廊；增加长江道—南京路风道，增强城区中部的横向联系，串联简阳路、红旗路、卫津路、海河等风道，缓解南开区、和平区中心区城市热岛效应；增加复康路—围堤道风道，增强城区南部的横向联系，串联外环西路、简阳路、红旗路、卫津路、友谊路、解放南路、海河等多条风道，并在海河、月牙河、昆仑路、大沽南路、洞庭路、复兴河交汇处形成大型开敞空间节点。

同时，完善片区级风道，构建城市风道网络系统。为扩大区域级风道和城市级风道服务范围，增强其联动效应，需要完善片区级风道，串联各条城市主风道和开敞空间节点，为街坊级微风道和风汇区内部空间提供风力输送。片区级风道由于受现状城市建设条件限制，宽度一般不大（50～100 m），主要沿主次干路、小型水渠、铁路支线等布局。如北辰道风道连接了外环西路、北运河、京津路、铁路北段、外环北路等多条城市级风道，并连通了刘园苗圃等大型开敞空间，加强了风汇区东西向的通风能力，为北辰区较多的工业和棚户区通风环境带来较大提升；再如宾水西道风道，虽然风道长度不大，但接通了红旗路、卫津路等城市级风道和水上公园、南翠屏公园、奥体中心等大型开敞空间节点，加强了中心城区西南部各条城市级风道及附近开敞空间节点的互动，为该片区整体通风效率的提升起到了关键的作用。

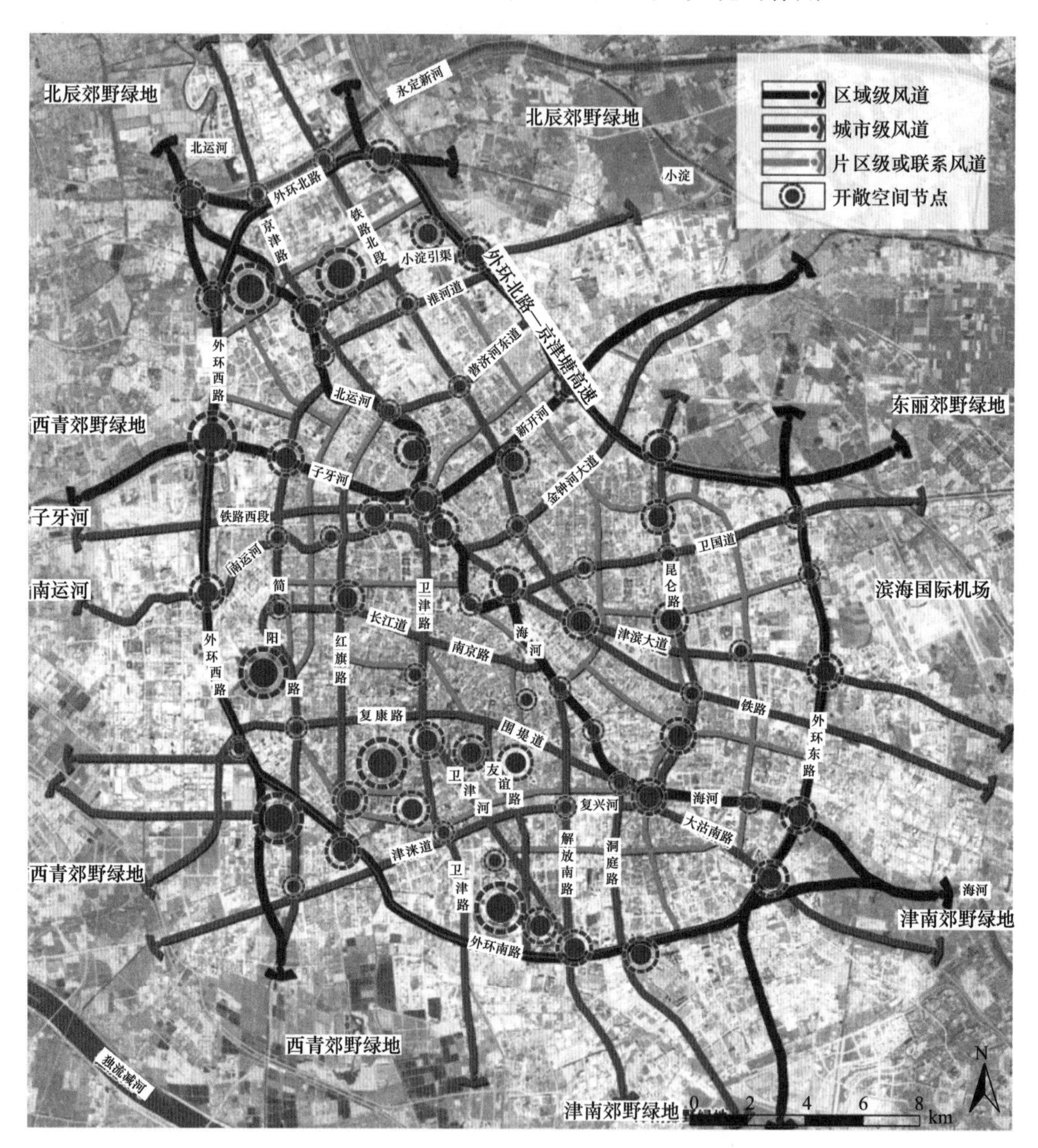

图 8-5　天津中心城区风道网络系统优化布局方案示意

（资料来源：笔者自绘）

再是保护和修复已有开放空间节点，并新增若干风道系统开敞空间节点。建议保护侯台湿地、水上公园、迎宾馆绿地、南翠屏公园、北仓苗圃、刘园苗圃、西沽公园、北宁公园、桥园公园、梅江湖泊群等现有开敞空间，逐步修复遭到破坏的侯台湿地西部和北部、西青大学城湖泊群、月牙湾公园北部、梅江湿地等，划定这些开敞空间的生态红线。同时，新增若干开敞空间节点以增强风道系统通风能力，如小淀引渠与外环北路、昆仑路与外环北路、子牙河与外环西路、海河与外环东路增加节点，便于郊野绿地风源风力更好地引入城市风道；再如北运河、子牙河、新开河、南运河、海河、铁路西段等城市级风道交汇处，以及昆仑路、大沽南路、复兴河、海河、洞庭路等风道交汇处，形成较大的开敞空间节点，便于风道系统内空气流的集散和平衡。

以上区域级风道、城市级风道、片区级风道等各级风道和大型开敞空间节点共同组成了天津市中心城区城市风道系统网络。基于相互协调的原则，通过对各级风道和开敞空间节点进行空间布局和宽度、界面、下垫面特征的控制，使得城市风道系统最大程度上发挥整体通风效益，可有效改善天津市中心城区风环境。

8.1.4 基于低碳—低污目标导向的风汇区建设时序应对

城市更新过程自城市诞生之日起，就一直陪伴城市发展的各个时期。城市风汇区的更新建设不会停止，其使用功能和空间形态也会随之变化，并由此带来了通风需求的变化。在低碳—低污的目标导向下，风环境系统建设的时序性研究正是基于这种通风需求的变化展开的。

风汇区的发展变化大致存在以下三种情形：

一是风汇区的用地性质不变，空间形态发生变化。主要案例是旧居住区更新改造。此类更新完成后，风汇区建成为新居住区，容积率和建筑高度都会提升，风阻系数增大，需要提高风汇区透风率，且人口密度增大，风汇区产生的热量和空气污染物增加。因此一方面需要完善风汇区内部微风道网络，增加居住区绿地面积，控制建筑间距以增强通风能力；另一方面对风汇区周围的城市风道进行改造升级，适当增加风道宽度，改变风道管壁连续度，适度提高开口比例，并于冬季主导风向界面增加防护林带。

二是风汇区的空间形态不变，用地性质发生变化。主要案例是工业仓储区建筑内部改造和环境提升，变为创意产业园、艺术家工作室、商贸市场等。此类更新完成后，风汇区空间形态不变，工业产热和工业废气消失，但人口密度和人的活动明显增加，风汇区通风需求由快速散热排污变为营造舒适的风环境。因此一方面需要降低风道冬季主导风向的管壁开口比例；另一方面增加风汇区内部和周边绿植，包括乔木和灌木多层次组合，起到滞缓强风、降温保湿的作用。

三是风汇区的用地性质和空间形态都发生了变化。主要案例是工业仓储区更新为居住区或商住混合区。此类更新完成后，风汇区容积率、建筑高度较大幅度提高，街区风阻系数增大，需要提高风汇区透风率；工业产热和工业废气被生活产热和生活废气取代，人口密度的增大，使得提升风环境舒适度成为主要目标。因此，一方面需要降低风道冬季主导风向的管壁开口比例；另一方面控制风道两侧高层建筑间距，防止中高层和冠层区域形成局部风道峡口，并提高风道中和风汇区内部的绿植比例。

8.2 街坊与建筑群空间的低碳—低污优化布局

8.2.1 夏季平行、冬季垂直的主导风向协调式街道布局

为优化城区微气候环境，应根据天津市中心城区夏季和冬季主导风向，在认识不同街道走向和建筑排列方式对风环境的影响规律的基础上，提出海河两岸地段建筑排列角度和街道走向的优化布局策略。在天津市的夏季，应鼓励更多主导风（南风）穿越街道和街区层峡，冬季应

避免主导风（西北风）过多的穿越城区。因此，夏季为引入南风，主要街道的走向应与夏季主导风向平行，或与之夹角小于30°为宜，冬季则尽量与主导风（西北向）正交，或成60°以上夹角。街道作为城市的次级通风廊道或微风道而言，应尽量平行于夏季主导风向而垂直于冬季主导风向，且需要保证足够宽度的断面面积。

8.2.2 南短北长的迎风面连续性与南北差异化的街区围合度

根据前述分析可知，街区迎风面连续度越高、迎风面长度越长，街区内部风速越小。因此，根据天津市中心城区冬夏两季主导风向特点，街区南面和东面应较为开敞，街道界面连续度较低，使建筑与绿地广场等开放空间相间布局；街区北面和西面应保证街道界面有较高的连续度，但为确保冬季基本的通风效果和街区内部微风道的贯通性，街道界面也需要满足最低洞口率的要求。

围合式街区内部风环境相对稳定，但较易产生空气龄过长的区域，因此，围合式街区应该在现有空间的基础上，梳理内部微风道系统，避免建筑前后或左右间距过小导致内部气流不畅；同时街区南向和东向对外界面应尽量增加开敞度，并在城市空间更新发展中逐步实施。

8.2.3 北高南低的竖向形态和错落式的高层建筑布局

根据上述分析可知，街区内建筑前后间距对其风环境影响较大，尤其是行列式街区。在较为规整布局的状况下，当风向与建筑物迎风面垂直时，为保证后排建筑物的自然通风及下风向建筑的迎风面气流速度，建筑前后排间距达到上风向建筑高度的7倍以上，才能不受风影区的影响。而在错落式布局的状况下，即使大大缩短前后排建筑间距，也能满足建筑的密度并保证建筑群通风效果，同时，错落布局能形成面积较大的开敞空间。因此，为提升建筑群的通风效率，建筑群应尽量采用错列式布局。

街区内前后排建筑如果为高层与多层建筑相结合，其空间位置关系直接影响到风环境。考虑到天津市中心城区冬夏两季主导风向特征，应尽量将高层建筑布局在多层和低层建筑北侧，且低层建筑与高层建筑之间的间距不应低于低层建筑高度的2～3倍；如果高层建筑不得不布局在街区南部，则应尽量减小建筑面宽、增加建筑水平间距，从而减小高层建筑对整个街区风环境的不利影响。

对于纯高层建筑街区，应在研究其风环境特点基础上，进行优化布局。根据前文分析，高层建筑街区易形成峡口风速过高区域、迎风建筑背后的大面积风影区、迎风建筑背后的建筑表面风速和风压过小等风环境问题。因此，在高层建筑街区中，应当尽量避免行列式和矩阵式的布局模式，防止成排的高层建筑对其后面建筑的遮挡。建议采用错落式布局模式，使建筑群前后左右交错布局，这样不仅可增加每排建筑间的水平间距，而且可以丰富空间层次。如果由于客观原因必须采用行列式或矩阵式布局，则应适当增加并排建筑间的直线距离，并调整建筑朝向以利于利用街区内横向的空间通道导入气流。

8.2.4 小街廓、密路网、低密度与叠落式的海河建筑控制

在天津市高密度街区如老城区和沿海河中心地区，建筑开发强度大、建筑高度大、密度高，

该区域也是城市热岛效应比较明显的区域。在进行风环境优化时，应对这一区域的建筑密度进行合理控制，尤其是沿海河两岸的建筑密度应尽量减小，减少海河上气流风进入高密度中心区的障碍，同时，结合滨河地段天际线的优化，形成逐步向海河叠落的竖向空间布局。在街区与规划层面，应尽量保护小街廓、密路网的布局；在建筑形态方面，应避免过长板式高层在沿河的布局，必须建设高层的地段，应采用点式高层或流线型的平面布局，以避免对高密度街区的通风影响。

8.3　本章小结

本章基于天津市城区风环境系统的低碳—低污结构优化的视角，探讨了基于城市风道布局的风源选择方面内容，天津市中心城区风源的控制、保护和开发引导，以及天津市中心城区城市级风道与风源的协调布局规划设计方法，提出了天津市中心城区风源与风道协调布局策略。在城区风道与风汇区规划控制方面，提出了满足用地功能差异、空间形态差异，以及基于风汇区地表温度特征的风道与风汇区规划控制策略，并提出了风道系统协调与网络架构的规划设计方法。

结合国土空间规划与城市更新的特点，根据风汇区发展的三种类型，提出了“源—汇—流”理论引导下的城市风道建设时序性原则。

在街区与建筑群空间层面，提出了夏季平行、冬季垂直的主导风向协调式街道布局方法、南短北长的迎风面连续性与南北差异化的街区围合度，以及“北高南低的竖向形态和错落式的高层建筑布局”和“小街廓、密路网、低密度与跌落式的海河建筑控制”等城市风环境规划建议。

第九章

总结与展望

城市风环境规划设计是一个系统、复杂的科学问题，既与气象学、环境生态学、城市形态学和城市物理学等有紧密的联系，又与城市经济学、社会学和城市艺术学等众多学科有深刻的内在关联，因此，应在多学科交叉的基础上，应用先进的智慧技术，借助数字化模拟方法，实现对风环境与城市其他各系统之间的相互关系、相互协调问题的综合考虑与统筹把握，以便抓住主要矛盾，解决主要问题。本书采用网络分析技术，应用文献研究、理论演绎、多学科交叉、系统分析法并结合定量与定性分析等研究方法，建立了从宏观分析到微观研究、从机理认识到优化策略提出、从理论研究到结合实践探索这一系统的技术路线。

本书主要完成以下工作并得出相应结论：

（1）通过查阅和整理风环境研究的相关文献，归纳了中外学者关于城市风环境评价的内容，并在参考国家与地方标准的基础上，采用低碳规划的风环境研究视角，提出城市风环境优化的评价标准，并得出以下结论：

① 在风环境优化标准方面，提出将风速、风压、强风面积比、静风面积比、强风发生区域、舒适风面积比、静风发生区域、涡流个数、涡流影响范围以及风速比作为评价城市风环境的标准参量。

② 提出风环境设计是缓减热岛效应、降低环境污染以及创造生态宜居环境的重要手段，也是实现城市低碳、生态与节能目标的重要环节，必须提升其在规划设计中的地位，制定与规划编制体系相适应的编制方法。

③ 介绍了 CFD 模拟风环境的相关概念，分析了当前 CFD 各种应用软件的优缺点，并提出了相关参数的设定原则，为本领域相关研究工作的展开，奠定了理论基础。

本书通过概述 CFD 风环境模拟技术发展状况，认为该技术已逐步取代风洞模拟技术，在城市风环境研究中得到越来越广泛的应用[242]。本书总结了该领域研究中存在的问题，即：缺少从城市结构以及土地利用等角度，对城市风环境进行多尺度、系统性、定量化的研究成果；在与既有规划体系相协调衔接与实施方面，仍存在研究的缺环，如缺乏基于宏观城市尺度以及从规划设计视角，进行风环境优化方面的定量化研究；既往一些研究“重物理概念而轻规划设计方法”“重要素而轻系统”“重风道建设而轻风道与风源、通风作用区相衔接”。由此，本书认为，应从系统科学思维角度，集理论、方法和技术研究于一体，开展对城市风环境优化的规划设计方法论的研究。

（2）构建了“源—流—汇”的分析框架。本书基于系统科学的思维方法，在借鉴景观生态学相关理论的基础上，明确了城市风环境“源—流—汇”的内涵和理论基础，并构建了以低碳为目标导向的“源—流—汇”城市风环境分析和理论框架。

城市风环境设计中的“源”是指风源，如大气环流和季风产生的全球或区域性风源，也包括山谷风、海陆风等由于地理特点与热力因素产生的中尺度局部环流。本书通过对“源”的“构成”“气象区划”“低碳适应”以及“低碳引导”等方面进行分析和论证，结合不同地理气候特征，实现对多尺度、多区划、多特征下“源”的精准把握。

城市风环境设计中的“流”是指城市风道，即风环境气流的传输通道，是实现控制、引导气流的重要手段。本书对“流”的“空间载体”“系统层级”“体系构建”和“规划管制”等方面进行详细分析和论证，明确现阶段存在的问题，提出多尺度的低碳构建准则，设定低碳设计的方法与步骤，最终给出低碳规划控制的指引，实现对“流”的理解和实践。

城市风环境设计中的“汇”是指作用区域，对于城市通风而言，它意味着城市中通过规划布局，起到导入接纳或阻碍空气流动的作用场所。本书通过对“汇”的“城市”“街区”以及“建筑”等多层级分析，以城市结构、城市形态、街道布局、街区形态、建筑组合模式、建筑群布局等多层级的城市空间形态为耦合对象，实现“流”的低碳耦合优化分析并提出相应的分析策略。

本书通过对风源、风道以及作用区域进行综合和系统研究，构建低碳导向下城市风环境的“源—流—汇”系统理论框架，并得出以下结论：

① 风环境设计应紧密结合地理气候特点，根据不同气候分区，并针对不同的功能布局特点和不同的通风需求，采用相应规划设计方法，应避免不顾地域环境特点和不分功能需求的规划做法。在规划设计中，必须针对不同风源和风速的特点，探讨风向、风频和风速与国土空间规划布局的关系，以达到优化城市气候环境的目的。本书以城市空间形态为切入点，剖析城市空间形态与风环境的耦合机制，针对不同气候条件下的城市特点，提出了基于结合不同气候区的气候特点的风环境低碳优化策略，这就是：避风防寒主导型、导风与避风兼顾型、导风驱热防沙型，以及导风除热与驱湿型风环境优化策略。

② 城市风源、风道与风汇存在着紧密的生态位与生态链关系。在规划布局时，应充分考虑它们之间的相互作用和相互协调，这样才能更好发挥城市通风系统的效率。从风源与风道布局来看，其协调性主要体现在两个方面：一是主要风源与风道相互位置的对应，即每条城市级风道都应有其对应的风源，使之达到方便气流从风源区进入城市风道网络的目的；二是确保风道与风源连接处的畅通，防止城市建设在该处形成屏障或堵塞的峡口，风道口应在连接处形成比其一般区段宽敞的空间，便于引导风源气流进入的设计策略。

③ 为使风道系统更好地发挥其生态效能，更充分地满足风汇区的通风需求，本书指出，城市风汇区和风道布局的相互协调应重视以下的内容：

一是合理确定风汇区紧邻风道界面的连续度，如根据风环境舒适度评价标准，应用数字或物理模拟方法，研究城市主导风经过的街区风环境，得出最低标准下街区沿风道界面的连续度，并以此作为界面控制最低要求。

二是风道宽度需要满足其两侧风汇区通风需求，如通过模拟，得出满足最低风环境舒适度标准的风道宽度，作为风道宽度控制的最低标准。

三是风道下垫面特征须符合风汇区通风需求，如冬季主导风向上街区一侧的风道，其下垫面应由可以阻风的密林构成，而夏季主导风向上街区一侧的风道，其下垫面应为低矮绿植、广场或水面等。

四是风汇区内部微风道系统应该与其周围城市风道相协调，如将街坊内部风道与城市风道相连，并形成多通道、多空隙的开敞空间布局，便于将城市风道气流引入街区内部。

（3）本书以天津市中心城区为研究对象，通过现场调研和软件模拟，从不同尺度有侧重地探究风环境与城市形态、城市空间结构的耦合差异，实现从全局到局部、从群体到单体、从平面到立体的全方位把握。本书综合借鉴气象学、环境科学与计算流体力学的数字化模拟方法，如应用 Envi5.0 软件进行地表温度反演，基于 PHOENICS 软件进行的数值模拟，运用 GIS 和 Tecplot 等分析软件，进行结合天津城市建设的实证研究。在低碳—低污视角下，对“源”——热工与风气候区视角下的天津风环境基调、“流”——基于海河水系的中心城区风道系统布局以及“汇”——中心城区典型风汇区的数字模拟分析进行系统分析，实现低碳导向下的天津市典型居住模块风环境优化设计的目的，并得出以下结论：

① 针对天津城市建设的现状，宜采用冬季“防风与排污”与夏季“导风降热”相结合的“综合兼顾型”的风环境规划设计策略。在深入研究天津市中心城区城市形态与风环境的互动关系的基础上，提出天津市中心城区的“源—汇—流”系统的控制要素，应重视解决城市风源、城市风汇、城市通风廊道相互协调的关键性科学问题，并提出规划控制和引导建议。

② 在空间布局上，应强化风源导入区、风道建设区的多层级的保护规划，需重点控制城市北部冬季主要风道入口与海河夏季风道入口的污染源控制问题。同时，应合理安排规划风道的建设时序，结合城市高度分区控制，为建设立体化风道，提供规划控制的制度保障。

③ 针对的城市风道建设时序性问题，风汇区的发展变化大致存在以下三种情形：一是用地性质不变，空间形态发生变化；二是空间形态不变，用地性质发生变化，主要案例是工业仓储区建筑内部改造和环境提升，变为创意产业园、艺术家工作室、商贸市场等；三是用地性质和空间形态都发生变化，主要案例是工业仓储区更新为居住区或商住混合区。本书提出应在“源—汇—流”理论引导下，结合城市功能和空间形态的变化和城市更新过程，进行城市风环境系统的可持续建设。

④ 在街区与建筑群空间层面，本书提出了夏季平行、冬季垂直的主导风向协调式街道布局方法、南短北长的迎风面连续性与南北差异化的街区围合度，以及“北高南低的竖向形态和错落式的高层建筑布局”和“小街廓、密路网、低密度与叠落式的海河建筑控制”等城市风环境规划建议。

参考文献

[1] 杨俊宴，张涛，谭瑛. 城市风环境研究的技术演进及其评价体系整合 [J]. 南方建筑，2014 (3)：31-38.

[2] 范进. 城市密度对城市能源消耗影响的实证研究 [J]. 中国经济问题，2011 (6)：16-22.

[3] 黄河，李晓锋，张明瑞，等. 自然通风建筑能耗全年模拟研究 [J]. 建筑科学，2012，28 (2)：46-50.

[4] 李军，荣颖. 武汉市城市风道构建及其设计控制引导 [J]. 规划师，2014，30 (8)：115-120.

[5] 祁乾龙，孟庆林，董莉莉，等. 城市规划与城市热环境研究的结合途径探讨 [J]. 西部人居环境学刊，2021，36 (3)：46-56.

[6] TONG Z，CHEN Y，MALKAWI A. Defining the influence region in neighborhood-scale CFD simulations for natural ventilation design [J]. Applied energy，2016，182：625-633.

[7] TSANG C W，KWOK K C S，HITCHCOCK P A. Wind tunnel study of pedestrian level wind environment around tall buildings：Effects of building dimensions，separation and podium [J]. Building and environment，2012，49：167-181.

[8] 刘加平. 城市环境物理 [M]. 北京：中国建筑工业出版社，2011.

[9] 黄良美，黄海霞，项东云，等. 南京市四种下垫面气温日变化规律及城市热岛效应 [J]. 生态环境，2007 (5)：1411-1420.

[10] 吴菲，朱春阳，李树华. 北京市 6 种下垫面不同季节温湿度变化特征 [J]. 西北林学院学报，2013，28 (1)：207-213.

[11] 肖荣波，欧阳志云，李伟峰，等. 城市热岛时空特征及其影响因素 [J]. 气象科学，2007 (2)：230-236.

[12] 李琼，持田灯，孟庆林，等. 建筑室外风环境数值模拟的湍流模型比较 [J]. 华南理工大学学报 (自然科学版)，2011，39 (4)：121-127.

[13] 李明杰，钱乐祥，陈健飞. 非渗透表面丰度提取方法运用——以广州市海珠区为例 [J]. 遥感信息，2011 (2)：36-40+119.

[14] 冯伟，费苗苗，甄蒙，等. 西安典型街区风环境数值模拟及城市优化设计策略研究 [J]. 现代城市研究，2019 (8)：35-40.

[15] 李立力，张亮亮，刘纲，等. 某绿色建筑风环境数值模拟分析 [J]. 土木建筑与环境工程，2015，37 (S2)：215-218.

[16] 郭华贵，詹庆明. 基于句法和数值模拟的可认知空间风环境优化 [J]. 规划师，2015，31 (S1)：300-305.

[17] 谢壮宁，卢瑜，余先锋. 高层建筑底部区域行人风环境试验研究 [J]. 同济大学学报 (自然科学版)，2020，48 (12)：1726-1732.

[18] 苗超，苏亚欣. 工业厂房自然通风热环境的数值研究 [J]. 土木建筑与环境工程，2012，34 (S1)：54-57.

[19] 马剑，陈水福，王海根. 不同布局高层建筑群的风环境状况评价 [J]. 环境科学与技术，2007 (6)：57-58.

[20] 王辉，陈水福，唐锦春. 群体建筑风环境的数值模拟及分析 [J]. 力学与实践，2006 (1)：14-18.

[21] MURAKAMI S，IWASA Y，MORIKAWA Y. Study on acceptable criteria for assessing wind environment at ground level based on residents' diaries [J]. Journal of wind engineering and industrial aerodynamics，1986，24 (1)：1-18.

[22] 关吉平，任鹏杰，周成，等. 高层建筑行人高度风环境风洞试验研究 [J]. 山东建筑大学学报，2010，25 (1)：21-25.

[23] KUBOTA T，MIURA M，TOMINAGA Y，et al. Wind tunnel tests on the relationship between building density and pedestrian-level wind velocity：Development of guidelines for realizing acceptable wind environment in residential neighborhoods [J]. Building and environment，2008，43 (10)：1699-1708.

[24] 王咏薇，蒋维楣. 多层城市冠层模式的建立及数值试验研究 [J]. 气象学报，2009，67 (6)：1013-1024.

[25] STATHOPOULOS T，STORMS R. Wind environmental conditions in passages between buildings [J]. Journal of wind engineering and industrial aerodynamics，1986，24 (1)：19-31.

[26] 郭其锦，常方强，黄清祥. 基于 CFD 和城市形态参数的风环境评价 [J]. 山东科学，2021，34 (1)：89-97.

[27] 冯章献，王士君，金珊合，等. 长春市城市形态及风环境对地表温度的影响 [J]. 地理学报，2019，74 (5)：902-911.

[28] 郭飞，祝培生，王时原. 高密度城市形态与风环境的关联性：大连案例研究 [J]. 建筑学报，2017 (S1)：14-17.

[29] 赵会兵，江源通，郑拴宁. 城市形态对城市风环境品质影响的研究进展 [J]. 环境科学与技术，2016，39 (S2)：59-65.

[30] 陈宏，李保峰，周雪帆. 水体与城市微气候调节作用研究——以武汉为例 [J]. 建设科技，2011 (22)：72-73.

[31] 闫利，胡纹，顾力溧. 广场空气质量与空间设计要素相关性分析——以乌鲁木齐钻石城广场的六个设计方案为例 [J]. 城市规划，2020，44 (8)：61-70.

[32] 王振，李保峰. 基于微气候动态信息技术的城市街区环境特征研究 [J]. 动感（生态城市与绿色建筑），2011 (2)：28-32.

[33] 陈睿智，董靓. 基于游憩行为的湿热地区景区夏季微气候舒适度阈值研究以成都杜甫草堂为例 [J]. 风景园林，2015 (6)：55-59.

[34] 冷红，袁青. 城市微气候环境控制及优化的国际经验及启示 [J]. 国际城市规划，2014，29 (6)：114-119.

[35] YUAN C，NG E. Building porosity for better urban ventilation in high-density cities-A

computational parametric study [J]. Building and Environment, 2012, 50: 176-189.
[36] 张梓霆，周春玲. 基于 PHOENICS 软件模拟的医院室外风环境优化 [J]. 青岛农业大学学报（自然科学版），2021，38（1）：50-56.
[37] 史立刚，杜旭，杨朝静，等. 健康中国语境下寒地专业足球场观众区风环境优化的逻辑与路径 [J]. 西部人居环境学刊，2019，34（2）：36-42.
[38] 孟庆林，李琼. 城市微气候国际（地区）合作研究的进展与展望 [J]. 南方建筑，2010（1）：4-7.
[39] MIDDEL A，H B K，BRAZEL A J，et al. Impact of urban form and design on mid-afternoon microclimate in Phoenix local climate zones [J]. Landscape urban plan，2014，122：16-28.
[40] ACERO J A，ARRIZABALAGA J，KUPSKI S，et al. Deriving an urban climate map in coastal areas with complex terrain in the Basque Country（Spain）[J]. Urban climate，2013，4：35-60.
[41] BAUMÜLLER J，REUTER U，HOFFMANN U，et al. Klimaatlas region stuttgart [Z]. Stuttgart：Verband Region Stuttgart，2008.
[42] YANG F，LAU S S Y，QIAN F. Urban design to lower summertime outdoor temperatures：An empirical study on high-rise housing in Shanghai [J]. Building and environment，2011，46（3）：769-785.
[43] 宋晓程，刘京，林姚宇，等. 基于多用途建筑区域热气候预测模型的城市气候图研究初探 [J]. 建筑科学，2014，30（10）：84-90.
[44] 刘姝宇，沈济黄. 基于局地环流的城市通风道规划方法——以德国斯图加特市为例 [J]. 浙江大学学报（工学版），2010，44（10）：1985-1991.
[45] 梁颢严，李晓晖，肖荣波. 城市通风廊道规划与控制方法研究——以《广州市白云新城北部延伸区控制性详细规划》为例 [J]. 风景园林，2014（5）：92-96.
[46] 汪小琦，高菲，谭钦文，等. 高静风频率城市通风廊道规划探索——成都市通风廊道的规划实践 [J]. 城市规划，2020，44（8）：129-136.
[47] 张弘驰，唐建，郭飞，等. 基于通风廊道的高密度历史街区热岛缓解策略 [J]. 建筑学报，2020（S1）：17-21.
[48] 王翠云. 基于遥感和 CFD 技术的城市热环境分析与模拟 [D]. 兰州：兰州大学，2008.
[49] 赵宏宇，毛博. 基于改善通风和热舒适度的长春市风环境多尺度优化 [J]. 西部人居环境学刊，2020，35（2）：24-32.
[50] SAHSUVAROGLU T，A A R，KANAROGLOU P，et al. A land use regression model for predicting ambient concentrations of nitrogen dioxide in Hamilton，Ontario，Canada. [J]. Journal of the air & waste management association（1995），2006，56（8）：1059-1069.
[51] BAXTER L K，CLOUGHERTY J E，PACIOREK C J，et al. Predicting residential indoor concentrations of nitrogen dioxide，fine particulate matter，and elemental carbon

using questionnaire and geographic information system based data [J]. Atmospheric environment，2007，41 (31)：6561-6571.

[52] BAKER J，WALKER H L，CAI X. A study of the dispersion and transport of reactive pollutants in and above street canyons—a large eddy simulation [J]. Atmospheric environment，2004，38 (39)：6883-6892.

[53] MIRZAEI P A，HAGHIGHAT F. A procedure to quantify the impact of mitigation techniques on the urban ventilation [J]. Building and environment，2012，47：410-420.

[54] 张睿，李红艳. 基于风环境要素的城市通风廊道建设研究综述 [J]. 华中建筑，2018，36 (6)：44-48.

[55] 王文军，吕城儒，李琪，等. 城市通风廊道治霾形成条件及其效益评估——以西安"地裂缝+通风廊道"建设为例 [J]. 陕西师范大学学报（自然科学版），2018，46 (3)：110-116.

[56] 赵红斌，刘晖. 盆地城市通风廊道营建方法研究——以西安市为例 [J]. 中国园林，2014，30 (11)：32-35.

[57] 杜启荣，孔祥鑫，李萌，等. 城市通风廊道的科学依据 [J]. 建筑工人，2016，37 (12)：50.

[58] 杨福林，高菲. 浅谈雾霾天气的环境毒理效应 [J]. 安徽农学通报，2013，19 (16)：98-99.

[59] 熊媛. 浅析雾霾对环境危害及改善措施 [J]. 资源节约与环保，2014 (4)：94-105.

[60] 李朝，肖仪清，滕军，等. 基于超越阈值概率的行人风环境数值评估 [J]. 工程力学，2012，29 (12)：15-21.

[61] 徐建春，周国锋，徐之寒，等. 城市雾霾管控：土地利用空间冲突与城市风道 [J]. 中国土地科学，2015，29 (10)：49-56.

[62] YIM S，FUNG J，NG E. An assessment indicator for air ventilation and pollutant dispersion potential in an urban canopy with complex natural terrain and significant wind variations [J]. Atmospheric environment，2014，94：297-306.

[63] 庄智，余元波，叶海，等. 建筑室外风环境 CFD 模拟技术研究现状 [J]. 建筑科学，2014，30 (2)：108-114.

[64] 谭文勇，詹晓惠. 与风环境协同的山地城市片区规划布局方法探究——以中天·未来方舟生态城为例 [J]. 北京规划建设，2021 (3)：84-89.

[65] 王敏，周梦洁. 城市绿地风环境模拟与多尺度应用研究综述 [J]. 中国城市林业，2021，19 (2)：1-6.

[66] 曾彪. 基于 CFD 风环境模拟对小区建筑布局的优化 [J]. 建筑节能，2014 (6)：79-83.

[67] 傅军，赵牧野，梁跃安. 基于 CFD 的校区建筑群行人高度风环境分析与评价 [J]. 浙江理工大学学报，2014，31 (5)：333-338.

[68] 曾穗平，田健，曾坚. 低碳低热视角下的天津中心城区风热环境耦合优化方法 [J]. 规划师，2019，35 (9)：32-39.

[69] 曾穗平，运迎霞，田健."协调"与"衔接"——基于"源—流—汇"理念的风环境系统的规划策略 [J]. 城市发展研究，2016，23 (11)：25-31+70.

［70］ 胡梅，樊娟，刘春光．根据“源—流—汇”逐级控制理念治理农业非点源污染［J］．天津科技，2007（6）：14-16.

［71］ 任超，袁超，何正军，等．城市通风廊道研究及其规划应用［J］．城市规划学刊，2014（3）：52-60.

［72］ 曾穗平，田健．山地城市微气候特点与热岛效应缓解策略研究［J］．建筑学报，2013（S2）：106-109.

［73］ 运迎霞，曾穗平，田健．城市结构低碳转型的热岛效应缓减策略研究［J］．天津大学学报（社会科学版），2015，17（03）：193-198.

［74］ 王宇婧．北京城市人行高度风环境 CFD 模拟的适用条件研究［D］．北京：清华大学，2012.

［75］ 钱杰，基于 CFD 的建筑周围风环境评价体系建立与研究［J］．浙江建筑，2014（1）：1-5.

［76］ DAVENPORT A G．An approach to human comfort criteria for environmental wind conditions［C］．Stockholm：CIB/WMO Colloquium on Building Climatoloky，1972.

［77］ 埃米尔·希缪，罗伯特·H．斯坎伦．风对结构的作用：风工程导论［M］．上海：同济大学出版社，1992.

［78］ MURAKAMI S，OOKA R，MOCHIDA A，et al．CFD analysis of wind climate from human scale to urban scale［J］．Journal of wind engineering and industrial aerodynamics，1999，81（1）：57-81.

［79］ 朱学玲，任健．人体舒适度的分析与预报［J］．气象与环境科学，2011，34（S1）：131-134.

［80］ 刘文平，刘月丽，安炜，等．山西省近 48a 人体舒适度变化分析［J］．干旱区资源与环境，2011（3）：92-95.

［81］ NG E，VICKY C．Urban human thermal comfortin hot and humid Hong Kong［J］．Energy and building，2012：51-65.

［82］ 王英童．中新生态城城市风环境生态指标测评体系研究［D］．天津：天津大学，2010.

［83］ 张核真．西藏大风分布特征及风灾区域的初步划分［J］．西藏科技，2006（6）：40-41.

［84］ 孙玫玲，韩素芹，姚青，等．天津市城区静风与污染物浓度变化规律的分析［J］．气象与环境学报，2007（2）：21-24.

［85］ 民用建筑绿色设计规范 JGJ/T 229—2010［S］.

［86］ 杨柳．建筑气候分析与设计策略研究［D］．西安：西安建筑科技大学，2003.

［87］ 于恩洪，马富春，陈彬，等．海陆风及其应用［M］．北京：气象出版社，1997.

［88］ 王绍武，赵宗慈，龚道溢，等．现代气候学概论［M］．北京：气象出版社，2005.

［89］ RICHARDS K，SCHATZMANN M，LEITL B．Wind tunnel experiments modelling the thermal effects within the vicinity of a single block building with leeward wall heating［J］．Journal of wind engineering and industrial aerodynamics，2006，94（8）：621-636.

［90］ 朱瑞兆．风与城市规划［J］．气象科技，1980（4）：3-6.

［91］ 包应宗．甘肃省风与城市规划［J］．环境研究，1984（182）：13-18.

[92] 吴志强，李德华. 城市规划原理 [M]. 北京：中国建筑工业出版社，2010.
[93] 董春方. 密度与城市形态 [J]. 建筑学报，2012 (7)：22-27.
[94] 汤惠君. 广州城市规划的气候条件分析 [J]. 经济地理，2004 (4)：490-493.
[95] 冯娴慧. 城市的风环境效应与通风改善的规划途径分析 [J]. 风景园林，2014 (5)：97-102.
[96] 中国气象局气象信息中心气象资料室、清华大学建筑技术科学系. 中国建筑热环境分析专用气象数据集，北京：中国建筑工业出版社，2005.
[97] 魏文秀. 河北省霾时空分布特征分析 [J]. 气象，2010，36 (3)：77-82.
[98] 张晓云，郭虎，易笑园，等. 天津市秋季典型环境污染过程个例分析 [J]. 气象与环境学报，2012，28 (4)：33-37.
[99] 白春霞. 城市交通峡谷污染物浓度相关影响因素测试研究 [D]. 西安：长安大学，2012.
[100] 朱瑞兆. 应用气候学概论 [M]. 北京：气象出版社，2005.
[101] 王海云. 静风小风地域城市大气污染潜势规律 [J]. 环境科学技术，1988 (1)：4-7.
[102] GOLANY G S. Urban design morphology and thermal performance [J]. Atmospheric environment，1996，30 (3)：455-465.
[103] 柏春. 城市设计的气候模式语言 [J]. 华中建筑，2009，27 (5)：130-132.
[104] 柏春，方圆，莫天伟. 小气候对人的环境行为影响研究——以上海淮海公园前广场为例 [J]. 新建筑，2006 (1)：78-81.
[105] 徐思远. 哈尔滨城市路网与冬季道路风环境的影响研究 [D]. 哈尔滨：哈尔滨工业大学，2018.
[106] 李婧，齐梦楠，陈天. 面向城市高密度街区舒适风环境的设计策略研究——以北京三条商业街的实地数据分析为例 [J]. 建筑节能，2017，45 (7)：56-67.
[107] HONGJIN，SIQILIU，JIANKANG. The thermal comfort of urban pedestrian street in the severe cold area of Northeast China [J]. Energy procedia，2017.
[108] 陈启泉. 基于风环境优化的寒冷地区商业步行街外部空间形态研究 [D]. 重庆：重庆大学，2018.
[109] 侯牧青. 基于CFD模拟的寒地商业步行街区风环境优化研究 [D]. 哈尔滨：东北林业大学，2016.
[110] 水滔滔. 严寒地区城市住区风热环境预测与评价研究 [D]. 哈尔滨：哈尔滨工业大学，2018.
[111] LIU Z M，ZHAO X D，JIN Y M，et al. Prediction of outdoor human thermal sensation at the pedestrian level in high-rise residential areas in severe cold regions of china [J]. Energy procedia，2019，157：51-58.
[112] 刘恺希，刘晖. 基于风环境优化的西安城市开放空间设计策略研究 [J]. 中国园林，2018，34 (S1)：50-52.
[113] 张媛媛. 基于风环境舒适度的沈阳市民广场绿化优化设计模拟研究 [D]. 沈阳：沈阳建筑大学，2019.
[114] JIN H，QIAO L，WANG B. Field research and study of campus thermal environment

in winter in severe cold areas［J］. Energy procedia，2017，134：607-615.

［115］ 黄丽蒂，武艺萌，王昊. 寒地校园教学区围合式建筑对微气候的影响［J］. 建筑节能，2019，47（12）：15-21.

［116］ 霍小平，吴晓冬. 寒冷地区高层低密度住区风环境设计［J］. 城市问题，2009（12）：33-37.

［117］ 沙鸥. 适应夏热冬冷地区气候的城市设计策略研究［D］. 长沙：中南大学，2011.

［118］ 邓寄豫. 基于微气候分析的城市中心商业区空间形态研究［D］. 南京：东南大学，2018.

［119］ 种桂梅. 基于微气候效应的城市多层居住区内开放空间优化配置研究［D］. 南京：南京大学，2018.

［120］ 刘滨谊，司润泽. 基于数据实测与CFD模拟的住区风环境景观适应性策略——以同济大学彰武路宿舍区为例［J］. 中国园林，2018，34（2）：24-28.

［121］ 李传成，季群峰，何闻. 夏热冬冷地区板式高层周边冬季防风策略［J］. 华中建筑，2013，31（1）：40-44.

［122］ 葛恬旖，周雨涵，林晓东. 适应风环境的被动式设计策略——以夏热冬冷地区住宅建筑为例［J］. 城市建筑，2019，16（12）：90-91.

［123］ ALKHALED S，COSEO P，BRAZEL A，et al. Between aspiration and actuality：A systematic review of morphological heat mitigation strategies in hot urban deserts［J］. Urban climate，2020，31：100570.

［124］ 徐小东，王建国，陈鑫，基于生物气候条件的城市设计生态策略研究——以干热地区城市设计为例，建筑学报，2011（3）：79-83.

［125］ 于微. 克拉玛依市主城区风环境模拟及防风策略分析［D］. 哈尔滨：哈尔滨工业大学，2017.

［126］ GRIMMOND C S B，ROTH M，OKE T R，et al. Climate and more sustainable cities：climate information for improved planning and management of cities（producers/capabilities perspective）［J］. Procedia environmental sciences，2010，1：247-274.

［127］ 李晓萍，李以通，王沨枫，等. 克拉玛依市主城区风环境现状评估研究［J］. 建筑热能通风空调，2019，38（1）：55-60.

［128］ 徐杨杨，兰州地区旧工业建筑绿色化改造设计策略研究［D］. 兰州：兰州理工大学，2019.

［129］ 王沨枫，林丽霞，雒婉. 多风城市风环境改善策略研究-以克拉玛依为例［J］. 建筑热能通风空调，2019，38（2）：24-27.

［130］ 殷一闻. 基于风环境优化的恩施城市总体空间形态规划设计策略研究［D］. 南京：东南大学，2019.

［131］ YANG J，SHI B，SHI Y，et al. Air pollution dispersal in high density urban areas：Research on the triadic relation of wind，air pollution，and urban form［J］. Sustainable cities and society，2020，54：101941.

[132] REN C，YANG R，CHENG C，et al. Creating breathing cities by adopting urban ventilation assessment and wind corridor plan—The implementation in Chinese cities [J]. Journal of wind engineering and industrial aerodynamics，2018，182：170-188.

[133] 李廷廷. 基于城市形态和地表粗糙度的城市风道构建及规划方法研究 [D]. 深圳：深圳大学，2017.

[134] 冯娴慧，魏清泉. 基于绿地生态机理的城市空间形态研究 [J]. 热带地理，2006 (4)：344-348.

[135] 刘沛. 基于城市尺度的湿热地区城市风道的研究与应用——以乳源中心城区为例 [C] //规划 60 年：成就与挑战——2016 中国城市规划年会论文集. 北京：中国建筑工业出版社，2016.

[136] NG E. Policies and technical guidelines for urban planning of high-density cities-air ventilation assessment (AVA) of Hong Kong [J]. Building and environment，2009，44 (7)：1478-1488.

[137] 郑颖生，史源，任超，等. 改善高密度城市区域通风的城市形态优化策略研究——以香港新界大埔墟为例 [J]. 国际城市规划，2016，31 (5)：68-75.

[138] 张雅妮等. 基于风热环境优化的湿热地区城市设计要素评价研究——以广州白云新城为例 [J]. 城市规划学刊，2019 (4)：109-118.

[139] 吴婕，李晓晖，聂危萧，等. 总体城市设计视角下的风廊模拟技术与规划应用 [C] //共享与品质——2018 中国城市规划年会论文集. 北京：中国建筑工业出版社，2018.

[140] 邬尚霖. 低碳导向下的广州地区城市设计策略研究 [D]. 广州：华南理工大学，2016.

[141] 徐小东，王建国，基于生物气候条件的城市设计生态策略研究——以湿热地区城市设计为例 [J]. 建筑学报，2007 (3)：64-67.

[142] 谢浩，刘晓帆，湿热地区的建筑热环境控制——以住宅设计为例 [J]. 建筑节能，2006 (5)：21-22.

[143] 刘树华，刘振鑫，李炬，等. 京津冀地区大气局地环流耦合效应的数值模拟 [J]. 中国科学 (D 辑：地球科学)，2009，39 (1)：88-98.

[144] 李安均，闵月辉. 编制山地城市控制性详细规划的思考 [J]. 华中建筑，2011，29 (7)：36-38.

[145] 冯雨飞. 与风环境相协同的山地住区空间布局研究 [D]. 重庆：重庆大学，2018.

[146] 卢济威，王海松. 山地建筑设计 [M]. 北京：中国建筑工业出版社，2015.

[147] 曹珂，肖竞. 契合地貌特征的山地城镇道路规划——以西南山地典型城镇为例 [J]. 山地学报，2013，31 (4)：473-481.

[148] 徐煜辉，张文涛. "适应"与"缓解"——基于微气候循环的山地城市低碳生态住区规划模式研究 [J]. 城市发展研究，2012，19 (7)：156-160.

[149] 宋晓程，刘京，叶祖达，等. 城市水体对局地热湿气候影响的 CFD 初步模拟研究 [J]. 建筑科学，2011，27 (8)：90-94.

[150] 王旭，陈勇，孙炳楠，等. 行列式布局建筑群风环境的试验及优化设计 [J]. 浙江大学

学报（工学版），2012，46（3）：454-462.
［151］ WONG M S，NICHOL J，NG E. A study of the "wall effect" caused by proliferation of high-rise buildings using GIS techniques［J］. Landscape and urban planning，2011，102（4）：245-253.
［152］ 郑澍奎. 山地城市空间形态对热环境的影响［J］. 西华大学学报（自然科学版），2010，29（3）：56-58.
［153］ 巩翼龙. 寒地低碳城市建设策略研究［D］. 哈尔滨：哈尔滨师范大学，2011.
［154］ 廖春玲. 与风环境协同的山地街区形态设计方法研究［D］. 重庆：重庆大学，2018.
［155］ 徐振，韩凌云. 开放空间及周边的风环境历史变化分析——以南京为例［J］. 城市规划学刊，2018（2）：81-88.
［156］ 陈国慧，邓仕虎. 基于CFD的山地城市建筑格局对风速和气温微环境影响研究［J］. 重庆建筑，2014，13（03）：24-25.
［157］ 温敏，张人禾，杨振斌. 气候资源的合理开发利用［J］. 地球科学进展，2004（6）：896-902.
［158］ 许峰，陈天. 海陆风对填海区路网规划设计的影响研究——以天津东疆港为例［J］. 天津大学学报（社会科学版），2015，17（6）：518-522.
［159］ 许启慧. 天津地区海陆风时空变化特征及其对热岛效应的响应研究［D］. 南京：南京信息工程大学，2012.
［160］ 刘辉志，姜瑜君，梁彬，等. 城市高大建筑群周围风环境研究［J］. 中国科学（D辑：地球科学），2005（S1）：84-96.
［161］ 詹庆明，欧阳婉璐，金志诚，等. 基于RS和GIS的城市通风潜力研究与规划指引［J］. 规划师，2015，31（11）：95-99.
［162］ 郑颖生. 基于改善高层高密度城市区域风环境的高层建筑布局研究［D］. 杭州：浙江大学，2013.
［163］ 陈云浩，史培军，李晓兵. 基于遥感和GIS的上海城市空间热环境研究［J］. 测绘学报，2002（2）：139-144.
［164］ 但尚铭，但玻，许辉熙，等. 环形热岛格局演变过程的遥感分析［J］. 长江流域资源与环境，2011，20（9）：1125-1130.
［165］ 胡华浪，陈云浩，宫阿都. 城市热岛的遥感研究进展［J］. 国土资源遥感，2005（3）：5-9.
［166］ 查良松，王莹莹. 一种城市热岛强度的计算方法——以合肥市为例［J］. 科技导报，2009，27（20）：76-79.
［167］ 冯娴慧，周荣. 国外城市气候特征的研究进展［J］. 佛山科学技术学院学报（自然科学版），2010，28（1）：49-52.
［168］ 薛瑾. 城市热岛产生的空间机理与规划缓减对策［D］. 杭州：浙江大学，2008.
［169］ MONTAZERI H，AZIZIAN R. Experimental study on natural ventilation performance of one-sided wind catcher［J］. Building and environment，2008，43（12）：2193-2202.
［170］ 李军，荣颖. 城市风道及其建设控制设计指引［J］. 城市问题，2014（9）：42-47.

［171］ 翁清鹏，张慧，包洪新，等．南京市通风廊道研究［J］．科学技术与工程，2015，15（11）：89-94.

［172］ 邱巧玲．城市空气输送通道的布置与节约城市建设用地关系的研究［J］．中国园林，2008（10）：76-81.

［173］ 饶晖．构建多元走廊，回归水岸生活——张家港市南横套生态廊道概念规划［C］//规划60年：成就与挑战——2016中国城市规划年会论文集．北京：中国建筑工业出版社，2016.

［174］ 洪亮平，余庄，李鹍．夏热冬冷地区城市广义通风道规划探析——以武汉四新地区城市设计为例［J］．中国园林，2011，27（2）：39-43.

［175］ 陈飞．建筑与气候［D］．上海：同济大学，2007.

［176］ 丁沃沃，胡友培，窦平平．城市形态与城市微气候的关联性研究［J］．建筑学报，2012（7）：16-21.

［177］ WONG M S，NICHOL J E，TO P H，et al. A simple method for designation of urban ventilation corridors and its application to urban heat island analysis［J］. Building and environment，2010，45（8）：1880-1889.

［178］ 刘沛，龚斌，蔡志磊，等．基于CFD模拟分析的湿热地区中小城市广义通风道的研究——以广东省南雄市为例［C］//城市时代，协同规划——2013中国城市规划年会论文集．青岛：青岛出版社，2013.

［179］ KRESS R. Regionale air exchange processes and their importance for the spatial planning［M］. Dortmund：Institute of Environmental Protection of the University of Dortmund，1979.

［180］ 张沛，黄清明，田姗姗，等．城市风道研究的现状评析及发展趋势［J］．城市发展研究，2016，23（10）：79-84，104.

［181］ 匡晓明，陈君，孙常峰．基于计算机模拟的城市街区尺度绿带通风效能评价［J］．城市发展研究，2015，22（9）：91-95.

［182］ 李军．城市风道及其建设控制设计引导［J］城市问题，2014（9）：42-47.

［183］ 朱春阳，李树华，纪鹏，等．城市带状绿地宽度对空气质量的影响［J］．中国园林，2010，26（12）：20-24.

［184］ 刘艳红，郭晋平，魏清顺．基于CFD的城市绿地空间格局热环境效应分析［J］．生态学报，2012，32（6）：1951-1959.

［185］ 韦婷婷．基于CFD技术的城市气候模拟及气候适应性规划策略研究［D］．长沙：中南大学，2010.

［186］ BUCCOLIERI R，JEANJEAN A P R，GATTO E，et al. The impact of trees on street ventilation，NO_x and $PM_{2.5}$ concentrations across heights in Marylebone Rd street canyon，central London［J］. Sustainable cities and society，2018，41：227-241.

［187］ 聂爽．基于城市通风的滨水空间控制方法研究［C］//城市治理与规划改革——2014中国城市规划年会论文集．北京：中国建筑工业出版社，2014.

[188] 北京城市规划建设与气象条件及大气污染关系研究课题组. 城市规划与大气环境 [M]. 北京：气象出版社，2004.
[189] 储金龙. 城市空间形态定量分析研究 [M]. 南京：东南大学出版社，2007.
[190] 卢晨，王要武，崔雪竹. 可持续视角下的城市人口密度与土地利用研究——以广东省为例 [J]. 土木工程学报，2012，45 (S2)：231-235.
[191] ROSENFELD A H. From the Lab. to the Marketplace. Smarter products，developed since 1973 have already avoided 300 GW [C]. American physical society，1996.
[192] EMMANUEL M. Summertime heat island effects of urban design parameters [Z]. University of Michigan，1997.
[193] 王旭，孙炳楠，陈勇，等. 基于CFD的住宅小区风环境研究 [J]. 土木建筑工程信息技术，2009，1 (1)：35-39.
[194] 钱义，尚涛，詹平. 武汉城市住宅小区风环境计算机模拟分析 [J]. 图学学报，2013，34 (5)：25-29.
[195] 杜国明，张树文，张有全. 城市人口密度的尺度效应分析——以沈阳市为例 [J]. 中国科学院研究生院学报，2007 (2)：186-192.
[196] 陈红娟，彭立芹，冯文钊. 基于GIS的城市人口密度分布方向性研究——以石家庄市为例 [J]. 地域研究与开发，2010，29 (5)：132-137.
[197] KRÜGER E L，MINELLA F O，RASIA F. Impact of urban geometry on outdoor thermal comfort and air quality from fieldmeasurements in Curitiba，Brazil [J]. Building and environment，2011，46 (3)：621-634.
[198] 冯宜萱，刘少瑜，林萍英，等. 以住户为导向的高层高密度可持续社区设计——香港牛头角上邨（二、三期）重建项目 [J]. 动感（生态城市与绿色建筑），2011 (2)：20-27.
[199] YUAN C，NG E，NORFORD L K. Improving air quality in high-density cities by understanding the relationship between air pollutant dispersion and urban morphologies [J]. Building and environment，2014，71：245-258.
[200] 萨伦巴. 区域与城市规划——波兰科学院院士萨伦巴教授等讲稿及文选 [Z].
[201] 柳孝图，陈恩水，余德敏，等. 城市热环境及其微热环境的改善 [J]. 环境科学，1997 (1)：55-59.
[202] 牛盛楠，张欣宜，黄成，等. 天津地区居住区采光与室外风环境模拟研究 [J]. 山东建筑大学学报，2013，28 (1)：12-17.
[203] ALCOFORADO M，ANDRADE H，LOPES A，et al. Application of climatic guidelines to urban planning：The example of Lisbon (Portugal) [J]. Landscape and urban planning，2009，90 (1)：56-65.
[204] 巴鲁克·吉沃尼. 建筑设计和城市设计中的气候因素 [M]. 汪芳，阚俊杰，等译. 北京：中国建筑工业出版社，2011.
[205] 陈宇青. 结合气候的设计思路 [D]. 武汉：华中科技大学，2005.
[206] 王玲. 基于气候设计的哈尔滨市高层建筑布局规划策略研究 [D]. 哈尔滨：哈尔滨工业

大学，2010.
[207] 徐祥德，汤绪. 城市化环境气象学引论 [M]. 北京：气象出版社，2002.
[208] BATTISTA G. Analysis of convective heat transfer at building facades in Street Canyons [J]. Energy procedia，2017，113：166-173.
[209] AHMAD K，KHARE M，CHAUDHRY K K. Wind tunnel simulation studies on dispersion at urban street canyons and intersections—a review [J]. Journal of wind engineering and industrial aerodynamics，2005，93 (9)：697-717.
[210] HUANG Z，ZHANG Y，WEN Y，et al. Synoptic wind driven ventilation and far field radionuclides dispersion across urban block regions：Effects of street aspect ratios and building array skylines [J]. Sustainable cities and society，2022，78：103606.
[211] SHEN J，GAO Z，DING W，et al. An investigation on the effect of street morphology to ambient air quality using six real-world cases [J]. Atmospheric environment，2017，164：85-101.
[212] 赵敬源，刘加平. 城市街谷绿化的动态热效应 [J]. 太阳能学报，2009，30 (8)：1013-1017.
[213] 邬尚霖，孙一民. 广州地区街道微气候模拟及改善策略研究 [J]. 城市规划学刊，2016 (1)：56-62.
[214] 赵芮. 郑州市街道空间形态对风环境的影响 [D]. 郑州：河南农业大学，2020.
[215] 王友君，亢燕铭，陈勇航. 建筑和绿化对街谷空气污染物扩散的影响 [J]. 东华大学学报（自然科学版），2012，38 (6)：740-744.
[216] 柯咏东，桑建国. 小型绿化带对城市建筑物周围风场影响的数值模拟 [J]. 北京大学学报（自然科学版），2008 (4)：585-591.
[217] 杨丽. 建筑风环境空间特征研究 [J]. 建筑学报，2012 (S1)：20-24.
[218] 昆·斯蒂摩. 可持续城市设计：议题、研究和项目 [J]. 世界建筑，2004 (8)：34-39.
[219] 董禹，董慰，王非. 基于被动设计理念的城市微气候设计策略 [C] //2012 城市发展与规划大会论文集.
[220] 时光. 引入风环境设计理念的住区规划模式研究 [D]. 西安：长安大学，2010.
[221] 王辉，李新俊，韩涵. 高层建筑群平面布局对风环境影响的数值分析 [J]. 建筑结构，2011，41 (S1)：1423-1426.
[222] 应小宇，朱炜，外尾一则. 高层建筑群平面布局类型对室外风环境影响的对比研究 [J]. 地理科学，2013，33 (9)：1097-1103.
[223] 李魁山，王峰，赵彤，等. 城市超高层建筑群人行区风环境舒适性研究 [J]. 绿色建筑，2012，4 (5)：16-18.
[224] 杨易，金新阳，杨立国，等. 高层建筑群行人风环境模拟与优化设计研究 [J]. 建筑科学，2011，27 (1)：4-8.
[225] 天津市气候服务中心. 天津城市气候 [M]. 北京：气象出版社，1999.
[226] 黄利萍，苗峻峰，刘月琨. 天津城市热岛效应的时空变化特征 [J]. 大气科学学报，

2012，35（5）：620-632.

［227］ 刘露. 城市空间结构与交通发展的关系初探——以天津城市发展为例［J］. 中国科技论坛，2010（11）：111-116.

［228］ 范明明，郑明. 浅议风环境对建筑群规划设计的影响［J］. 才智，2009（13）：249.

［229］ MICHIOKA T，SATO A，TAKIMOTO H，et al. Large-eddy simulation for the mechanism of pollutant Removal from a two-dimensional street canyon［J］. Boundary-Layer meteorology，2011，138（2）：

［230］ 李朝. 近地湍流风场的CFD模拟研究［D］. 哈尔滨：哈尔滨工业大学，2010.

［231］ 李亮，李晓锋，林波荣，等. 用带源项 k-ε 两方程湍流模型模拟树冠流［J］. 清华大学学报（自然科学版），2006（6）：753-756.

［232］ LLAGUNO-MUNITXA M，BOU-ZEID E，HULTMARK M. The influence of building geometry on street canyon air flow：Validation of large eddy simulations against wind tunnel experiments［J］. Journal of wind engineering and industrial aerodynamics，2017，165：115-130.

［233］ 温昕宇. 室外风环境CFD模拟在小区规划建设中的应用［J］. 科技创新导报，2010（29）：113-114.

［234］ 曹智界. 建筑区域风环境的数值模拟分析［D］. 天津：天津大学，2012.

［235］ 乐地，李念平，苏林，等. 基于数值模拟的城市中心区风环境研究［J］. 安全与环境学报，2012，12（3）：257-262.

［236］ 杜晓寒，陈东，吴杰，等. 街谷几何形态及绿化对夏季热环境的影响［J］. 建筑科学，2012，28（12）：94-99.

［237］ 沈祺，王国砚，顾明. 某商业街区建筑风压及风环境数值模拟［J］. 力学季刊，2007（4）：661-666.

［238］ 谢振宇，杨讷. 改善室外风环境的高层建筑形态优化设计策略［J］. 建筑学报，2013（2）：76-81.

［239］ 张爱社，顾明，张陵. 建筑群行人高度风环境的数值模拟［J］. 同济大学学报（自然科学版），2007（8）：1030-1033.

［240］ 曾穗平，田健，曾坚. 基于CFD模拟的典型住区模块通风效率与优化布局研究［J］. 建筑学报，2019（2）：24-30.

［241］ 宋明洁. 城市中央商务区规划设计中室外风环境特性研究［D］. 天津：天津大学，2012.

［242］ 方平治，史军，王强，等. 上海陆家嘴区域建筑群风环境数值模拟研究［J］. 建筑结构学报，2013，34（9）：104-111.